保护性耕作对玉米田间土壤水热和产量的影响

王丽学　栾策　吴奇　等 著

·北京·

内 容 提 要

本书针对东北旱作区农业用水不足的现状，围绕雨养玉米开展了保护性耕作条件下玉米田间土壤水热变化规律的研究，以及不同秸秆残茬覆盖模式对玉米生长和产量影响的研究。全书共6章，主要内容包括：绪论、保护性耕作条件下土壤水分运动规律的研究、种植模式和覆盖方式对土壤水分和玉米生长指标的影响及效益分析、保护性耕作对土壤水热和玉米生长的影响及产量预测研究、不同秸秆翻埋还田量对土壤节水保肥和玉米产量的影响、秸秆覆盖和生物炭对土壤水热和玉米产量的影响。

本书可供水利及农业相关部门的科研、管理及决策者参考使用，也可供大专院校师生参考。

图书在版编目（CIP）数据

保护性耕作对玉米田间土壤水热和产量的影响 / 王丽学等著. -- 北京 : 中国水利水电出版社, 2021.9
ISBN 978-7-5226-0035-2

Ⅰ. ①保… Ⅱ. ①王… Ⅲ. ①资源保护－耕作土壤－影响－玉米－高产栽培－研究 Ⅳ. ①S513

中国版本图书馆CIP数据核字(2021)第210077号

书　名	**保护性耕作对玉米田间土壤水热和产量的影响** BAOHUXING GENGZUO DUI YUMI TIANJIAN TURANG SHUIRE HE CHANLIANG DE YINGXIANG
作　者	王丽学　栾　策　吴　奇　等著
出版发行	中国水利水电出版社 （北京市海淀区玉渊潭南路1号D座　100038） 网址：www.waterpub.com.cn E-mail：sales@waterpub.com.cn 电话：(010) 68367658（营销中心）
经　售	北京科水图书销售中心（零售） 电话：(010) 88383994、63202643、68545874 全国各地新华书店和相关出版物销售网点
排　版	中国水利水电出版社微机排版中心
印　刷	天津嘉恒印务有限公司
规　格	170mm×240mm　16开本　13.5印张　265千字
版　次	2021年9月第1版　2021年9月第1次印刷
定　价	**68.00**元

前　　言

本书针对我国北方旱作区雨养玉米用水不足的现状，结合辽宁省教育厅高等学校科学技术研究项目“保护性耕作条件下土壤水分运动规律的研究”（2004D207）、教育部留学回国人员科研启动基金课题“秸秆残茬覆盖耕作蓄水保墒保土机理的研究”（教外司留〔2010〕1174号）、辽宁省自然基金课题“秸秆覆盖和生物炭对土壤水热和玉米产量的影响研究”（2019-ZD-0705）等，研究保护性耕作技术的相关理论与应用问题。

玉米是我国的主要粮食作物之一，北方地区为玉米的主产区，其玉米的种植主要以雨养为主。由于近年来生态环境的恶化，以及年内降水的分配不均，玉米在不同生长期内容易出现干旱的情况。19世纪末兴起的保护性耕作技术，是通过对农田实行少耕、免耕技术，尽可能用农作物秸秆、残茬覆盖地表，以减少土壤水蚀、风蚀，从而提高土壤肥力和抗旱能力的先进耕作技术。保护性耕作技术目前广泛应用于各国旱作区农业生产，在全球各地区引起广泛的重视。我国也有很多相关的研究，但是限于作物种类和生长地区气候的差异，同样的处理措施会有不同的结论。因此，为进一步推广和应用保护性耕作技术，研究适用于不同地区的秸秆残茬覆盖方式及其蓄水保墒增产机理，是目前亟须解决的问题。

保护性耕作统筹作物增产、提高生产效率、生态节能三个环节，突出体现了以人为本的根本原则和人与自然和谐相处的文明理念。针对我国北方地区土壤的开发和使用现状，实施秸秆残茬覆盖的保护性耕作，是一项因地制宜的大工程。由于地理环境、土壤质地和气候条件的差异性以及各个因素相互作用的复杂性，保护性耕作在各地方试验和应用的结果也不尽相同。本书研究秸秆残茬覆盖条件下土壤水热变化规律和效果，对保护珍贵的土壤资源，发展工农业生产和商品粮基地的建设，特别是解决“三农”问题，增加农民收入等都具有十分重要的意义。

本书研究保护性耕作对玉米田间土壤水热和产量的影响。主要内容包括：绪论、保护性耕作条件下土壤水分运动规律的研究、种植模式和覆盖方式对土壤水分和玉米生长指标的影响及效益分析、保护性耕作对土壤水热和玉米生长的影响及产量预测研究、不同秸秆翻埋还田量对土壤节水保肥和玉米产量的影响、秸秆覆盖和生物炭对土壤水热和玉米产量的影响等。其中，第1章由王丽学、栾策撰写，第2章由汪可欣、胡剑、赵育、陶硕撰写，第3章由栾策、张欢、苏玲、方旭飞、陶硕撰写，第4章由吴奇、刘丹、刘国宝、赵育撰写，第5章由胡剑、张静、姬建梅、王晓禹、陶硕撰写，第6章由王丽学、戴皖宁、吴奇、王宣茗、苏旭、于滨杭撰写。全书由王丽学、栾策、吴奇统稿。沈阳农业大学硕士研究生姜展博在本书编写过程中承担了部分资料的整理和文字校对等工作。在此表示感谢！

在撰写过程中，我们力求注重全书的系统性、科学性和创新性。但由于作者水平和时间有限，对有些问题的分析与认识还有待进一步深化，书中难免有错误和不足之处，敬请同行专家、学者批评指正。

作者

2020年9月

目　　录

第1章 绪　论

1.1 研究的目的及意义

保护性耕作技术是相对于传统耕作的一种新型耕作技术，起源于19世纪末的美国，通过对农田实行少耕、免耕技术，尽可能用农作物秸秆、残茬覆盖地表，以减少土壤水蚀、风蚀，从而提高土壤肥力和抗旱能力。目前保护性耕作广泛应用于各国旱作区农业生产，由于地域特征、气候因素及经济水平等方面存在不少差异，其适用规模和方式受到影响。因此，为进一步推广和应用保护性耕作技术，亟须研究其对土壤水热和产量以及土壤侵蚀的影响。

在我国北方地区，玉米的种植面积很大，并且实行一年一熟制。每年秋收后，裸露在外的耕地从秋收到春耕前这段时间内，任凭风吹雨打得不到保护，水土流失严重，并且破坏了土体的结构。在人们多年的传统耕作方式下，玉米秸秆焚烧或者任意丢弃，污染环境并且影响生产，同时对土壤的不合理耕种，也使休闲期储存下来的水分大量流失，使后期玉米的生长得不到保证。

关于保护性耕作的大量研究显示，保护性耕作能有效增加土壤蓄水保墒能力、降低土壤水分损失、提高水分利用效率。保护性耕作与利用水利灌溉设施来帮助农业稳产增产相比，具有投入低、方式灵活、适应性强等特点。同时，由于保护性耕作技术可以减少环境污染，提高粮食产量，所以大范围地实施保护性耕作是现代农业生产可持续发展应采取的主要方式之一。

我国地域辽阔，各地区气候、作物种类及成熟机制方面差异较大，各地区社会经济发展水平和基本农田设施配套水平也参差不齐。北方地区尤其是东北属于旱作农业区，很多地区为雨养农业，降水多集中在7月、8月，并且大部分降水形成径流而损失掉，休闲期内储蓄下来的降水由于春季风吹加翻耕，使得播种时地表土壤含水量也很低。该地区主要种植作物为一年一熟制玉米，玉米收获后大量的秸秆被遗弃或者焚烧，对环境造成了很大的影响，也是一种资源的浪费。结合当地的实际情况，探索出一套适用的玉米保护性耕作方式，是用来解决当地水资源供需矛盾问题的有效方法，并且可以提高秸秆的利用效率，降低生态环境的压力，同时提高农业生产效率。

保护性耕作统筹作物增产、提高生产效率、生态节能三个环节统筹，突出体现了以人为本的根本原则和人与自然和谐相处的文明理念。针对北方地区土壤的开发和使用现状，实施秸秆残茬覆盖的保护性耕作，是一项因地制宜的大工程。由于地理环境、土壤质地和气候条件的差异性以及各个因素相互作用的复杂性，保护性耕作在各地方试验和应用结果也不尽相同，因此研究秸秆残茬覆盖条件下土壤水热和土壤侵蚀变化规律和效果，已经成为亟须解决的科研问题，对保护珍贵的土壤资源，发展农业生产，完善商品粮基地建设，特别是解决三农问题，增加农民收入等，都具有十分重要的意义。

1.2 国内外研究进展与现状

1.2.1 秸秆覆盖对土壤水热的影响

研究表明，秸秆覆盖可以有效调节土壤水热状况（方文松等，2009），秸秆覆盖通过减缓降雨对地面的冲刷，从而减少地表径流的损失，增加入渗水分。此外，秸秆覆盖还可以减弱风力对土壤的侵蚀，从而能够有效地保护土壤结构和减少水土流失。Dong 等（2019）研究表明，秸秆覆盖能明显提高土壤含水率，秸秆覆盖处理的 0～300cm 土壤含水率较不覆盖提高 11.8%。韩凡香等（2016）研究也表明玉米秸秆覆盖能提高土壤含水量，较对照提高 2.82%～7.85%。李荣等（2016）研究表明，秸秆覆盖对土壤储水量有明显提高作用，出苗至大喇叭期较对照提高 26.6%。陈素英等（2005）研究表明，秸秆覆盖处理的棵间蒸发远小于不覆盖，且表现为覆盖量较大的处理对土壤蒸发的抑制效果优于覆盖量少的处理。而蔡太义等（2011）研究表明，秸秆覆盖量为 4500kg/hm^2、9000kg/hm^2 和 13500kg/hm^2 时对玉米全生育期的土壤水分都有抑制无效蒸发的效果，且在玉米生育前期对 0～60cm 土层的保墒效果较好，在生育后期对 0～40cm 土层的保墒效果较好。薛志伟（2014）研究发现，在气温较低或雨水充足时秸秆覆盖对土壤的蓄水保墒效果较差。此外，秸秆覆盖还能在土壤表层形成阳光、降水等互相作用的缓冲层，从而大大增强太阳光的反射率，减弱太阳光的直接辐射（Horton et al.，1996），从而可以有效调节土壤温度，能够减弱极端地温对作物的影响。汪可欣等（2016）关于秸秆覆盖与表土耕作对东北黑土根区土壤环境的影响研究表明秸秆覆盖对土壤有明显的降温效果，且在气温较低时有“增温效应”，气温较高时有“降温效应”。崔爱花等（2018）研究也表明秸秆覆盖在 8:00 和 20:00 时提高土壤温度，在 14:00 时降低土壤温度。蔡太义等（2013）研究发现，秸秆覆盖对 0～25cm 土层的低温效应随覆盖量的增大而增大，随土层深度的增大而减小，且在全生育期内表现为前期变化大、后期变化小的趋势。于庆峰等（2018）研究表明，随着秸秆覆盖量的增加土壤温度平均日振幅呈减小趋势，秸秆覆盖量为 10t/hm^2 时各土层温度变化较稳定。

1.2.2 秸秆覆盖对作物生长发育的影响

大量研究表明，秸秆覆盖对作物生育前期生长有一定的抑制作用，但随着时间的递进，秸秆覆盖对作物的抑制作用逐渐减弱，到了中后期反而会促进作物生长，且在一定覆盖量范围内表现为覆盖量越大，其增效越明显。原因主要是秸秆覆盖对作物的生长主要取决于土壤温度决定期和土壤水分决定期这两个时期，土壤温度对玉米生育前期影响较大，秸秆覆盖在玉米生育前期降温效果较明显，致使玉米生长缓慢，长势矮小；而在玉米中后期，秸秆覆盖的蓄水保墒效果较好，且此时期秸秆覆盖对土壤温度影响较小，所以植株长势反而高于对照从而促进作物生长（籍增顺等，1995）。玉米的株高和茎粗为玉米生长过程中营养物质的供给提供条件（周昌明，2013），王丽丽等（2017）研究表明，秸秆覆盖最终能促进玉米生长，株高、茎粗和叶面积最大较对照分别提高36.14cm、0.35cm和105.8cm^2。申胜龙等（2018）研究表明，秸秆覆盖处理的干物质在苗期低于对照，而到了中后期明显高于对照，较对照最大提高23.36%。殷文等（2016）研究也表明，秸秆覆盖能提高玉米抽雄期及以后干物质积累量，较对照两年提高4.8%～12.7%。汪可欣等（2014）也研究表明，在玉米拔节后期各秸秆覆盖方式均能提高玉米地上干物质量，较对照提高1.56%～5.48%。蔡太义等（2012）研究表明，4500kg/hm^2、9000kg/hm^2和13500kg/hm^2秸秆覆盖处理均能改善玉米不同生育期光合特性，叶片的净光合速率（P_n）、蒸腾速率（T_r）和气孔导度（G_s）表现为随秸秆覆盖量的增大而升高。但李月兴等（2011）在黑龙江进行田间试验，研究表明秸秆覆盖处理的玉米各生育期生物性状均低于对照。

1.2.3 秸秆覆盖对作物产量和水分利用效率的影响

大量研究表明，秸秆覆盖的增产效应因地区、年份和覆盖量的不同，结果表现不同，但总体而言，在一定秸秆覆盖量范围内表现为随秸秆覆盖量的增大而增大（Sharma et al.，2011），且覆盖量较少时增产不明显，而覆盖量超过一定范围时，作物产量不再明显提高，反而会出现减产现象。水分利用效率是体现作物对有限降水利用程度高低的重要指标。许多研究表明，秸秆覆盖除了能显著提高作物产量外，还能显著提高作物的水分利用效率，水分利用效率也表现为随秸秆覆盖量的增大而增大（Yue et al.，2018）。宋亚丽等（2016）研究表明秸秆覆盖能显著提高小麦产量和水分利用效率，较对照分别提高36.8%和27.3%。闫小丽等（2014）对夏玉米的研究表明，7500kg/hm^2秸秆覆盖处理增产最显著，较4500kg/hm^2和10500kg/hm^2秸秆覆盖处理分别增产9.9%和8.3%。而蔡太义等（2011）对春玉米的研究表明，在秸秆覆盖量为4500kg/

hm^2、9000kg/hm^2 和 13500kg/hm^2 处理中 9000kg/hm^2 处理的籽粒产量及水分利用效率均表现最优，较对照提高 11.03%和 9.25%。于庆峰等（2018）研究却表明，秸秆覆盖能明显提高作物产量和水分利用效率，而覆盖量达到 10t/hm^2 时增产幅度就趋于稳定，产量和水分利用效率较对照分别提高 24.89%和 39.42%。韩凡香等（2016）研究发现秸秆覆盖能提高马铃薯水分利用效率，较对照提高 8.9%～29.8%。也有许多研究表明秸秆覆盖会造成作物减产或者无明显作用，如王昕等（2009）研究发现，9000kg/hm^2 和 13500kg/hm^2 秸秆覆盖处理的水分利用效率显著高于对照，而 4500kg/hm^2 秸秆覆盖处理的水分利用效率与对照间无显著性差异，且较对照降低 3.5%。而王敏等（2011）研究表明，秸秆覆盖显著降低了玉米穗长等产量构成因素及经济系数，且主要原因是受地温和物理阻碍的影响，玉米营养生长不充分最后影响生殖生长最终造成玉米减产。匡恩俊等（2017）研究也表明，在嫩江和大庆地区秸秆覆盖处理产量和水分利用效率均低于对照，较对照分别降低了 6.2%～10.0%和 5.4%～9.2%。

1.2.4 秸秆还田对培肥地力的影响

截至目前，秸秆还田主要有 4 种方式，均能提高土壤养分。第 1 种方式是秸秆直接还田，包括翻埋和翻压还田两种方式。应用农机粉碎秸秆，然后还田，极大地提升了经济效益，提高了秸秆在土体内被腐蚀降解的速度，使土中的养分含量提升，从而改善土体基本结构，农作物的产量也能够大大提升（顾绍军等，1999；郝辉林，2001）。秸秆还田后，秸秆牢牢地掌控住土壤，也可以起到有效降低土体内水分散失的作用，使土体有效储水量明显提高（李素娟等，2007）。第 2 种方式是过腹还田，让动物吃掉秸秆，然后把动物排出体外的粪便重新还田利用。过腹还田能够使秸秆内的高纤维物快速地被土体内微生物腐蚀分解，起到改良土壤的作用，增加土壤的孔隙度，还能对提高土体中氮和钾的水平有重要作用（刘丽香等，2006）。第 3 种方式是堆沤还田，就是利用高温发酵原理堆沤秸秆，再被植物利用。主要特点是高温发酵所用时间长，费时费工，但是付出与产出不成正比。随着科技的发展，酵素剂与催腐剂得到广泛利用，缩短了沤制的时间。第 4 种方式是快速腐熟直接还田。高效利用新型腐解剂，快速腐熟秸秆然后直接还田被植物吸收利用，大量的微生物群落是提高腐蚀速度的主要助手（姜佰文等，2005；李庆康等，2001）。相比较，第 1 种方式秸秆粉碎直接还田，因为其经济方便，无污染，可操作性强，而被广泛应用于农业生产。

1.2.5 秸秆覆盖对土壤侵蚀的影响

1.2.5.1 秸秆覆盖对土壤水蚀的影响

国外对水蚀的研究相对较早。俄国学者蒙罗诺索夫（1751）第一次在他的科研论文中提到了暴雨对土壤溅蚀的作用。Ellison（1947）分析了降雨的侵蚀机理。Arshad（1998）、Sharrat（1996）发现免耕处理土壤表层通常含水量较高，指出其在一定条件下可以存蓄更多水分。A. Roldán（2005）经过了3年的保护性耕作试验发现免耕措施可显著改善土壤物理性质，同时可以提高土壤生物活性。王晓燕等（2000）在山西寿阳县坡耕地上，采用人工模拟降雨和天然径流小区相结合的方法，研究了保护性耕作的保水保土机理及其水土保持效益，通过试验得出结论，免耕覆盖不压实的蓄水保土效果最好，相对于传统耕作的年径流量减少了52.5%，年土壤流失量减少了80.2%，在压实、覆盖及耕作三种因素中，秸秆覆盖对保持土壤水分的效果是最明显的，可以减少年径流量47.3%，减少年水蚀量77.6%，压实耕作的影响较小。王晓燕等（2001）、唐涛（2008）在模拟降雨条件下研究了秸秆覆盖、表土耕作等因素对入渗的影响，发现保护性耕作与传统耕作处理相比，地表产生径流晚、水分的稳定入渗率高，在同等条件下，随着秸秆覆盖率的增加，径流量呈二次曲线减少，秸秆覆盖可明显减少水土流失。姚宇卿等（2002）指出高留茬深松覆盖技术可以减少降雨中的产流量和径流次数，大幅度地降低土壤流失量。廖允成等（2003）、陈乐梅（2006）对保护性耕作麦田水分动态及水土流失进行的研究表明，免耕、深松的土体含水量、接纳降水的能力均高于传统耕作，免耕和深松处理降水储蓄率分别比传统耕作高13.33%和5.84%，能使降水在不同坡位中均匀分布，免耕条件下提高了冬小麦出苗率，明显促进了小麦的生长发育，产量比传统耕作增产19.3%，水分利用率提高17.5%。王丽学等（2004）通过室内外试验研究，对麦秸覆盖条件下的播种临界含水率进行了试验研究，得出了麦秸覆盖的土壤播种含水率低于裸地，进而有利于干旱地区的抗旱播种的结论。张亚丽等（2007）通过室内模拟降雨试验研究了不同初始含水量时坡地水分的迁移特征，分析得出坡面产流的开始时间会随着土壤初始含水量的增加而提前，土壤的初始含水量与径流含沙量呈抛物线关系，坡地初始含水量越低，坡地累计入渗量越大，土壤吸收降雨水分的比率就越大。刘目兴等（2007）通过野外试验对保护性耕作措施和传统翻耕条件下0～4m的风沙场进行了观测，结果表明，不同的保护性耕作措施具有不同的防治风蚀机制，作物残茬、秸秆等粗糙元的高度、密度均会对空气摩阻速度及动力学粗糙度有一定的影响，深松、浅耕、翻耕覆盖等保护性耕作措施在增加地表粗糙度和摩阻速度的效果上不如留茬效果明显，近地表0.05m处相同风速的情况下对地表的剪切力较小，风蚀率降低。赵君范等（2007）采用人工模拟降雨的方法对黄土高原实施了连续5年的4种耕作措施下径流量、径流起始时间、土壤侵蚀量进行了研究，结果表明免耕覆盖处理较其他处理，径流量降低2.4%～34.7%，入渗量增加2.7%～38.6%，产流时间延迟1.17～3.83min，土壤侵蚀量减少0.3%～62.4%。脱云飞等（2007）研究了秸秆还田对土壤理化性状及产量的影响，指出秸秆还田处理下的试验小区与对照相比，土壤有机质比对照增加0.41～0.52g/kg，土壤容重下降0.1～0.14g/cm^3，总空隙度增加3.7%～4.8%，田间持水量提高23～45g/kg，土壤含水量增长9～22g/kg，高留茬和秸秆覆盖还田每公顷小麦分别增产418.4kg和371.9kg，占总量的9.8%和8.7%。王生鑫等（2010）采用人工模拟降雨试验研究了免耕秸秆覆盖与传统耕作两种措施对土壤水分和水蚀的影响，结果表明免耕秸秆覆盖可以明显保蓄作物在生育期内的降雨，不同耕作方式下径路过程分为产流、峰值、稳定、消失四个过程，土壤侵蚀分为发生、峰值、削弱三个过程。刘文乾（2004）、李玲玲（2005）、杜新艳（2005）、洪晓强（2005）、员学锋（2005）、李全起（2004）、王琪（2006）、高亚军（2008）等许多学者都对秸秆覆盖栽培条件下土壤水分及增产效果进行了较为详细的试验研究。20世纪90年代，山西农机局以防治农田土壤侵蚀和抗旱增收为农业生产的综合目标，证明了保护性耕作技术具有减少水土流失防治农田灾害的效果，这在我国是可行的，并大面积加以推广。

1.2.5.2　秸秆覆盖对土壤风蚀的影响

保护性耕作与传统耕作相比，输沙量减小了31.8%～87.1%。周建忠等（2004）以小麦秸秆为覆盖物，通过风洞试验建立了作物残茬高度与地表粗糙度之间的线性相关关系，指出作物残茬的高度可以降低作用在残茬上风速的剪切力，残茬的高度对地表粗糙度的影响也是非常大的，两者的幂函数方程指数为1.59（均值），e的均值为1.17。张伟等（2005）通过在黑龙江安达牧场进行的风蚀试验指出了覆盖与风蚀量之间的关系，在100cm高度以下，各不同高度的风蚀量随覆盖度的增加而减小，当高度超过100cm，风蚀量随覆盖度增加而下降的幅度有所降低，相比于传统耕作，30%、50%、80%覆盖量分别比传统耕作条件下的风蚀量降低了46.9%、57.7%、63.9%。臧英等（2005）在河北省丰宁县地区建立农田土壤风蚀试验区，采用美国BSNE采样器观测不同秸秆覆盖条件下农田风蚀土壤损失情况，此后又在分析国外风蚀模型资料的基础上，建立了适用于保护性耕作条件下不同覆盖模式的风蚀模型，并通过风蚀实测数据的验证，证明了所建立风蚀模型的模拟值与实测值是吻合的，免耕覆盖、免耕无覆盖和免耕覆盖＋耙三种模式下比传统耕作减少风蚀量分别为73.75%、14.17%、75.31%，由少耕或免耕秸秆覆盖的保护性耕作措施对土壤风蚀量的抑制效果是最明显的。胡霞等（2006）研究指出不同地表之间的风蚀特征存在显著差异，秋翻地的风蚀强度大于留茬覆盖的地表，这是因为秸秆残茬增加了地表土壤的粗糙度，从而减小了风速，降低了风蚀量，另外观测结果表明了人为因素对农田土壤风蚀的影响也是非常大的。赵宏亮等（2006）利用自制的沙尘采集器，在彰武县中部和北部5个土壤沙化不同的乡镇测定不同耕作模式下的土壤风蚀情况，结论表明土壤风蚀颗粒的粒径随高度的增加而减小，秋翻地、浅悬灭茬、旋耕覆盖的风蚀量土壤成分主要是细沙粒和粗粉粒，以悬浮运动为主要运动形式。李琳等（2009）通过试验将覆盖率、土壤容重和作物株高作为自变量，土壤的风蚀量作为因变量建立了多元回归方程 $Y=173.186-0.449x-0.485x^2-72.699x^3$。孙悦超等（2010）通过野外风洞原位观测试验，用最小二乘回归理论，分析出了保护性耕作条件下农田土壤的抗风蚀机理，它不仅受中心风速、留茬高度、覆盖度等各单因素的影响，还与其三者之间的交互作用有很密切的关系。陈智等（2010）分析保护性耕作条件下农田土壤地表风沙流的特点，指出风速随着残茬高度的增加急剧降低，风沙活动层主要集中在200～400mm高度范围内，占输沙总量的67.9%～69.3%，最大的输沙率在地表240mm以上。赵君等（2010）为了研究保护性耕作条件对土壤水分及风蚀量的影响，比较了不同作物留茬情况下的土壤水分和风蚀量的变化规律，结果指出油菜留茬、燕麦留茬和马铃薯免耕照比传统耕作更能提高土壤含水量，减少土壤风蚀量，免耕和留茬耕作也是当地农业可持续发展的有效耕作途径。

1.3 主要研究内容

如今水资源紧缺和干旱是一个世界性的突出问题，如何合理使用和保护水资源，成为人们需要思考的迫切问题之一。农业是我国水资源消耗最大的产业部门，其用水量占全国总用水量的61%。灌溉在我国农业生产及保证全国粮食安全上具有十分重要的作用，但其有效性很差，水资源浪费十分严重。所以普及节水抗旱技术，提高水资源利用率，无疑是解决农业用水危机，缓解我国水资源供需矛盾的有效途径。目前，农业干旱、土地沙化和水土流失已成为我国北方半干旱地区经济、社会发展的主要制约因素，对半干旱地区人民生活、生产活动和国家发展战略构成了潜在威胁。其主要原因就是黑土区长期从事传统的深翻深耕种植方式，广种薄收，盲目开荒、掠夺式经营，使黑土地的有机质含量逐年下降，致使其农业生产赖以生存及发展的土地资源和水资源等农业生态环境严重恶化。因此传统的耕作制度已不能适应东北地区的农业发展，改变传统的耕作方法，推广新的节水技术——保护性耕作，对改善生态环境、增加农业产量具有十分重要的意义。在中国，玉米为主要种植作物，其收获后，大量被遗弃和焚烧的秸秆，不但浪费了资源，还从很大程度上影响了环境。结合各地区的实际情况，探索出一套适合该地区的、合理的玉米保护性耕作方式，是用来解决水资源问题、环境问题、粮食安全问题的有效方法，更可以在有效利用秸秆，改善现有生态环境的同时，提高农作物的产量和品质。下面对本书各章的研究内容进行简要介绍。

1.3.1 保护性耕作条件下土壤水分的运动规律

本章系统分析了不同田间覆盖方式下棵间蒸发规律、土壤水分动态变化、根系吸水规律、降雨入渗规律以及土壤水分再分布机理。从根际尺度和田间尺度分析保护性耕作条件下土壤水分的运动规律，为后续的研究奠定基础。

1.3.1.1 研究内容

（1）考虑作物与覆盖对土壤蒸发的影响，分析不同覆盖方式表土含水率与表土蒸发强度的关系，建立简便通用的经验公式，为进行保护性耕作条件下土壤水分运动规律的数值模拟提供合理上边界条件。

（2）分析玉米不同生长期测定的剖面取根和土壤剖面含水量的实验资料及气象资料，研究其有效根密度分布情况，同时运用土壤水动力学运动方程反求根系吸水率，建立合理保护性耕作条件下二维根系吸水模型。

（3）采用 ADI 法计算二维土壤水分运动模型，运用 Matlab 模拟分析和计算不同秸秆覆盖定额时土壤在降雨入渗和蒸发条件下的即时含水率，并通过田间实测资料和 Hydrus-2D 软件进行验证，为研究保护性耕作条件下土壤水的动态变化提供可靠技术平台。

（4）对土壤降雨入渗和雨后水分再分布过程进行数值模拟，分析土壤水分发生显著变化的区域。研究降雨强度与秸秆覆盖方式对土壤水分运动的影响，揭示保护性耕作条件下土壤水分运动规律。

（5）研究和分析土壤含水率分布特征和玉米的生长及产量资料，分析保护性耕作措施节水增产效益和节水保墒效果，明确本章耕作方式下土壤水分分布的基本规律和抗旱播种的最佳耕作模式。

1.3.1.2 建议

秸秆覆盖条件下土壤水分运动是个复杂的问题，虽然本章的研究涉及非饱和土壤水分运动的基本理论、数值模拟的上边界条件确定和作物根系吸水等方面的内容，也进行了大量的室内和室外试验，但是由于试验条件和时间所限，在试验和写作过程中发现了有待于进一步研究解决的问题，主要包括以下几方面：

（1）虽然通过室外试验得到了较为通用的秸秆覆盖条件下土壤水分运动上边界经验模式，但还不是很完善，在开展田间试验研究时，应尽可能考虑遮阴和温度变化等因素对上边界的影响，提出更接近田间实际情况的数值模拟上边界条件。

（2）秸秆覆盖是一种很有前景的旱地节水耕作技术，本章虽然通过田间试验得到了一些初步的研究成果，但是由于秸秆覆盖耕作技术的适应性受到地区情况的限制，因此，本章的部分结论在其他地区应用和推广需要进一步验证和确认。

（3）采用研究作物为玉米，鉴于保护性耕作蓄水保墒的效果较为明显，建议将秸秆覆盖措施用于蔬菜以及经济作物，为进一步推广提供理论上的支持。

1.3.2 种植模式和覆盖方式对土壤水分和玉米生长指标的影响及效益分析

本章在保护性耕作条件下土壤水分运动规律的基础上，增加了保护性耕作方式的多样性（无覆盖传统耕作、免耕地膜覆盖和免耕秸秆覆盖）和两种种植模式（玉米单作和玉米间作大豆），探究不同保护性耕作条件对土壤水分的影响；增加观测玉米生理指标，进一步揭示保护性耕作对玉米生长发育的影响。

1.3.2.1 研究内容

（1）不同覆盖方式和种植模式对土壤含水率变化的影响。对玉米整个生育期内不同土层深度的土壤含水率变化的影响进行分析，然后根据其分析结果确定东北干旱雨养地区光热资源、水资源高效利用特征的最优覆盖种植模式并为其提供理论依据。

（2）不同覆盖方式和种植模式对地温变化的影响。对玉米整个生育期内不同土层深度的土壤温度变化的影响进行分析，然后根据其分析结果确定东北干旱雨养地区光热资源、水资源高效利用特征的最优覆盖种植模式并为其提供理论依据。

（3）不同覆盖方式和种植模式对玉米生长指标、干物质累积、品质和产量的影响。对整个生育期内玉米的生长指标（出苗率、株高、茎粗、叶面积和干物质累积）变化的影响进行差异性分析，分别对玉米的粗灰分、粗蛋白、粗淀粉、水分和产量进行差异性分析，然后根据其分析结果确定东北干旱雨养地区光热资源、水资源高效利用特征的最优覆盖种植模式并为其提供理论依据。

（4）不同覆盖方式和种植模式对玉米光合特性的影响。对玉米关键生长期（拔节期和灌浆期）的净光合速率、气孔导度、蒸腾速率和玉米叶片水分利用率的变化曲线进行分析，然后根据其分析结果确定东北干旱雨养地区光热资源、水资源高效利用特征的最优覆盖种植模式并为其提供理论依据。

（5）综合效益模式评价。应用综合统计分析，从实验数据的各个方面选取土壤含水率、土壤温度、植株的株高、叶片水分利用率、玉米粗蛋白含量、玉米的产量和纯经济效益 7 个有代表性的指标进行因子分析，然后转变为各个指标的权重系数，再根据相关公式计算出不同处理的综合适用性指数，最后通过对不同处理的效益进行综合评价，得出玉米最优种植效益模式。

1.3.2.2 建议

虽然本章采用保护性耕作和不同作物间作相结合农田种植模式能给农作物

提供相对较好的生长环境、不同作物间的相互促进共生和各种充足的养分资源，从而达到高产稳产、提高资源利用率、促进经济效益和降低生态环境污染等一系列有利的影响，但是由于试验条件、试验周期和其他错综复杂因素的影响，该试验过程和结果并不能完全表达本章研究的最初目的，因此仍需后续的研究者进行大量的工作来完善该研究。同时，研究者应该对土壤的理化性质、生态环境中的生物群落和生态环境中的水热盐平衡等之间的关系进行深入分析和研究，然后在现有的研究基础上提出更多、更新的保护性耕作方式和种植模式，将其和现有的几种措施科学合理地组合在一起，然后把这些不同的组合方式集成到两种或者两种以上的作物间作系统中来研究其利弊，最后把这些研究结果推广应用到其他适合的地区，从而实现更具生态、经济和社会效益的农田耕作系统。

1.3.3 保护性耕作对土壤水热和玉米生长的影响及产量预测研究

本章在探究保护性耕作对土壤水分影响的基础上，对土壤热效应进行更为细致的研究，进一步探究保护性耕作对田间环境的影响；并且增加神经网络模型，对玉米产量进行预测，研究粮食产量的变化，为国家政策的制定提供可靠的依据。

1.3.3.1 研究内容

（1）保护性耕作对土壤水热的影响。通过观测不同耕作措施下的棵间蒸发量和土壤各个深度含水率，总结其变化趋势，分析各种耕作措施对土壤水分的影响，并从覆盖方式和耕作方式两方面来分析原因。通过观测雨前、雨后含水率的变化，总结雨水的入渗过程，并分析各种措施对雨水入渗的影响。通过对不同保护性耕作措施下地温的观测，分析其随时间和深度的变化情况，确定各种措施对地温的影响，并从覆盖方式和耕作方式来分析原因。

（2）保护性耕作对玉米生长状况和产量的影响。通过对玉米出苗率、株高、茎粗、叶面积和干物质等生长指标的观测，分析不同措施下玉米生长状况存在差异的原因，通过对玉米穗长、穗粗、百粒重和产量等的观测，分析不同措施下玉米产量存在差异的原因。结合土壤的水分变化情况，分析各措施下水分利用的效率，并探索出一种适合该地区、可持续发展的保护性耕作模式。

（3）玉米产量预测。综合考虑各深度土壤含水率、地温及玉米各项生长指标，运用 RBF 神经网络构建玉米产量预测模型，对保护性耕作玉米的产量进行预测。

1.3.3.2 建议

保护性耕作可以对生态环境、经济和社会产生积极的影响，但是其影响程度、原因和机理错综复杂，虽然在试验和研究的过程中做了大量的工作，但是受到条件、时间等其他因素的限制，仍有一些问题需要进一步探索。主要问题有：

(1) 对于降雨入渗的研究，是在生长期中进行的，即降雨前土壤的含水率就存在差异，分析时难度较大，建议采取室内试验的方法，使起始含水率相同，同时应进行更多次的试验，以便更精确的研究。

(2) 保护性耕作对作物的生长发育、产量等都有影响。建议在以后的研究中把它们紧密结合起来，对其相互之间的影响进行分析。同时，应对土壤的物理性质、化学性质等进行深入分析和研究，分析它们之间的关系，建立水热盐的平衡方程。并要对土壤中的生物群落进行研究，分析各个措施对其的影响程度。可以提出更多、更新的保护性耕作方法，或者把现有的几种措施结合在一起，同时要把这些方法推广到其他适合的作物上，实现保护性耕作的大范围推广，并选取更具生态、经济和社会效益的保护性耕作方法。

(3) 对保护性耕作玉米产量的预测中，只是运用了 RBF 神经网络一种方法，建议在以后的研究中运用更多、更先进的预测方法，也可以把两种或多种方法结合在一起进行预测，提高预测精度。

1.3.4 不同秸秆翻埋还田量对土壤节水保肥和玉米产量的影响

本章通过设置不同秸秆翻埋覆盖量，进而更为细致地研究保护性耕作措施对土壤水分的影响；在过往的研究基础上增加了土壤肥力指标的测定，完善了根际尺度和田间尺度下水、肥、热效应对保护性耕作措施的响应研究。

1.3.4.1 研究内容

(1) 不同秸秆翻埋还田量对土壤水热效应的影响。通过观测不同玉米秸秆翻埋还田量下的棵间蒸发量和土壤不同深度含水率，总结其变化趋势，分析不同秸秆翻埋还田量对土壤水分的影响，并对其进行比较分析。通过观测雨前、雨后含水率的变化，总结雨水的入渗过程，并分析各种措施对雨水入渗的影响。通过对不同处理方式地温的观测，分析其随时间和深度的变化情况，确定各种措施对地温的影响，并以翻埋方式来分析原因。

(2) 不同秸秆翻埋还田量对土壤养分及微生物量的影响。通过对各处理土壤有机质全氮、速效氮、速效磷、速效钾的测定及各处理生物量的变化趋势来进行分析比较，控制其他影响因素，对玉米的不同生育期，不同土层深度分别检测，分析造成土壤营养成分不同的原因，确定较好的翻埋还田量。

(3) 不同秸秆翻埋还田量对玉米产量的影响。通过对玉米出苗率、株高、茎粗、叶面积和干物质的生长指标的观测，分析不同措施下玉米生长状况存在差异的原因，通过对玉米穗长、穗粗、百粒重和产量等的观测，分析不同措施下玉米产量存在差异的原因并进行产量预测。结合土壤水分变化情况，分析各措施下水分利用的效率，并探索出一种适合该地区可持续发展的翻埋模式及玉米秸秆翻埋还田量。

1.3.4.2 建议

本章通过试验实际测得的数据进行分析、比较，虽然试验做了大量工作，并且查阅大量相关文献，但试验数据仍然受到自然因素和试验仪器等客观因素制约，对试验所得出的结论有影响，有许多问题还需要更深入的探究：

（1）本章采用的样本品种比较单一，建议在今后的试验中多选取几个品种进行试验，排除作物品种对试验结论的影响，使结论更可靠准确。

（2）本章测定了土壤含水率和棵间蒸发，与水分相关的测定结果较少。建议在今后加测雨水入渗的分析，同时利用 LI－6400XT 便携式光合仪，测定植株体内水分的变化规律。

1.3.5 秸秆覆盖和生物炭对土壤水热和玉米产量的影响

现如今利用秸秆生物炭改良土壤越来越成为研究的热点。目前将秸秆覆盖和生物炭综合起来在农业生产上的应用还比较少见，本章研究秸秆覆盖和生物炭的田间效应，探讨秸秆覆盖和施用生物炭对田间土壤水热效应、玉米的叶面积等生长发育指标及产量等的响应，对改善东北雨养区土壤水热状况，促进玉米单产和提高水分利用效率具有重要意义。

1.3.5.1 研究内容

基于前人的研究，将秸秆覆盖和生物炭两种秸秆还田方式结合起来进行田间试验研究。通过不同秸秆覆盖方式和生物炭施用量的裂区田间试验，探究秸秆覆盖和生物炭对玉米田间土壤水热状况、产量和水分利用效率的影响。为秸秆覆盖和生物炭在农业生产中的综合应用提供理论依据。

（1）通过测定玉米各生育期、0～60cm 各土层含水率的变化情况，对比各处理间的差异性，研究秸秆覆盖和生物炭对土壤含水率的影响规律；通过测定玉米各生育期、0～25cm 各土层土壤温度的变化情况，对比各处理间的差异性，研究秸秆覆盖和生物炭对土壤温度的影响规律。

（2）通过测定玉米各生育期株高、茎粗、叶面积、干物质积累及分配、叶绿素等指标，对比各处理间各生长指标的差异性，研究秸秆覆盖和生物炭对玉米各生育期各生长指标的影响规律。通过测定玉米产量及产量构成因素，计算作物水分利用效率，对比各处理间产量、产量构成和水分利用效率的差异性，研究秸秆覆盖和生物炭对玉米产量、产量构成和水分利用效率的影响规律。

1.3.5.2 建议

通过两年的田间试验取得一定的试验结果。但由于试验区气候、试验材料等因素有所差异，所得试验结果存在一定的局限性和有待进一步研究探索的问题：

（1）本章仅进行了两年的田间试验，而秸秆覆盖和生物炭对土壤水热和玉米生长发育及产量更长年限所产生的影响还需进一步研究，因此，还需研究更长年限下秸秆覆盖和生物炭对土壤水热和玉米生产发育及产量的影响。

（2）由于本章对土壤研究的重点是秸秆覆盖和生物炭对土壤水热状况的影响，在土壤观测方面，在后期试验中可以增加玉米各生育期田间土壤全氮、全磷和全钾等理化性质的测定，这些指标可以反映出秸秆覆盖和生物炭对土壤养分和结构的响应，这些问题还有待进一步的研究和分析。

第2章　保护性耕作条件下土壤水分运动规律的研究

2.1　试验方案及土壤基本参数确定

2.1.1　试验区概况

试验区位于沈阳农业大学水利学院综合试验基地。该基地位于东北地区南部，北纬41°83′，东经123°57′，海拔44.7m，属于暖温带大陆性季风气候区，其土壤以潮棕壤土为主，年降雨量300～500mm，农业生产水源主要以天然降水为主。试验小区示意如图2.1所示。

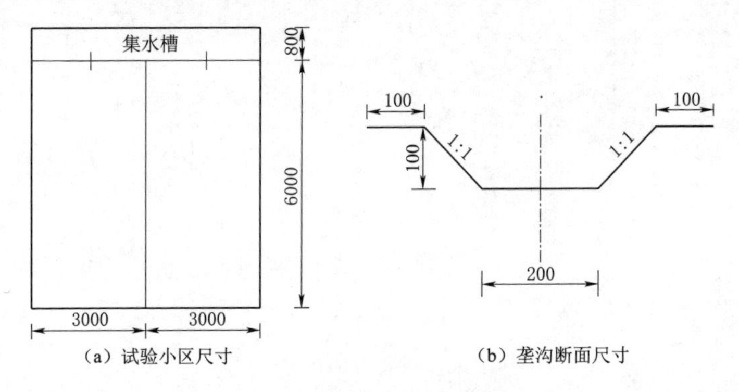

（a）试验小区尺寸　　（b）垄沟断面尺寸

图2.1　试验小区示意图（单位：mm）

2.1.2　试验材料与方案

田间试验设条带覆盖、免耕全覆盖、浅松覆盖、残茬覆盖（图2.2）及对照传统耕作共5种处理。供试玉米品种采用东单60，种植密度为0.4cm×0.6cm，具体方案见表2.1。

表2.1　试验方案

处理	代码	具体处理
传统耕作	TC	秋收后去茬移走秸秆，采用铧式翻耕并耙地，次年春季耙地播种
条带覆盖	CTC	秋收后去茬翻耕并耙地，将部分秸秆布置于沟内，次年免耕播种

续表

处理	代码	具 体 处 理
免耕全覆盖	NTC	秋收后直接将秸秆压倒覆盖地表，次年春季免耕播种
浅松覆盖	STC	秋收后去茬，秸秆粉碎拌入土壤耕作层内，次年播种前浅松 5～10cm
残茬覆盖	NNTC	秋收后留茬移走秸秆，次年春季免耕播种

(a) 条带覆盖(CTC)　(b)免耕全覆盖(NTC)

(c) 残茬覆盖(NNTC)　(d) 浅松覆盖(STC)

图 2.2　田间试验各处理现场图

2.1.3　测定项目及方法

土壤水分监测采用土钻法与中子仪法，每种处理选取 4 个测点，测定深度为 80cm，其中 0～20cm 采用取土烘干法，20～80cm 采用中子仪法，每 5～7d 测定一次剖面含水率，降雨后加测 1 次。玉米播种后观测出苗情况（出苗率、出苗期），玉米进入三叶期后每周选取有代表性 3 株玉米观测其生长指标（出苗率、茎粗、株高、叶面积）。玉米拔节期间采用 10cm×10cm 根钻烘干法测定根重密度。玉米成熟期进行田间收获测产，各处理分别取 5 株进行考种，同时取土采用土壤农化常规分析法测定土壤养分含量（碱解氮、有机质、速效磷、速效钾）。土壤蒸发观测时间为每天 8:00、19:00 各测一次，气象资料观测时间为 8:00，其余项目视具体情况而定。试验实施过程中，除耕作方式不同外，其他农业栽培管理措施相同。

2.1.4 供试土壤基本特征

（1）耕层土壤容重采用环刀法，测算结果见表 2.2。

表 2.2 耕层土壤容重测算结果

耕层深度/cm	0～10	10～20	20～30	30～40	40～50	50～60	60～70	均值
干容重/(g/cm^3)	1.31	1.36	1.37	1.38	1.38	1.42	1.41	1.37

（2）供试土壤比重采用比重瓶法，测算结果见表 2.3。

表 2.3 供试土壤比重测算结果

耕层深度/cm	0～10	10～20	20～30	30～40	40～50	50～60	60～70
比重	2.655	2.663	2.667	2.671	2.669	2.670	2.670

注 本试验进行 3 次平行测定，平行差值不得大于 0.02。取其算数平均值。

（3）土壤机械组成试验采用比重计法测定，根据卡庆斯基土壤质地分类标准进行分类，结果见表 2.4。

表 2.4 供试土壤颗粒组成

耕层深度/cm	土壤颗粒组成/%						土壤类型
	>0.05 mm	0.05～0.01mm	0.01～0.005mm	0.005～0.001mm	<0.001 mm	<0.01 mm	
0～10	67.7	8.3	4.0	5.2	14.8	24.0	轻壤土
10～20	61.7	12.3	4.6	5.6	15.8	26.0	
20～30	57.5	13.0	5.7	7.0	16.8	29.5	
30～40	57.3	15.9	4.3	6.3	16.2	26.8	
40～50	57.2	15.8	4.5	6.4	16.1	27.0	
50～60	57.3	15.7	4.5	6.3	16.2	27.0	
60～70	57.5	15.6	4.4	6.3	16.2	26.9	

2.1.5 土壤水分运动参数

（1）非饱和土壤水分扩散率。非饱和土壤水分土壤扩散率采用水平吸渗法测定，计算公式如下：

$$D(\theta)=\frac{-1}{2(\mathrm{d}\theta/\mathrm{d}\lambda)}\int_{\theta_a}^{\theta}\lambda\,\mathrm{d}\theta \tag{2.1}$$

式中：λ 为 Boltzmann 变换的参数，$\lambda=xt^{-\frac{1}{2}}$。

进行水平土柱吸渗试验时测定在 t 时刻土柱的含水率分布，并计算出各 x

点的λ值，绘制 $\theta=f(\lambda)$ 关系曲线（图 2.3），应用上式计算出 $D(\theta)$，计算结果如图 2.4 所示。

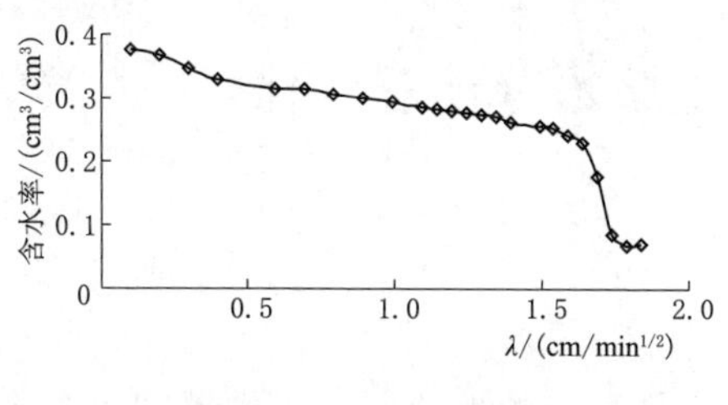

图 2.3 θ-λ 关系图

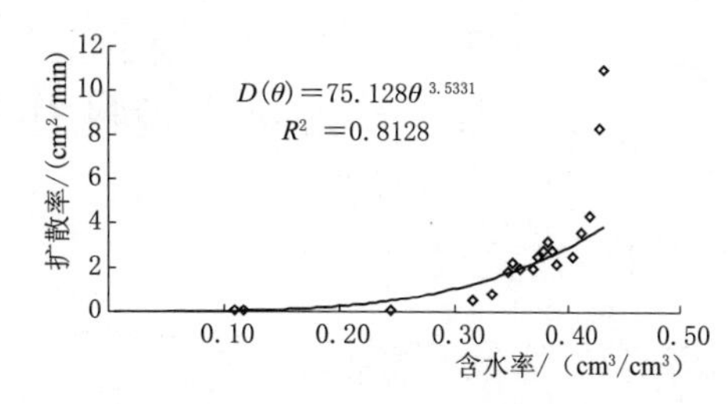

图 2.4 扩散率曲线

（2）土壤水分特征曲线。直接测定土壤水分特征曲线的方法有张力计法、压力膜法、离心机法、砂芯漏斗法、平衡水汽压法等，其中前三种应用最为普遍。通过估计表达式中的参数来确定土壤水分特征曲线的方法称为参数估计法，比较常用的模型有：Tani 模型（1982）、Russo 模型（1988）、Brook - Corey 模型（1964）、Campbell 模型（1974）、van Genuchen 模型（1980）等。本试验根据土壤基本性状应用 Hydrus - 2D 软件提供的 Water Flow Parameters 菜单中的 Neural Network Prediction 模块，推求 van Genuchen 模型中的参数（图 2.5 和表 2.5），建立 van Genuchen 模型。

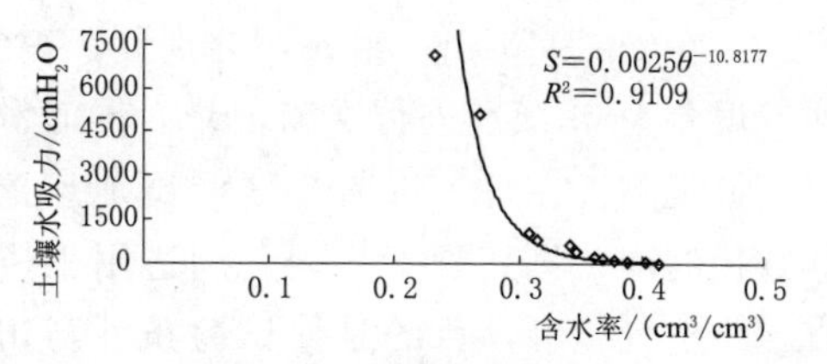

图 2.5 土壤水分特征曲线

van Genuchten 模型的基本表达形式为

$$\theta(h)=\theta_r+\frac{\theta_s-\theta_r}{(1+|\alpha h|^n)^m}\quad\left(n=\frac{1}{1-m},h<0\right)\tag{2.2}$$

式中：θ 为体积含水率，L^3/L^3；θ_r、θ_s 为残余含水率、饱和含水率，L^3/L^3；h 为压力水头，L；α（L^{-1}）、n 为水分特征曲线的参数。

表 2.5　van Genuchen 模型参数计算结果

参数	θ_r	θ_s	α	n	K_s
结果	0.0667	0.4229	0.0454	1.100	46.94

（3）非饱和土壤水分导水率。土壤水分扩散率可以表征土壤水的扩散能力，在数量上等于单位含水率梯度下通过单位土壤断面的土壤水流量，定义为导水率 $K(\theta)$ 与比水容量 $C(\theta)$ 的比值，即

$$K(\theta)=C(\theta)D(\theta)\tag{2.3}$$

其中

$$C(\theta)=-\frac{d\theta}{dS}$$

由实测扩散率 $D(\theta)$ 和土壤水分特征曲线 S 采用上式计算 $K(\theta)$，有

$$K(\theta)=2777.963\theta^{15.3508} \quad (2.4)$$

2.2 棵间蒸发规律及土壤水分动态变化

2.2.1 蒸发试验

2.2.1.1 蒸发试验布置

土壤蒸发在农田水量平衡计算中具有举足轻重的地位，农田灌溉和土壤水分预报等方面都受其影响。为确定不同覆盖条件下土壤水分运动数值模拟的上边界条件，本试验采用自制微型蒸发器（minievaporator）测定田间土壤蒸发。自制蒸发器由白铁皮制成的内筒（有底，10cm×10cm×10cm,）和外筒（无底，12cm×10cm×10cm）组成，分别置于垄台、垄帮和垄沟。每日蒸发量采用称重法（误差为0.1g）进行观测记录，同时利用蒸发皿在相同条件下进行每日水面蒸发量观测。在每个试验小区测试地点挖深度等于蒸发器高、宽度略大于蒸发器直径的沟，将其置于沟内，周边用土掩埋，蒸发器内土柱表面与地表齐平且直接与空气接触，目的是使试验条件与田间实际情况相符。整个试验过程中均为自然蒸发，每日观测记录土柱蒸发量和土壤表土含水率以及水面蒸发量。

2.2.1.2 试验结果分析

蒸发试验观测结果表明，几种处理棵间日均蒸发量的变化趋势基本一致，覆盖处理明显低于无覆盖处理，整个生育期内水面蒸发的观测值最大，传统耕作 TC 次之，覆盖条件下日均蒸发量最小（图 2.6）。由土壤蒸发的机理分析可知，地表土壤孔隙内空气的饱和度及空气中水汽压值和水汽从地表到大气参考点途中所受到的阻力均是表土蒸发的影响因子。因此相同情况下，无秸秆覆盖的地表水分蒸发阻力小，蒸发强度大；有秸秆覆盖层的阻力大，而蒸发强度小；覆盖度大的蒸发量小，更能起到抑制水分散失、节水保墒的效果。此外，有覆盖处理后，大量太阳辐射被阻挡在地表外，或被反射或用于加热秸秆，地面覆盖接收的辐射强度要比无覆盖物的裸地低。分析两年玉米生育期土壤日蒸发量均值，土壤蒸发变化趋势基本一致，均为抽穗—成熟期土壤日蒸发量最小，2006 年（4 月 30 日播种）出苗—拔节期土壤日蒸发量最大，而播种—出苗期次之，2007 年（5 月 12 日播种）出苗—拔节期土壤日蒸发量最大，而播种—出苗期次之。秸秆覆盖对玉米棵间蒸发抑制作用在作物生育前期比较明显，生育后期抑蒸效果减弱。主要是播种日期的差异，土壤蒸发受到气候的影响所致。5 月气温和地温都已大幅上升，太阳辐射开始增强，而叶面积和冠层覆盖度还比较小，所以棵间蒸发值较大；抽穗—收获期叶面积最大，玉米封垄导致裸露地面

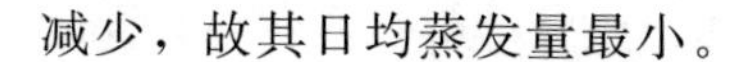
减少，故其日均蒸发量最小。

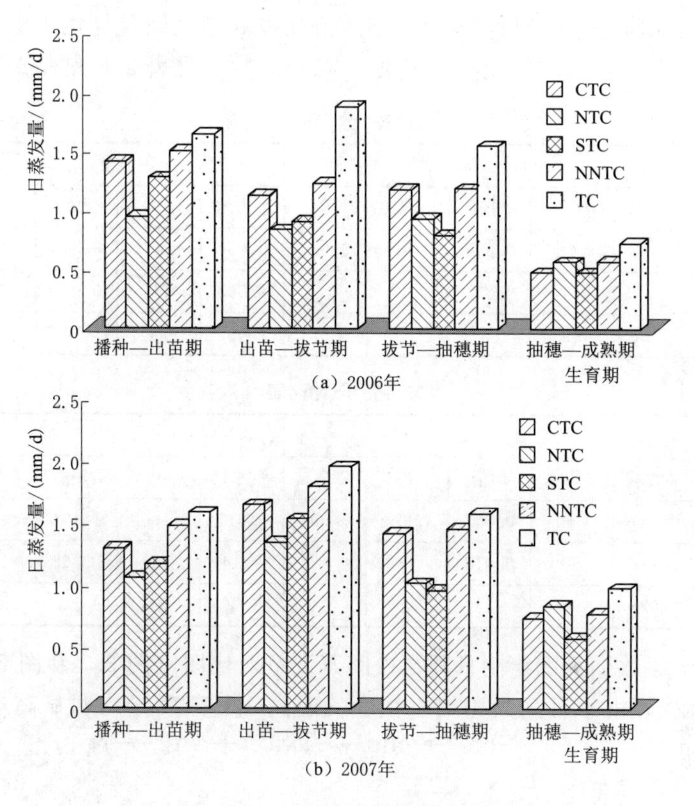

图 2.6　玉米生育期蒸发量

图 2.6 中显示试验两年间玉米整个生育期内均以 TC 处理土壤日蒸发量最大，NNTC 次之，而在拔节期之前 NTC 土壤日蒸发量最小，STC 次之；拔节期后 STC 处理土壤日蒸发量最小。由于玉米生育前期 NTC 处理地表充分地被秸秆覆盖，可阻止日光直接照射和风吹，而 STC 处理经过浅松，可以形成干土掩护层，同时切断下层土壤与地表的毛管联系，减少下层水分向上补给，有效降低了蒸发强度。玉米拔节期后，秸秆不断腐烂相应地表覆盖度逐渐降低，而 STC、CTC 和 NNTC 叶面积逐渐增大，有效截留了净辐射，加上作物冠层内的空气相对湿度较大，表层土壤失水相对变小，因而后期秸秆覆盖在降低土壤蒸发强度上的优势相对变缓，因此 STC 处理的土壤蒸发量最小，而 CTC 次之。而 NNTC 初期由于地面覆盖度较低，后期长势不及 CTC，所以土壤的日蒸发量略大于 CTC，但其始终小于对照 TC。

另外采用 SPSS 软件对各种处理土壤蒸发量进行方差分析（$a=0.05$），结果表明覆盖对夜间土壤蒸发量没有显著影响（$P_{垄}=0.288>0.05$；$P_{沟}=0.103>$

0.05），经覆盖处理日间土壤蒸发量差异显著（$P_{垄}=0.030<0.05$；$P_{沟}=0.007<0.05$），经 LSD 方法分析可知 TC 与其他几种处理之间差异达到极显著（$P<0.01$），其他几种处理之间差异不显著（$P>0.05$），见表 2.6 和表 2.7。

表 2.6　　方差分析表（垄）

分析位置	日间					夜间				
	平方和	df	均值	*F*	*P*	平方和	df	均值	*F*	*P*
中间	3.383	4	0.846	2.810	0.030	0.058	4	0.014	1.27	0.288
内部	28.597	95	0.301			1.025	90	0.011		
总计	31.98	99				1.083	94			

表 2.7　　方差分析表（沟）

分析位置	日间					夜间				
	平方和	df	均值	*F*	*P*	平方和	df	均值	*F*	*P*
中间	0.147	4	0.037	1.994	0.007	5.617	4	1.404	3.812	0.103
内部	1.478	80	0.018			33.149	90	0.368		
总计	1.626	84				38.766	94			

以 2007 年数据为例绘制日间与夜间蒸发量对比图（图 2.7 和图 2.8），数据显示：各种处理由于日间太阳辐射强、气温高，其蒸发量均明显高于夜间。从

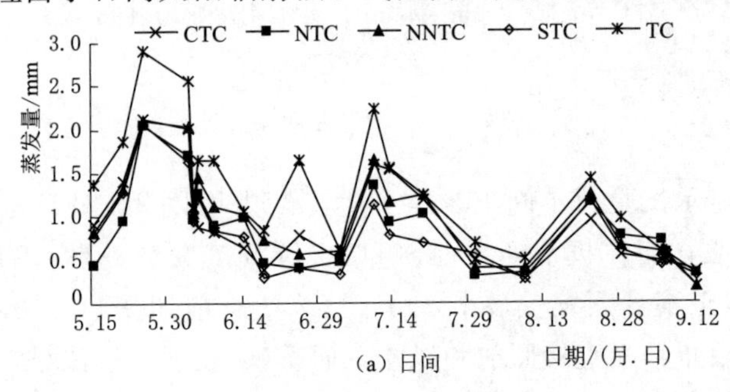

（a）日间

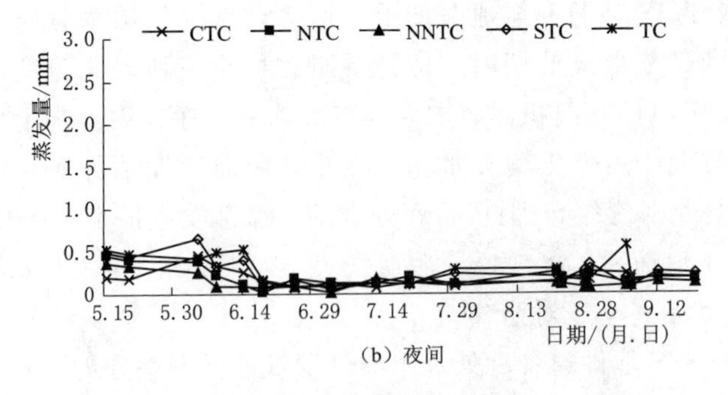

（b）夜间

图 2.7　土壤蒸发日夜对比

几个处理中可以看出，均是对照 TC 棵间蒸发量最大，土壤蒸发抑制率 CTC 为 5.79%～72.38%，NTC 为 8.56%～81.02%，STC 为 8.97%～76.42%，NNTC 为 5.37%～73.19%，覆盖处理的抑制蒸发作用在 6 月较为明显。几种秸秆覆盖措施均可以降低土壤的无效水分消耗，此外由于土壤蒸发易受环境的影响，且作物生长情况对田间地面荫蔽作用与覆盖相似，均有抑制土壤蒸发的效果。因此保护性耕作措施对玉米生育前期棵间土壤蒸发有一定的抑制作用，在拔节期尤为明显，且日间高于夜间。

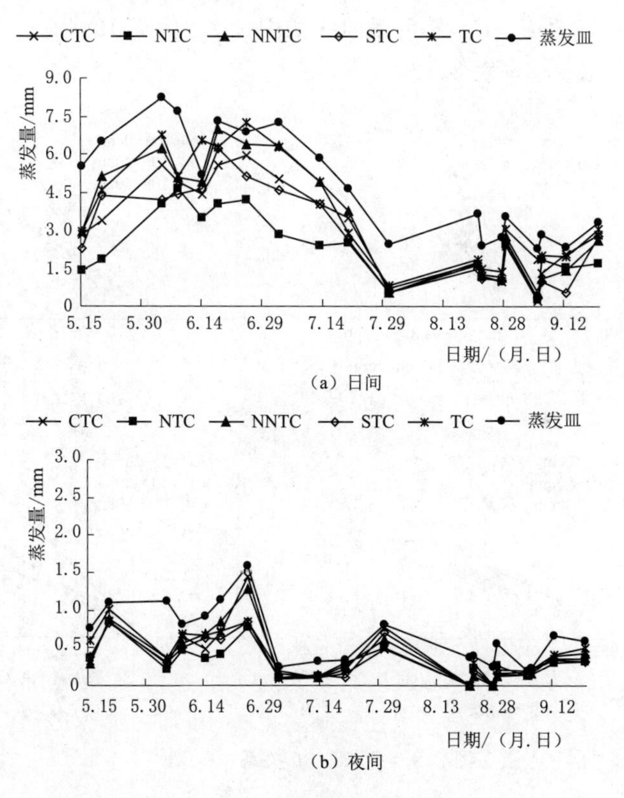

图 2.8 棵间水面蒸发日夜对比

2.2.1.3 蒸发试验分析计算

表土蒸发过程按主要影响因素的不同可分为两个阶段，即稳定蒸发阶段和土壤蒸发强度递减阶段。当土壤含水率 θ 大于临界含水率 θ_c 时，土壤蒸发强度等于水面蒸发强度 E_0，此阶段称为稳定蒸发阶段。当土壤含水率 θ 小于临界含水率 θ_c 时，随着含水率的降低，土壤蒸发强度逐渐减小，此阶段称为土壤蒸发强度递减阶段。根据室外蒸发试验资料，表土蒸发强度 E_a 与水面蒸发强度 E_0 和土壤含水率 θ 之间有以下经验关系

$$\frac{E_a}{E_0}=\begin{cases}1 & (\theta\geqslant\theta_c)\\ a\theta+b & (\theta<\theta_c)\end{cases} \tag{2.5}$$

式中：E_a为表土蒸发强度，mm/d；E_0为水面蒸发强度，mm/d；a、b为经验常数。

对室外蒸发试验资料进行分析和整理，计算了表土蒸发强度E_a、水面蒸发强度E_0以及表土10cm含水率的值。考虑到作物生长指标是影响土壤表土蒸发不可忽略的因素，因此本试验结合作物叶面积指数分析和确定上边界条件，不同秸秆覆盖条件下的E_a/E_0-θ关系曲线如图2.9～图2.13所示，其拟合经验公式的经验常数见表2.8～表2.12。

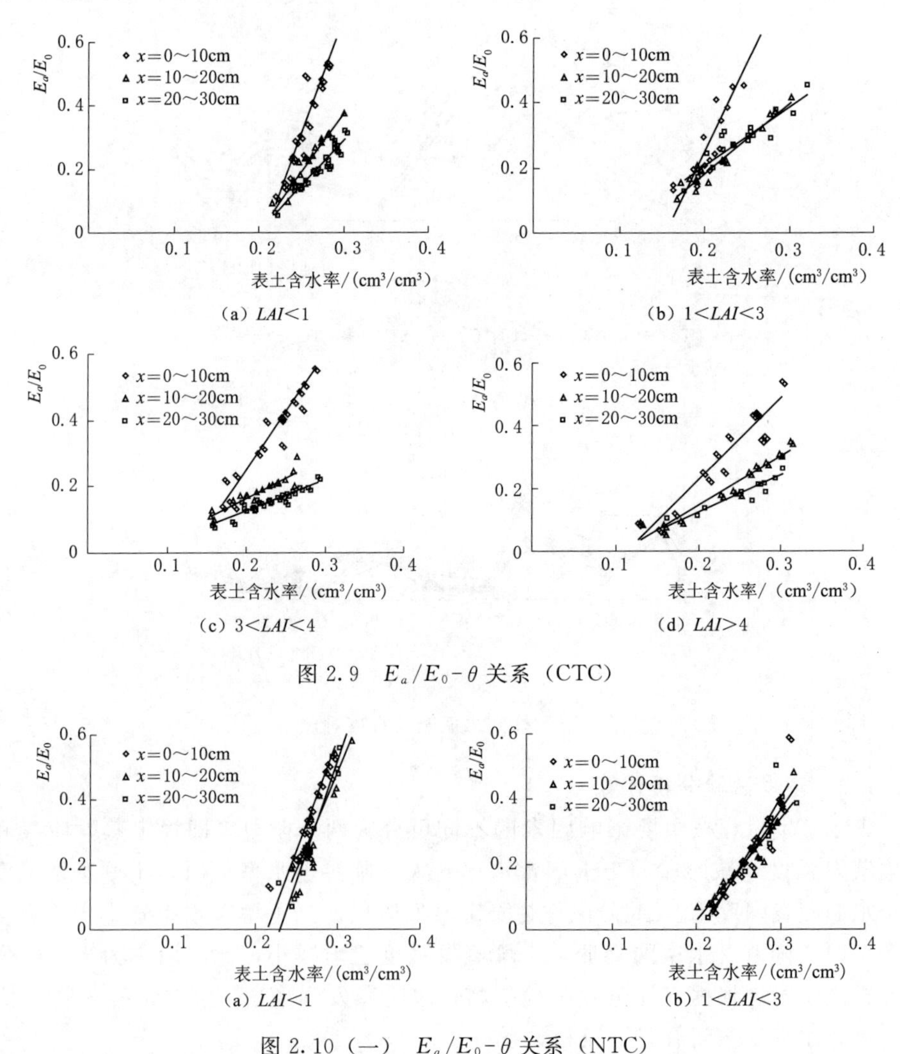

图2.9 E_a/E_0-θ关系（CTC）

图2.10（一） E_a/E_0-θ关系（NTC）

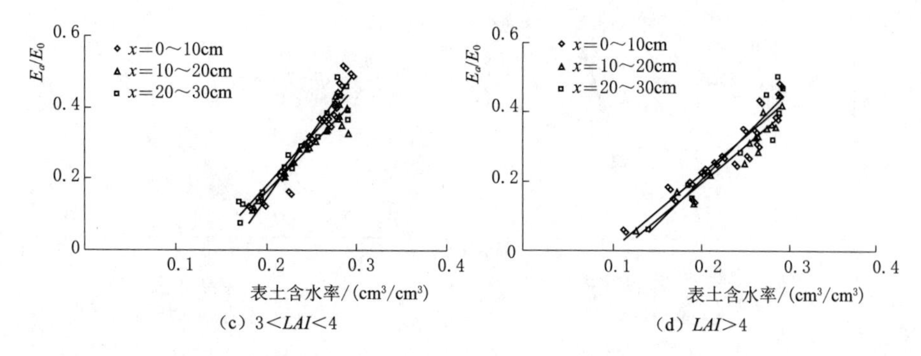

(c) 3<LAI<4　　(d) LAI>4

图 2.10（二）　E_a/E_0-θ 关系（NTC）

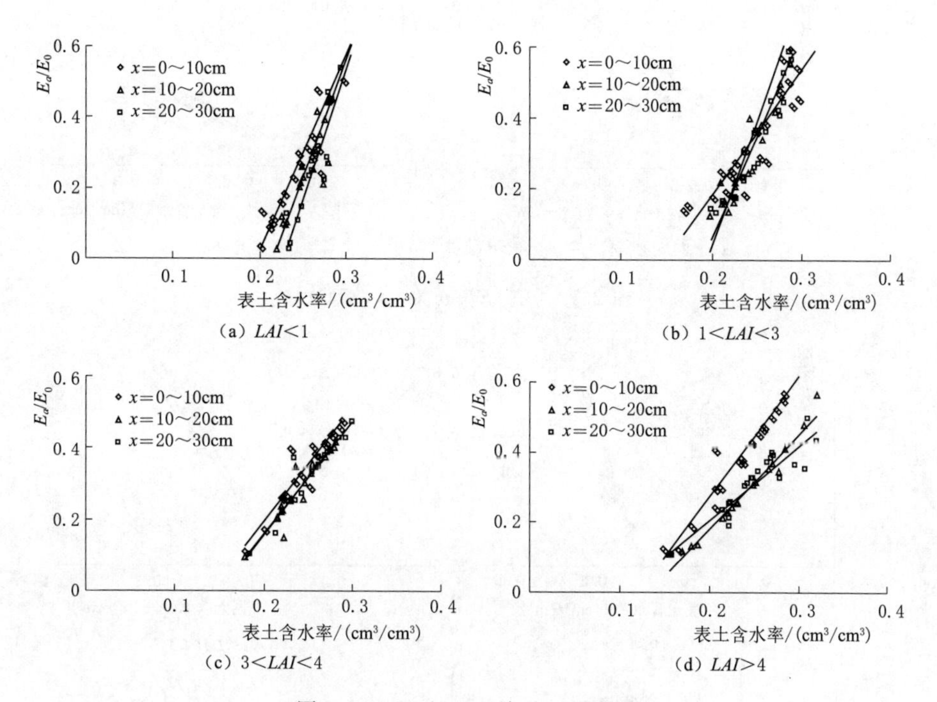

(a) LAI<1　　(b) 1<LAI<3

(c) 3<LAI<4　　(d) LAI>4

图 2.11　E_a/E_0-θ 关系（NNTC）

表 2.8　　条带覆盖经验常数结果表（CTC）

水平距离/cm	LAI<1			1<LAI<3			3<LAI<4			LAI>4		
	a	b	R^2	a	b	R^2	a	b	R^2	a	b	R^2
0～10	7.351	−1.533	0.868	5.455	−0.838	0.838	7.351	−0.943	0.920	2.632	−0.300	0.902
10～20	3.755	−0.749	0.920	1.788	−0.149	0.832	1.181	−0.074	0.822	1.557	−0.164	0.932
20～30	2.888	−0.575	0.925	2.152	−0.246	0.938	0.939	−0.061	0.892	1.184	−0.113	0.824

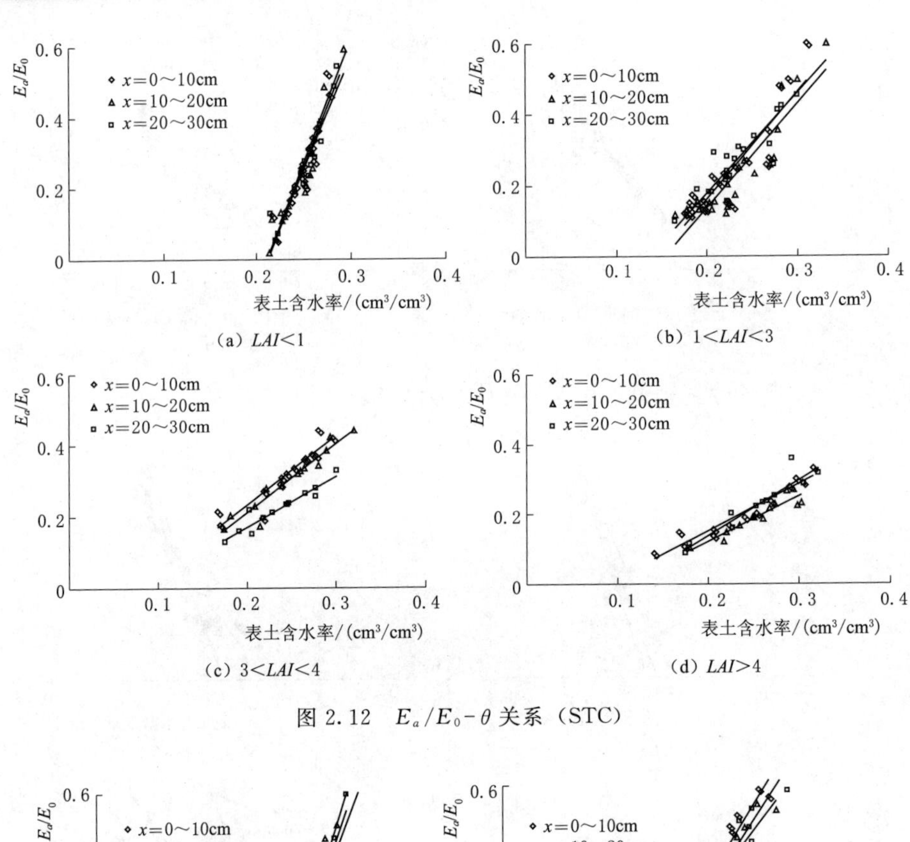

图 2.12 E_a/E_0-θ 关系（STC）

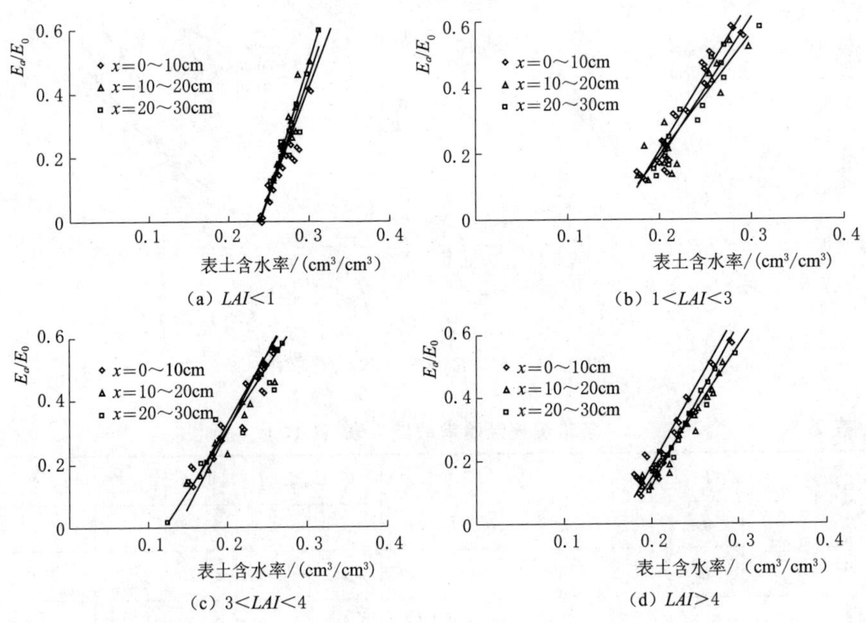

图 2.13 E_a/E_0-θ 关系（TC）

表 2.9 免耕全覆盖经验常数结果表（NTC）

水平距离/cm	LAI<1			1<LAI<3			3<LAI<4			LAI>4		
	a	b	R^2	a	b	R^2	a	b	R^2	a	b	R^2
0～10	4.898	−0.795	0.943	4.341	−0.544	0.838	2.185	−0.213	0.931	3.582	−0.569	0.931
10～20	3.755	−0.622	0.942	4.869	−0.675	0.893	2.163	−0.237	0.905	2.616	−0.361	0.905
20～30	5.121	−0.904	0.938	3.191	−0.387	0.941	2.572	−0.312	0.889	2.830	0.389	0.933

表 2.10 残茬覆盖经验常数结果表（NNTC）

水平距离/cm	LAI<1			1<LAI<3			3<LAI<4			LAI>4		
	a	b	R^2	a	b	R^2	a	b	R^2	a	b	R^2
0～10	5.598	−1.099	0.860	3.554	−0.529	0.838	3.187	−0.441	0.895	3.152	−0.381	0.957
10～20	6.713	−1.449	0.830	7.123	−1.383	0.763	3.195	−0.477	0.910	2.683	−0.293	0.867
20～30	7.461	−1.696	0.863	5.843	−1.112	0.803	3.156	−0.476	0.895	2.129	−0.220	0.865

表 2.11 浅松覆盖经验常数结果表（STC）

水平距离/cm	LAI<1			1<LAI<3			3<LAI<4			LAI>4		
	a	b	R^2	a	b	R^2	a	b	R^2	a	b	R^2
0～10	6.719	−1.467	0.944	4.328	−0.689	0.861	7.061	−1.511	0.801	4.437	−0.909	0.872
10～20	8.200	−1.816	0.951	3.654	−0.538	0.854	6.105	−1.337	0.806	3.119	−0.595	0.885
20～30	7.612	−1.678	0.944	0.462	0.072	0.931	7.563	−1.732	0.933	3.819	−0.778	0.859

表 2.12 传统耕作经验常系数结果表（TC）

水平距离/cm	LAI<1			1<LAI<3			3<LAI<4			LAI>4		
	a	b	R^2	a	b	R^2	a	b	R^2	a	b	R^2
0～10	7.011	−1.486	0.916	4.602	−0.713	0.930	3.582	−0.569	0.931	2.152	−0.207	0.856
10～20	6.292	−1.326	0.903	3.654	−0.538	0.835	2.616	−0.361	0.806	2.163	−0.237	0.911
20～30	6.7641	−1.4372	0.887	4.328	−0.689	0.861	7.563	−1.732	0.933	2.571	−0.311	0.889

观测图 2.9～图 2.13 可知蒸发的过程中，不同覆盖方式和作物生长情况对其表土蒸发量具有不同的影响。随着覆盖度的增大和作物的生长发育相对强度逐渐减小，其中覆盖处理蒸发量小，裸土处理蒸发量大。采用田间实测数据拟合的表土含水率与相对蒸发强度的经验公式，R^2 均达到 0.75 以上，回归和拟合程度均可以满足要求，可以以此作为本试验土壤水分运动数值模拟的上边界控制条件。

2.2.2 土壤剖面水分变化

2.2.2.1 垂直方向土壤水分含量变化

如图 2.14 所示，0～30cm 土壤水分含量受降雨和蒸发因素的影响较大，在

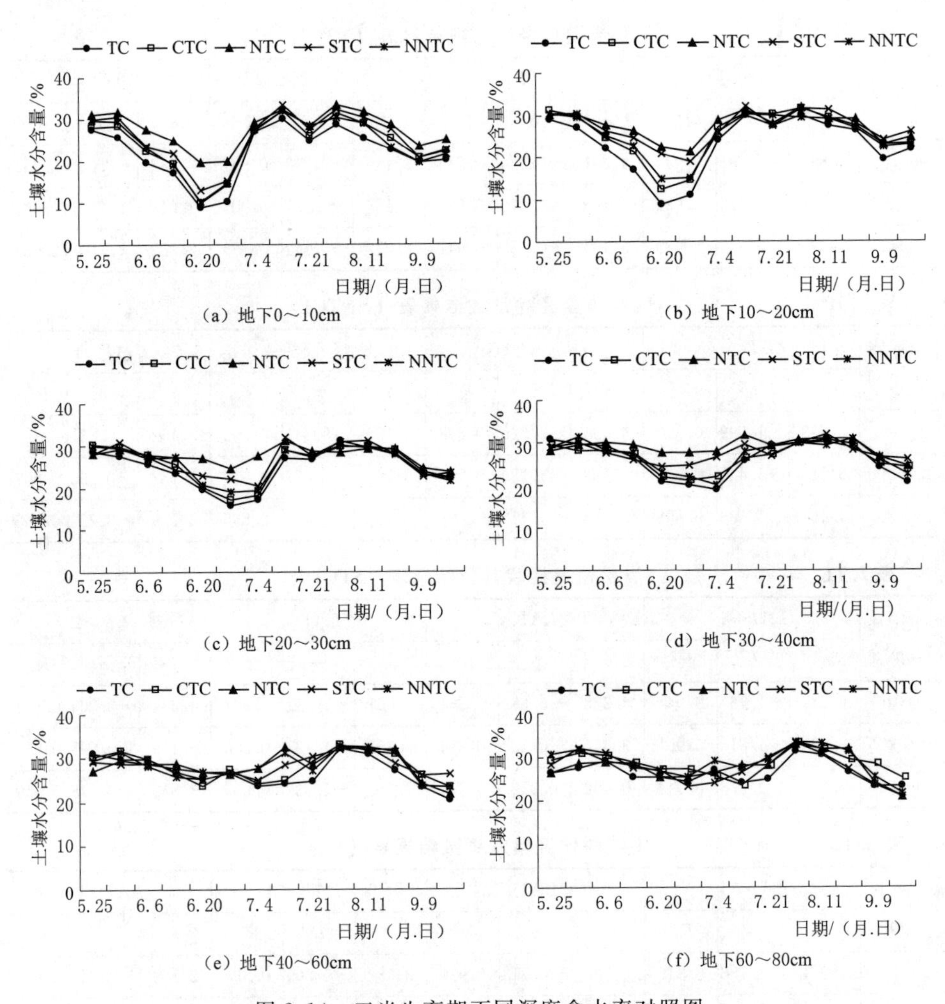

图 2.14 玉米生育期不同深度含水率对照图

全年中变化非常剧烈，其中表土 0～10cm 尤为明显。从图 2.14（a）～（c）可以看出：0～30cm 水分含量一直维持在较高水平，STC、CTC、NTC 和 NNTC 地下 0～30cm 土壤含水率始终高于对照 TC。6 月持续无降雨，几种处理土壤水分均急剧下降，STC、CTC、NTC、NNTC 和 TC 地下 0～10cm 土壤水分含量分别由 22.21%、22.09%、22.88%、22.18%、21.13% 下降至 13.82%、10.53%、15.58%、11.10%、8.08%；地下 10～20cm 土壤水分含量分别由 22.36%、20.70%、23.23%、21.63%、18.75% 下降至 11.11%、10.53%、14.14%、10.60%、7.39%；地下 20～30cm 土壤水分含量分别由 20.42%、22.12%、20.41%、20.35%、20.14% 下降至 16.08%、17.84%、14.53%、13.87%、11.50%，平均下降率分别为 30.55%、34.99%、20.44%、33.25%、

39.23%。可见干旱缺水条件下秸秆覆盖能够明显提高地表土壤水分含量，降低无效水分消耗，在玉米生育前期有一定的保墒效果。

在全生育期内中，STC、CTC和NTC在地下30～60cm的水分含量均高于对照TC，图2.14（d）和（e）说明各种耕作方式对土壤含水率影响可以达到60cm，7月11日和8月2日降雨后测得STC、CTC、NTC和NNTC在地下30～60cm的水分含量均值分别为21.10%、20.61%、22.36%、19.61%和23.55%、23.01%、23.81%，22.94%，而对照TC的水分含量分别为18.20%和22.48%，可以提高0.46%～4.16%。说明在水分条件较好的情况下，秸秆覆盖对深层土壤水分也具有影响，但残茬处理对其影响不及覆盖措施明显。

图2.14（f）显示地下60～80cm范围内，覆盖和降雨对各种处理的土壤水分含量影响很小。但是，在2007年7—8月所测结果中，TC水分含量低于其余各处理，这是降雨偏多所造成的，表明在雨水或灌溉水较充足的情况下，秸秆覆盖处理中土壤水向深层入渗的能力强于不覆盖处理，从而可减小地表径流流量，提高降水的利用率。

2.2.2.2 水平方向土壤水分含量变化

如图2.15所示，几种处理距离作物0～10cm水平距离的土壤水分含量相差不大，作物生长初期差别相对明显，NTC土壤水分始终处于最高水平。STC、CTC、NTC和NNTC处理0～10cm水平距离土壤水分含量均值分别为20.12%、19.74%、21.02%、20.56%，均高于对照TC处理2.76%～10.44%，特别是在6月无雨期，几种处理较TC提高10%以上，其中NTC提高土壤墒情高达37.14%。CTC与NNTC处理土壤水分略有波动但总体差别不显著。水平距离0～10cm土壤墒情是作物生根发芽的重要影响因子，因此可知覆盖处理可提高作物出苗成功率。

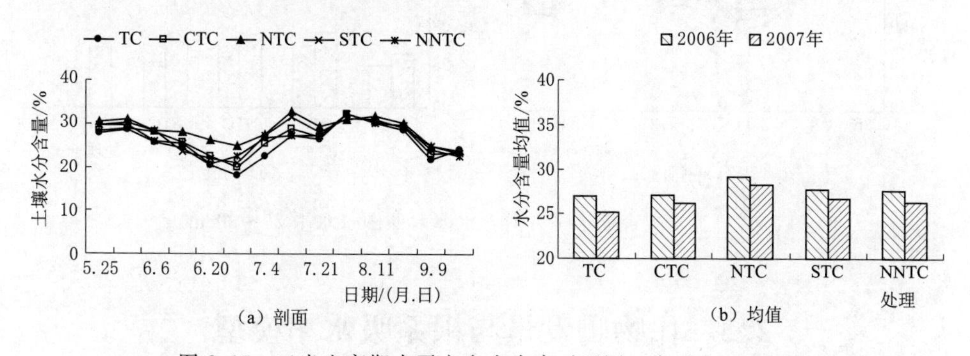

图2.15 玉米生育期水平方向含水率对照图（水平0～10cm）

如图2.16所示，总体上10～20cm水平距离的土壤水分含量的差异略大于0～10cm水平距离的土壤水分含量，依然对照TC处理土壤水分含量为最低。4种处理方式的水分含量均值为 NTC＞CTC＞ STC＞ NNTC，NTC 比 CTC、STC、NNTC分别提高 4.61%、7.71%、9.19%。6 月 27 日雨后测定 NTC、CTC、STC 和 NNTC 土壤水分含量分别为 22.62%、22.19%、22.53%和 21.54%。经过为期 1 个月的无雨期后，其水分含量降低为 19.01%、16.11%、14.92%、14.10%。可知覆盖可提高土壤水分墒情，其效果在干旱少雨地区更为明显。

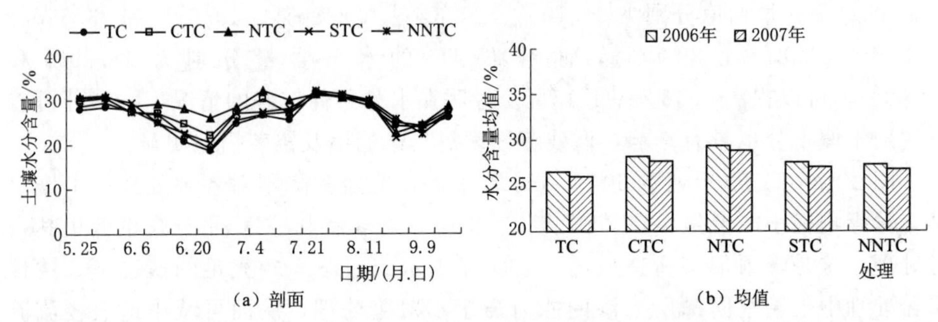

图 2.16 玉米生育期水平方向含水率对照图（水平 10～20cm）

如图 2.17 所示，20～30cm 水平距离的土壤水分含量差异最为明显，处理方式的水分含量均值为 NTC＞CTC＞STC＞NNTC＞TC。由于 CTC 在垄沟上覆盖秸秆，水分的侧向补给充分，保水效果明显优于 NNTC 和 STC，但总体上其土壤墒情仍略低于 NTC 处理，水分充足的 7 月雨季效果明显，分别较 STC、NNTC 提高 19.31%、16.70%，但略低于 NTC 处理 8.31%。表明覆盖对水平侧渗也有推动作用。

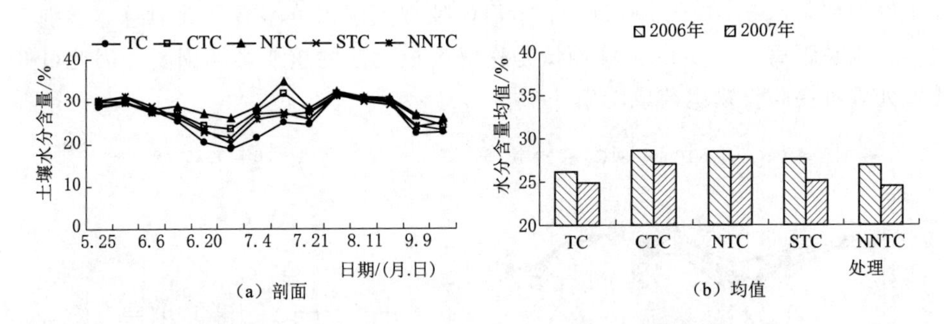

图 2.17 玉米生育期水平方向含水率对照图（水平 20～30cm）

2.3 作物腾发量与根系吸水率模型

2.3.1 作物腾发量计算

腾发量（evapotranspiration）是单位时间（d）单位地表面积上蒸发和蒸腾

所散失的水量之和（常用 mm/d 计），通常把腾发量称为作物需水量，其大小及其变化规律，受到气象条件、作物特性、土壤性质和农业技术措施等影响。腾发量是农业方面最主要的水分消耗量，是农田水分平衡的一个分量，也是田间水分循环中必不可少的一个过程，它是 SPAC（soil - plant - atmosphere - continuum）中水分传输与能量转化中最为重要的环节。因此作物腾发量是水资源开发利用和区域水资源评价的必需资料，同时也是灌排工程规划、设计、管理的基本依据。随着各方面用水量的不断增长，水源不足问题日益突出，对其的研究日益重要，在干旱半干旱地区尤为重要。作物需水量等因素的影响作为农田水利学基础理论的研究已有 200 多年的历史。在世界上从事作物腾发量研究卓有成效的科学家如苏联的考斯加可夫、布德科，英国的彭曼，美国的布兰尼、詹森等，均为这一科学领域的重要代表人物。他们的开拓性工作给现代作物需水量研究以很大启迪和影响。

我国从 20 世纪 20 年代就开始了不少作物的需水量试验，从 50 年代中期开始，陆续在全国各地建立灌排试验站，截至目前，全国已有 300 多个灌溉试验站，对全国各地的主要作物进行需水量试验，积累了大量的实测资料及一定的理论分析成果。80 年代初期以后，我国在全国范围内开展了主要作物需水量协作研究，绘制了全国作物需水量等值线图，对历年的作物需水量资料进行了分析整编。经过几十年的工作，灌溉试验人员的技术水平有所提高，在全国各地建立了大量的作物需水试验站，站网建设日趋完善和合理，如有不少省份成立了省级中心灌溉试验站。同时，大批国外的先进技术和计算方法在国内得到了采用。根据各地条件建立了一批较为适合于当地的作物需水量计算公式，使应用部门能根据气象、土壤和作物条件，用经验或半经验的方法，方便地计算作物需水量的近似值。目前我国作物腾发量的计算方法主要有三大类：第一类是先计算全生育期总需水量，然后用阶段需水模系数分配各阶段需水量的方法，即所谓的“惯用法”；第二类是直接计算各生育阶段作物需水量的方法；第三类是先用气象因素计算各阶段参考作物蒸发蒸腾量，然后乘以作物系数求各阶段作物需水量的方法。

计算作物需水量的第一类方法包括单因素法和多因素法；第二类方法包括经验公式法（其中又包括水面蒸发量法、以气温和日照时数为参数的公式法、以气温和水面蒸发为参数的公式法和以气温、日照时数、风速、饱和差多因素为参数的公式法）、水汽扩散法［主要有桑斯威特-霍尔兹曼（Thornthwaite - Holzman）公式和布德科（Budyko）公式两种］、能量平衡法和水量平衡法；第三类方法通过参考作物腾发量计算各阶段需水量。考虑到理论的完备性、方法的先进性以及数据的完整性，本试验 2006 年采用通过参考作物腾发量计算各阶段需水量法，而 2007 年采用水量平衡法。

2.3.1.1 参考作物需水量计算法

采用该方法时，首先需要计算 ET_0，然后利用作物系数 K_c 进行修正，最终得到某种具体作物的需水量。这类方法计算某一作物各生育阶段需水量的模式可用下式表达

$$ET_{ai}=K_{ci}ET_{0i} \tag{2.6}$$

式中：ET_{ai} 为第 i 阶段的实际作物蒸发蒸腾量；K_{ci} 为第 i 阶段的作物系数；ET_{0i} 为第 i 阶段的参考作物需水量。

1. 参考作物需水量 ET_0

所谓参考作物需水量 ET_0（reference crop evapotranspiration），指土壤水分充足、地面完全覆盖、生长正常、高矮整齐的开阔（地块的长度和宽度都大于200m）矮草地上的蒸发量。目前对参考作物需水量的研究较多，有多种理论和计算方法，其中将作物腾发看作能量消耗过程的能量平衡原理比较成熟、完整。根据这一理论及水汽扩散等理论，在国外有许多计算参考作物需水量的公式，其中最富盛名和应用最广的是彭曼（Penman）公式，它是在能量平衡的基础上给出干燥力（drying power）的概念，经过简捷的推导，采用普通气象资料计算参考作物蒸发蒸腾量。

Penman 公式形式如下

$$ET_{0i}=\frac{\frac{P_0}{P}\frac{\Delta}{\gamma}R_n+0.26(1+Cu_2)(e_a-e_d)}{\frac{P_0}{P}\frac{\Delta}{\gamma}+1.0} \tag{2.7}$$

式中：P_0 和 P 分别为海平面标准大气压和计算地点的实际气压，mbar；γ 为湿度计常数，mbar/℃；Δ 为饱和水汽压-温度曲线上的斜率，mbar/℃；e_a 为空气实际水汽压，mbar；e_d 为饱和水汽压，mbar；u_2 为 2m 高处风速，m/s；C 为风速修正系数。

经过国内外学者多年的不断探索和应用研究，发现此方法在定义和应用上存在难度和缺陷。1992 年，联合国粮农组织（FAO）对参考作物需水量进行了重新定义，定义为一假想参考作物冠层的腾发速率，假想作物高度为 0.12m，固定叶面阻力为 70m/s，反射率为 0.23，非常类似于表面开阔、高度一致、生长旺盛、完全遮盖地面而不缺水的绿色草地的蒸发蒸腾量。计算公式为 Penman - Monteith 公式，采用该方法计算参考作物需水量需要四项气象要素：气温（包括最高和最低气温）、湿度、风速、太阳辐射或日照。该方法以能量平衡和水汽扩散理论为基础，不但考虑了作物的生理特征，还考虑了空气动力学参数的变化，具有比较充分的理论依据和较高的计算精度。Penman - Monteith 公式形式如下（以天为计算时段）

$$ET_0=\frac{0.408\Delta(R_n-G)+\gamma\frac{900}{T+273}u_2(e_s-e_a)}{\Delta+\gamma(1+0.34u_2)} \tag{2.8}$$

式中：ET_0为参考作物需水量，mm；R_n为净辐射量，MJ/(m^2·d)；G为土壤热通量，MJ/(m^2·d)；γ为湿度计常数，kPa/℃；T为平均温度，℃；u_2为地面以上2m高处的风速，m/s；e_s为空气饱和水汽压，kPa；e_a为空气实际水汽压，kPa；Δ为饱和水汽压与空气温度关系曲线的斜率，kPa/℃。

以上这些参数的计算方法如下

$$G_i=0.38(T_i-T_{i-1}) \tag{2.9}$$

$$\Delta=\frac{4098\left[0.618\exp\left(\frac{17.27T}{T+237.3}\right)\right]}{(T+237.3)^2} \tag{2.10}$$

式中：G_i为第i天的土壤热通量，MJ/(m^2·d)；T_i和T_{i-1}分别为第i天和第$i-1$天的平均气温，℃。

$$\gamma=0.00163\frac{P}{\lambda} \tag{2.11}$$

$$P=101.3\left(\frac{293-0.0065z}{293}\right)^{5.26} \tag{2.12}$$

式中：P为大气压，kPa；z为海平面以上高程，m；λ为汽化潜热，取为2.45MJ/kg。

$$u_2=u_z\frac{4.87}{\ln(67.8z-5.42)} \tag{2.13}$$

式中：u_2与u_z分别为在地面以上2m与zm处的风速，m/s；z为地面以上的测量高度，m。

$$e_s=\frac{e^0(T_{\max})+e^0(T_{\min})}{2} \tag{2.14}$$

$$e^0(T)=0.6108\exp\left(\frac{17.27T}{T+237.3}\right) \tag{2.15}$$

式中：$T_{\max}$和$T_{\min}$分别为时段内最高和最低平均气温，℃；$e^0(T)$为空气温度为T时的饱和水汽压，kPa。

$$e_a=\frac{H_{\text{mean}}}{100}\times\frac{e^0(T_{\max})+e^0(T_{\min})}{2} \tag{2.16}$$

式中：H_{mean}为时段平均相对湿度。

采用上述公式即可得到所需参考作物蒸发蒸腾量，计算结果如图2.18所示。

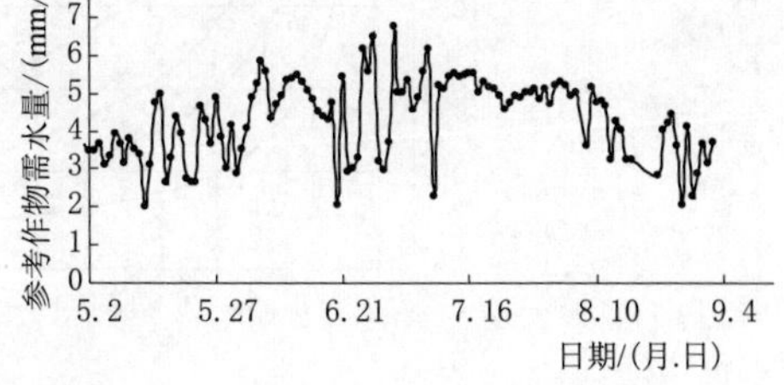

图2.18　2006年玉米生长季节ET_0的变化

2. 作物系数计算

作物系数反映作物和参考作物之间需水量的差异，本试验采用FAO推荐分段单值平均法确定作物系数，即把全生育期的作物系数变化过程概化为四个阶段，并分别采用三个作物系数值 K_{cini}、K_{cmid} 和 K_{cend} 予以表示，如图2.19所示。FAO推荐的标准状况下玉米各生育阶段的作物系数分别为：$K_{cini}=0.5$，$K_{cmid}=1.20$，$K_{cend}=0.6$。应用时根据当地气候、土壤、作物和灌溉条件对其进行修正。本试验玉米全生育期为130d，其中初期阶段与后期阶段各为30d，发育阶段与中期阶段各为35d。

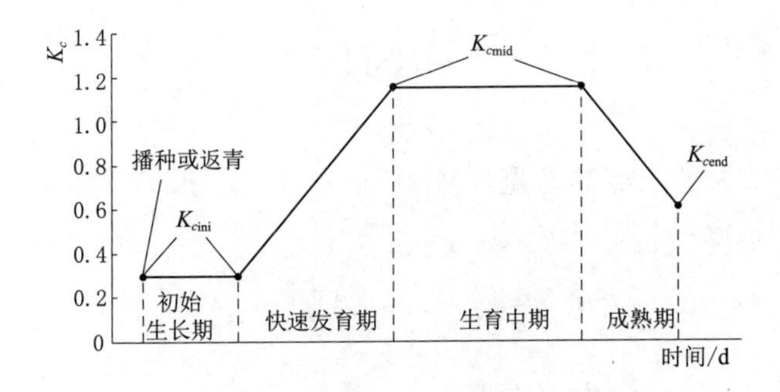

图2.19 标准状态下作物系数变化过程线

初期阶段土壤蒸发占主导地位。初期阶段的作物系数值由平均湿润间隔、参考作物需水量和湿润深度确定。玉米初期阶段历时30d，平均湿润深度为6.5mm（<10mm），降雨间隔为4d，该阶段内 ET_0 平均值为3.65mm/d，由图2.20确定 K_{cini}^* 的值为0.65，考虑到秸秆覆盖处理影响地表蒸发，根据田间蒸发资料进行修正，计算结果见表2.13。

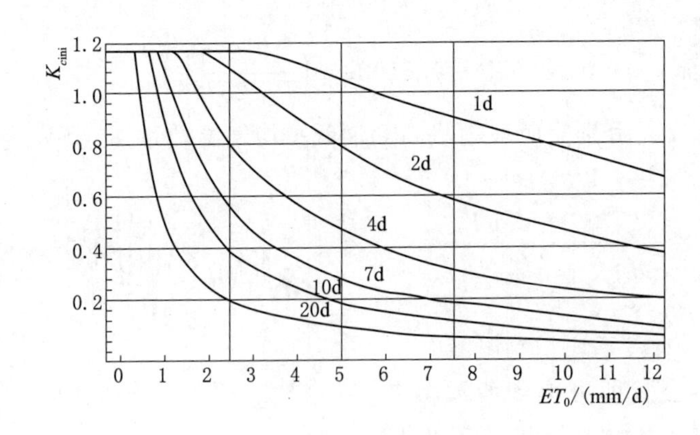

图2.20 K_{cini} 查算图（平均湿润深度小于10mm）

表 2.13　　作物系数的计算结果

处理	K_{cini}	K_{cmid}	K_{cend}	处理	K_{cini}	K_{cmid}	K_{cend}
CTC	0.627	1.132	0.561	NTC	0.506	1.132	0.560
TC	0.650	1.133	0.561	STC	0.555	1.131	0.560
NNTC	0.632	1.133	0.560				

中、后期的 K_{cmid} 和 K_{cend} 由相对湿度和平均风速来调整，平均最小相对湿度 $RH_{min}\neq45\%$，2m 高处的日平均风速 $u_2\neq2.0$m/s，且 $K_{cend}>45\%$时，按下式调整

$$K_c^*=K_c(推荐)+[0.04(u_2-2)-0.004(RH_{min}-45)]\left(\frac{h_0}{3}\right)^{0.3} \tag{2.17}$$

式中：K_c^* 为调整后的中期和后期阶段作物系数；K_c（推荐）表示推荐的标准 K_{cmid} 和 K_{cend} 值；RH_{min} 为计算时段内日最小相对湿度的平均值，%，$20\%\leqslant RH_{min}\leqslant80\%$；$u_2$ 为计算时段内 2m 高处的日平均风速，m/s；h_0 为计算时段内的平均株高，m，$0.1\text{m}\leqslant h_0\leqslant10\text{m}$。

玉米中期阶段历时 35d，K_{cmid} 推荐值为 1.20，RH_{min} 为 49.2%，2m 高处的日平均风速 u_2 为 0.65m/s，平均作物高度 CTC 为 2.89m、TC 为 2.73m、NNTC 为 2.79m、NTC 为 2.75m、STC 为 2.92m。后期阶段历时 30d，K_{cend} 推荐值为 0.6，RH_{min} 为 56.13%，2m 高处的日平均风速 u_2 为 0.3m/s，平均作物高度 CTC 为 3.00m、TC 为 2.85m、NNTC 为 2.97m、NTC 为 2.93m、STC 为 3.04m。采用式（2.17）调整玉米中期和后期阶段的作物系数，结果见表 2.13。

明确参考作物需水量 ET_0 后采用作物系数 K_c 进行修正，即可得到作物实际腾发量 ET，作物实际需水量根据作物生育阶段分段计算，计算结果如图 2.21 所示。

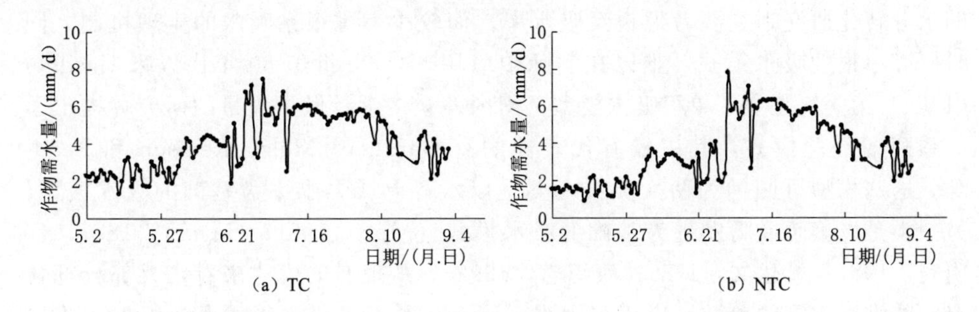

图 2.21　2006 年玉米生长季节 ET 的变化

2.3.1.2　水量平衡法

农田水分平衡是农田土壤得到的水量和被作物用去的、流失的水量之间的

平衡关系，一般指在给定的时段内，作物根部范围内一定深度的土层得到与失去水分的差额。主要考虑时段内根区土壤储水量变化、降水量、灌水总量、地下水对作物耗水的补给量、测定区域的地面径流量、深层渗漏量和作物蒸发蒸腾量（裴步祥等，1989）。

$$W_e = W_b + P + I - D - ET \tag{2.18}$$

式中：W_e为时段结束时根区中的土壤含水量；W_b为时段开始时根区中的土壤含水量；P 为时段内的总降水量；I 为时段内灌水量；D 为时段内根系层底部水分通量（深层渗漏量采用定位通量法）；ET 为时段内作物需水量，计算结果见表 2.14。

表 2.14　　作物需水量计算表　　单位：m^3

处理	播种—出苗期	出苗—拔节期	拔节—抽穗期	抽穗—成熟期
CTC	2.61	3.10	5.21	2.51
TC	2.65	3.15	5.15	2.55
NNTC	2.62	3.12	5.23	2.51
NTC	2.43	3.03	5.19	2.54
STC	2.57	3.07	5.25	2.49

2.3.2　根系吸水速率模型

植物根系吸水是植物耗水的主要途径，在土壤—植物—大气连续体水分传输问题研究中，作物根系吸水是根系层土壤水分动态模拟不可缺少的资料，根系吸水是 SPAC 系统水分运移的一个重要环节。当前研究根系吸水主要采用两种方法：一种是研究单根的吸水性质，侧重于根系吸水生理机制的研究；另一种是把根作为一个整体来看待，综合考虑根系对土壤水分的吸收。在农田土壤的水分转化研究中主要考虑根系吸水率，而较少考虑根系吸水的生理机制，同时研究单根的吸水模式，难以在实际中应用。自 20 世纪 60 年代以来 Gardner（1964）第一次建立了单根吸水模型，国内外众多学者做了大量的研究，提出了一系列的经验模式，其中较有代表性的有 Gardner、Molz、Remson 和 Fedds 等。这些模型可归纳为两大类：一类是以水势差或含水率为基础的吸水模型；另一类是以蒸腾或腾发量为基础的吸水模式（Molz，1981；Novark，1987；邵明安，1987；姚建文，1989；康绍忠，1992），从现有的模式来看，大部分都含有一些难以实测的参数，应用很困难。还有一些根系吸水模式虽然不包含难以实测的参数，但是在一定条件下根据实测资料确定的，在实用中也难以借用。

目前关于一维根系吸水速率经验与半经验模型的理论研究较为充分，但是对根系吸水速率二维模型的研究较少。本试验考虑大气因素、土壤因素、作物自身因素以及地表覆盖影响建立保护性耕作条件下的二维根系吸水模型。

2.3.2.1 根系吸水速率计算

采用土壤水动力学运动方程反求根系吸水率，由于玉米根系近似于树杆轴对称，且考虑到覆盖对其的影响，根系区土壤水分运动可看作轴对称的二维问题（取地面作物根部为原点，z 向下为正）。腾发条件下土壤水分运动基本方程为

$$\frac{\partial\theta}{\partial t}=\frac{\partial}{\partial x}\left[D(\theta)\frac{\partial\theta}{\partial x}\right]+\frac{\partial}{\partial z}\left[D(\theta)\frac{\partial\theta}{\partial z}\right]-\frac{\partial k(\theta)}{\partial z}-S(x,z,t) \tag{2.19}$$

式中：$S(x,z,t)$ 为汇源项，表示作物根系吸水速率，即根系在单位时间内由单位体积土壤中所吸收水分的体积。因此由上式可知

$$S(x,z,t)=\frac{\partial}{\partial x}\left[D(\theta)\frac{\partial\theta}{\partial x}\right]+\frac{\partial}{\partial z}\left[D(\theta)\frac{\partial\theta}{\partial z}\right]-\frac{\partial k(\theta)}{\partial z}-\frac{\partial\theta}{\partial t} \tag{2.20}$$

结合定解条件

$$\begin{cases}-D(\theta)\dfrac{\partial\theta}{\partial z}+K(\theta)=-E(\text{或 }R_t) & t>0\quad z=0\quad 0\leqslant x\leqslant X\\ \theta=\theta_a & t=0\quad z=0\quad 0\leqslant x\leqslant X\\ \theta=\theta_a & t>0\quad z=L\quad 0\leqslant x\leqslant X\\ \dfrac{\partial\theta}{\partial x}=0 & t>0\quad x=0\quad x=X\quad 0\leqslant z\leqslant L\end{cases} \tag{2.21}$$

过 z 坐标轴任意取出个剖面区域

$$D=\{0\leqslant x\leqslant X;\ 0\leqslant z\leqslant L\} \tag{2.22}$$

式中：X 为距离根茎中心的距离；L 为根系最大深度。用矩形差分网格将区域 D 进一步剖分，在区域内结点（i，j）处采用中心差分格式将上式离散化得到

$$\begin{aligned}S_{i,j}^{n+\frac{1}{2}}=&a_{i,j}(\theta_{i-1,j}^{n}+\theta_{i-1,j}^{n+1})+b_{i,j}(\theta_{i+1,j}^{n}+\theta_{i+1,j}^{n+1})+c_{i,j}(\theta_{i,j-1}^{n}+\theta_{i,j-1}^{n+1})\\&+d_{i,j}(\theta_{i,j+1}^{n}+\theta_{i,j+1}^{n+1})+e_{i,j}(\theta_{i,j}^{n}-\theta_{i,j}^{n+1})+f_{i,j}\end{aligned} \tag{2.23}$$

其中 $a_{i,j}=\dfrac{D_{i-\frac{1}{2},j}^{n+\frac{1}{2}}}{2\Delta x^2}$，$b_{i,j}=\dfrac{D_{i+\frac{1}{2}}^{n+\frac{1}{2}}}{2\Delta x^2}$，$c_{i,j}=\dfrac{D_{i,j-\frac{1}{2}}^{n+\frac{1}{2}}}{2\Delta z^2}$，$d_{i,j}=\dfrac{D_{i,j+\frac{1}{2}}^{n+\frac{1}{2}}}{2\Delta z^2}$，

$$e_{i,j}=-(a_{i,j}+b_{i,j}+c_{i,j}+d_{i,j}), \tag{2.24}$$

$$f_{i,j}=-\frac{K_{i,j+\frac{1}{2}}^{n+\frac{1}{2}}-K_{i,j-\frac{1}{2}}^{n+\frac{1}{2}}}{\Delta z}-\frac{\theta_{i,j}^{n+1}-\theta_{i,j}^{n}}{\Delta t}$$

上式中参数做如下变化：

$$D_{i\pm\frac{1}{2},j}^{n+\frac{1}{2}}=\frac{\sqrt{D_{i\pm1,j}^{n+1}D_{i,j}^{n+1}}+\sqrt{D_{i\pm1,j}^{n}D_{i,j}^{n}}}{2}$$

$$D_{i,j\pm\frac{1}{2}}^{n+\frac{1}{2}}=\frac{\sqrt{D_{i,j\pm1}^{n+1}D_{i,j}^{n+1}}+\sqrt{D_{i,j\pm1}^{n}D_{i,j\pm1}^{n}}}{2} \tag{2.25}$$

$$K_{i,j\pm\frac{1}{2}}^{n+\frac{1}{2}}=\frac{\sqrt{K_{i,j\pm1}^{n+1}K_{i,j}^{n+1}}+\sqrt{K_{i,j\pm1}^{n}K_{i,j}^{n}}}{2}$$

式中：i 为水平方向的差分网格结点序号；Δx 为水平方向的计算步长；j 为垂直方向的差分网格结点序号步；Δz 为垂直方向的计算步长；n 为时间结点号；Δt 为时间步长。根据已知的土壤水分运动参数 $D(\theta)$、$K(\theta)$ 及实测二维剖面含水率的数据，可计算出所有结点在任意时段内的根系吸水速率 $S_{i,j}^{n+\frac{1}{2}}$。以CTC和STC为例，计算结果如图2.22和图2.23所示。根系吸水速率在数值上较小，很难精确测定，但从本试验计算的结果来看基本符合作物实际生长情况，即随着作物生长根系逐渐增长，其吸水水分也越大。

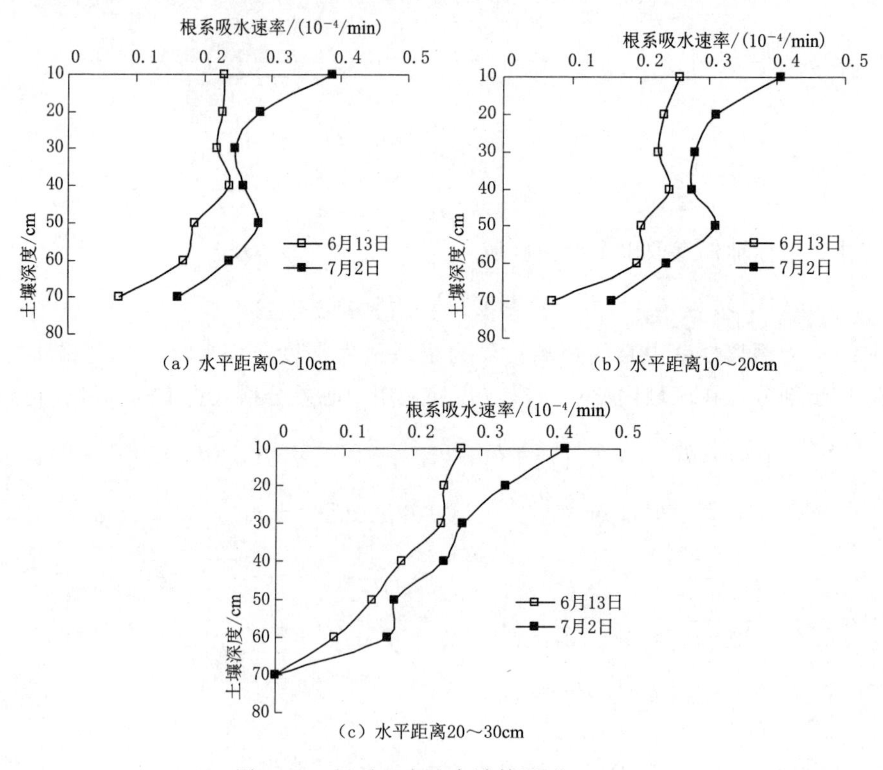

图2.22 根系吸水速率计算图形（CTC）

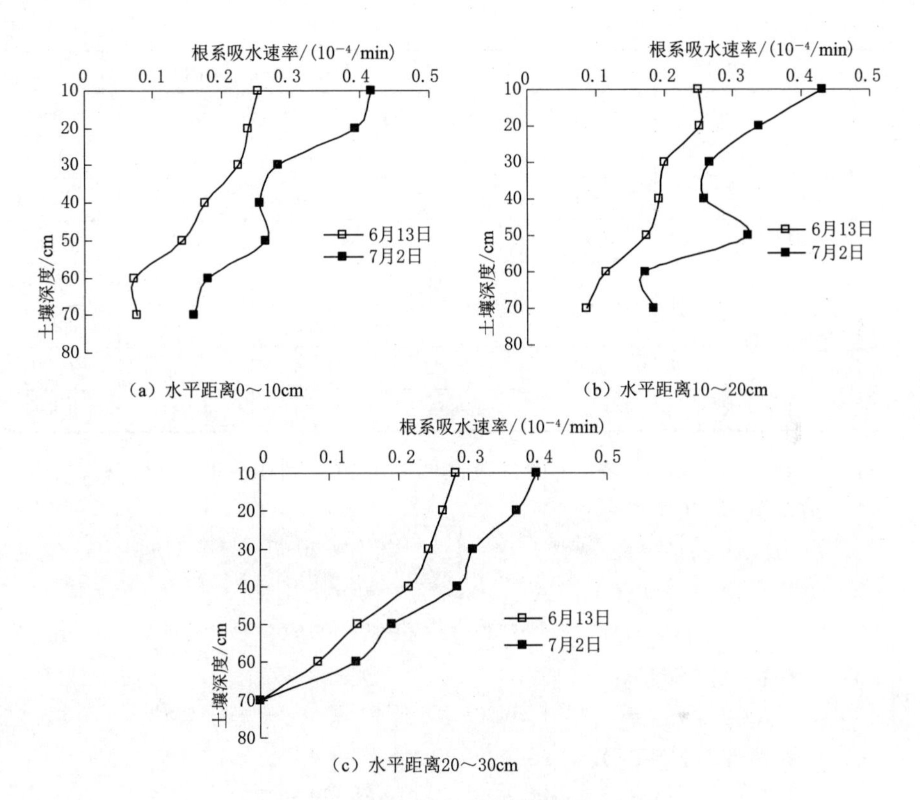

图 2.23 根系吸水速率计算图形（STC）

2.3.2.2 有效根密度函数确定

根据对保护性耕作模式下的玉米时空分布变化分析，根密度采用 e 指数形式来表示，其二维根重密度分布函数为

$$R(x,z,t)=e^{ax+bz+c} \tag{2.26}$$

式中：$R(x,z,t)$ 为根密度，$g\times10^{-3}/cm^3$；x 为水平距离，cm；z 为垂直距离，cm；t 为时间，d；a、b、c 为与时间相关的待定系数，R^2 均大于 0.663，在显著水平为 0.05 时总体上显著，回归方程可信度满足要求。根密度系数回归表见表 2.15。

表 2.15 根密度系数回归表

日 期	系数	CTC	NTC	STC	NNTC	TC
7月8日	a	0.026	−0.094	−0.099	−0.112	−0.084
	b	−0.104	−0.103	−0.074	−0.077	−0.087
	c	−4.259	−3.634	−3.911	−3.729	−3.818
	R^2	0.755	0.871	0.701	0.749	0.801

续表

日　期	系数	CTC	NTC	STC	NNTC	TC
7 月 25 日	a	−0.042	−0.089	−0.092	−0.111	−0.088
	b	−0.103	−0.101	−0.082	−0.076	−0.086
	c	−4.101	−3.662	−3.821	−3.598	−3.943
	R^2	0.749	0.841	0.898	0.869	0.713
8 月 20 日	a	−0.089	−0.081	−0.085	−0.102	−0.099
	b	−0.101	−0.096	−0.103	−0.071	−0.077
	c	−3.613	−3.750	−3.764	−4.109	−4.328
	R^2	0.822	0.693	0.683	0.731	0.663

对所求的待定系数 a、b、c 进行线性回归分析可到相应的回归方程。

(1) 条带覆盖（CTC）：

$$R(x,z,t)=\mathrm{e}^{(-0.0266-0.0009t)x+(-0.1063+0.00004t)z-(4.3029-0.0094t)} \tag{2.27}$$

(2) 免耕全覆盖（NTC）：

$$R(x,z,t)=\mathrm{e}^{(-0.1033+0.0002t)x+(-0.1086+0.0001t)z-(3.5363+0.0017t)} \tag{2.28}$$

(3) 浅松覆盖（STC）：

$$R(x,z,t)=\mathrm{e}^{(-0.1077+0.0002t)x-(0.0502+0.0004t)z-(3.9952-0.0019t)} \tag{2.29}$$

(4) 残茬覆盖（NNTC）：

$$R(x,z,t)=\mathrm{e}^{(-0.1220+0.0002t)x-(0.0824-0.0001t)z-(3.2464+0.0070t)} \tag{2.30}$$

(5) 传统耕作（TC）：

$$R(x,z,t)=\mathrm{e}^{(-0.0712-0.0002t)x-(0.0970-0.0002t)z-(3.3893+0.0074t)} \tag{2.31}$$

对上述所建立的不同处理模式下的玉米根系分布函数进行进一步验证。根据拟合的有效根密度分布函数计算的根密度分布如图 2.24 所示。从图中可以看出，随着玉米生长期的延长，根密度增大，符合玉米生长的规律，且经 SPSS 软件分析模拟值与实测值差异不显著（$P>0.05$），此分布函数可以较好地反映玉米根重密度的二维空间分布。

2.3.2.3　根系吸水率模型确定

根系吸水的因素来源于大气因素、作物自身因素以及土壤因素 3 个方面。

$$S(x,z,t)=aET(t)R(x,z,t)^{b}\mathrm{e}^{c\theta(x,y,z)} \tag{2.32}$$

式中：$R(x,z,t)$ 为有效吸水根密度分布函数，$\mathrm{g}\times10^{-3}/\mathrm{cm}^3$；$S(x,z,t)$ 为根系吸水速率，L/min；$\theta(x,z,t)$ 为土壤水分含量，$\mathrm{cm}^3/\mathrm{cm}^3$；$ET(t)$ 为作物蒸腾强度，cm/min；a、b、c 分别为待定系数。

将式（2.32）两端分别取对数，线性化可转换为

$$y=dx_1+\mathrm{e}x_2+f \tag{2.33}$$

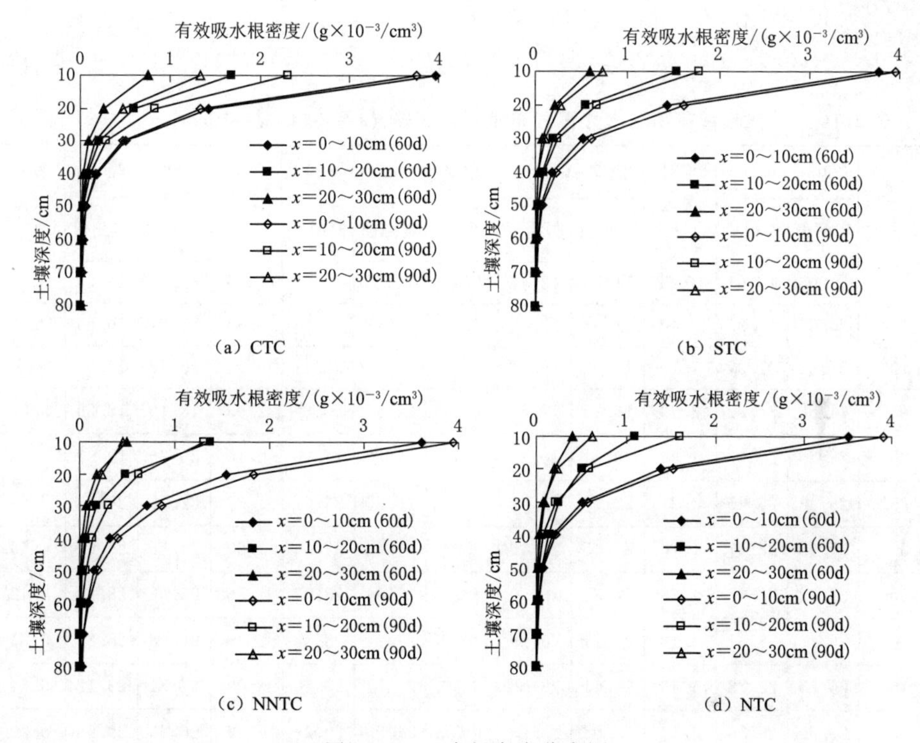

图 2.24　玉米根密度分布图

其中
$$y=\frac{\ln S(x,z,t)}{ET(t)},\quad x_1=\ln R(x,z,t),\quad x_2=\theta(x,z,t) \tag{2.34}$$

$$d=b,\quad e=c,\quad f=\ln a$$

根据田间实测的剖面含水率资料和有效根密度及采用中心差分法计算的根系吸水速率数据进行回归分析，对其结果进行方差分析，相关系数均达到 0.8 以上，各处理根系吸水速率模型见式（2.35）～式（2.39）。采用 2007 年田间实测数据对所修正的二维根系吸水速率模型进行验证，计算结果见表 2.16、表 2.17 和图 2.25。

（1）免耕全覆盖（NTC）：

$$S(x,z,t)=5.8732\times10^{-3}ET(t)R\ (x,z,t)^{0.7382}\mathrm{e}^{-0.2505\theta(x,y,z)} \tag{2.35}$$

（2）条带覆盖（CTC）：

$$S(x,z,t)=2.0153\times10^{-3}ET(t)R\ (x,z,t)^{0.5691}\mathrm{e}^{-009725\theta(x,y,z)} \tag{2.36}$$

（3）残茬覆盖（NNTC）：

$$S(x,z,t)=4.1171\times10^{-3}ET(t)R\ (x,z,t)^{0.6949}\mathrm{e}^{-0.1510\theta(x,y,z)} \tag{2.37}$$

（4）浅松覆盖（STC）：

$$S(x,z,t)=4.8732\times10^{-3}ET(t)R\ (x,z,t)^{0.7081}\mathrm{e}^{-0.0283\theta(x,y,z)} \tag{2.38}$$

(5) 传统耕作(TC):

$$S(x,z,t)=5.367\times10^{-3}ET(t)R(x,z,t)^{0.7476}e^{-0.03725\theta(x,y,z)} \quad (2.39)$$

表 2.16 残茬覆盖雨后水分再分布模拟计算表(x=0cm; x=10cm)

深度/cm	2007-06-13		相对误差/%	2007-06-20		相对误差/%	2007-06-13		相对误差/%	2007-06-20		相对误差/%
	实测值	模拟值		实测值	实测值		实测值	模拟值		实测值	实测值	
0	17.68	19.63	10.99	11.55	12.47	7.94	18.53	17.36	6.29	11.20	12.28	9.65
5	20.56	19.95	3.00	12.98	13.25	2.11	21.43	21.61	0.85	14.64	16.85	15.07
10	22.94	21.29	7.20	14.92	15.48	3.77	23.43	22.71	3.08	15.78	17.80	12.80
15	24.86	24.20	2.63	18.25	17.39	4.69	24.47	23.85	2.53	18.19	18.89	3.88
20	26.35	25.47	3.34	20.71	20.27	2.13	26.58	24.96	6.10	20.76	19.97	3.77
25	26.46	26.40	0.21	22.16	22.22	0.27	26.35	26.01	1.31	22.69	21.03	7.28
30	27.68	28.17	1.76	24.45	22.99	5.98	27.78	27.34	1.60	24.56	25.67	4.55
35	27.32	28.62	4.78	24.84	23.50	5.37	27.94	28.32	1.35	26.02	28.22	8.42
40	26.88	28.81	7.18	25.11	26.99	7.48	27.91	28.88	3.46	26.98	28.83	6.86
45	26.55	28.78	8.40	26.41	28.68	8.60	27.77	29.18	5.09	27.31	29.12	6.64
50	27.69	28.56	3.12	26.82	28.53	6.37	27.59	29.20	5.82	26.90	29.13	8.29
55	26.84	28.19	5.03	27.01	28.17	4.31	27.46	28.89	5.20	25.65	27.72	8.08
60	27.92	27.70	0.79	26.98	27.70	2.66	27.45	28.20	2.76	26.12	28.15	7.74
65	29.50	27.15	7.96	26.75	27.04	1.08	27.63	27.12	1.85	26.15	27.10	3.63
70	27.29	26.54	2.74	26.35	26.30	0.19	28.09	25.55	9.03	25.69	25.55	0.53

注 表中实测值与模拟值均为土壤水分含量,%;下同。

表 2.17 残茬覆盖雨后水分再分布模拟计算表(x=20cm; x=30cm)

深度/cm	2007-06-13		相对误差/%	2007-06-20		相对误差/%	2007-06-13		相对误差/%	2007-06-20		相对误差/%
	实测值	模拟值		实测值	实测值		实测值	模拟值		实测值	实测值	
5	21.54	22.89	6.44	18.85	19.91	5.60	23.13	22.99	0.59	18.88	20.14	7.11
10	24.06	23.79	1.12	20.04	20.66	3.13	24.74	24.46	1.18	22.42	21.56	3.84
15	24.89	24.45	1.78	22.30	21.29	4.54	25.64	24.95	2.78	22.99	22.06	4.07
20	26.89	24.89	7.43	22.27	21.71	2.51	26.73	25.45	5.02	23.91	22.54	5.71
25	26.68	25.17	5.65	23.78	22.21	6.63	27.00	25.92	4.15	24.00	22.97	4.29
30	28.08	27.30	2.80	25.34	26.05	2.79	27.82	27.28	2.01	25.10	24.66	1.74
35	28.08	28.40	1.15	25.67	27.19	5.94	27.65	28.50	2.98	25.48	24.46	4.01

续表

深度/cm	2007-06-13		相对误差/%	2007-06-20		相对误差/%	2007-06-13		相对误差/%	2007-06-20		相对误差/%
	实测值	模拟值		实测值	实测值		实测值	模拟值		实测值	实测值	
40	27.40	28.37	3.55	26.95	28.04	4.04	27.67	28.42	2.66	25.26	26.65	5.47
45	27.66	28.29	2.30	26.34	27.30	3.63	28.05	28.01	0.12	26.56	27.96	5.27
50	28.11	28.25	0.51	27.03	28.13	4.05	28.88	27.25	5.96	28.02	27.25	2.73
55	27.41	28.29	3.19	28.19	27.30	3.14	27.95	26.20	6.68	27.78	26.20	5.67
60	27.48	28.42	3.42	29.98	28.42	5.19	28.77	28.42	1.22	25.97	28.42	9.45

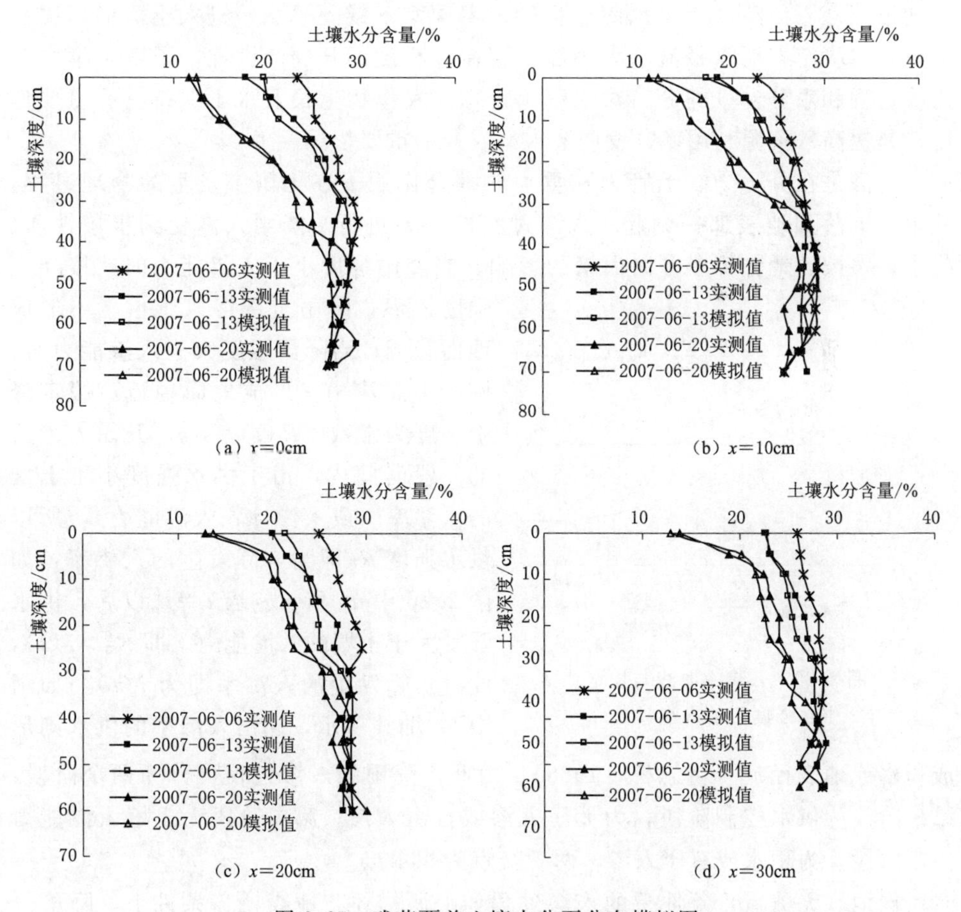

图 2.25 残茬覆盖土壤水分再分布模拟图

拔节期田间土壤水分变化受到根系吸水的影响，经模拟计算后可知实测值与模拟值平均偏差均在10%内，且实测值与模拟值无显著差异（$P>0.05$），故该模型可以用于本试验进行土壤水分运动数值模拟。

2.4 保护性耕作条件下降雨入渗的机理与数值模拟

2.4.1 保护性耕作条件下降雨入渗机理

土壤水是指吸附于土壤颗粒和存在于土壤孔隙的水。水分从土壤表面渗入其内部变为土壤水的过程，称为入渗（也称渗吸或渗透）。降雨入渗是干旱地区水分的主要来源，是自然界水循环的重要环节之一，它的实质是地面将雨水进行分配，一部分雨水渗入地下补充土壤水分和地下水储量，另一部分以坡面径流的形式汇入河道流出。入渗过程决定着雨水（或灌溉水）进入土壤的速度和数量，也决定着地表径流的大小和土壤侵蚀程度的强弱。因此，了解土壤水分入渗过程和水分含量的分布对水资源管理、农作物生长及水土保持具有重要作用，是提高水资源利用率、发展节水型农业的重要依据。

入渗是在分子力、毛管力和重力的综合作用下在土壤中发生的物理过程。从雨水下落到地表那一刻起，入渗过程即开始进行。降雨入渗受到土壤性质、降水、植被、地势等多方面因素的影响。当降雨强度小于入渗能力时，按降雨强度入渗，降雨全部渗入土壤，不形成地面径流；当降雨强度大于入渗能力时，则产生超渗雨，形成地面径流。假定降雨强度为常数，$R(t)=R_0$。开始入渗后的一段时间内，由于供水强度小于土壤的入渗率（或入渗性、入渗能力），所以供水强度 R_0 即为实际发生的入渗率，如图 2.26 中 ab 所示。当 $t=t'_p$ 以后，供水强度大于土壤的入渗能力，即 $R_0>i(t)$，此时实际发生的入渗率即为 $i(t)$，如图中 $b'c'$ 曲线所示，超出入渗率的供水则形成积水或地表径流（雷志栋，1988）。由此，降雨的入渗过程可分为两个阶段：第一阶段为供水控制阶段，为无压入渗或自由入渗；第二阶段为土壤入渗能力控制阶段，为积水或有压入渗，两者交点为积水点。

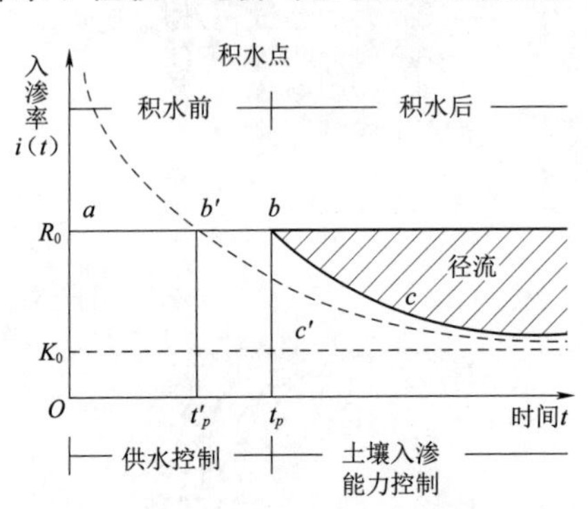

图 2.26　入渗率曲线与稳定供水强度下的入渗过程

裸地（无覆盖）条件下的入渗过程如上所描述。地表覆盖条件下，降雨开始时，部分雨量被覆盖层拦截，称为截留量。雨水透过不同覆盖层落于地面上，所需要的历时称为覆盖截流历时。超过覆盖层截留能力的雨量仍落于地面上进行入渗过程。该截留量不参与径流量的形成，称为降雨径流形成过程中的损失量。降落在地面上的雨量，则通过土壤颗粒间的孔隙不断下渗填充土壤孔隙，使通气层土壤含水量增大，但不产生径流，而形成表层土壤储存。当覆盖层截留和表层土壤储存逐渐满足，后续降雨强度超过下渗强度时，超过下渗量的雨量将沿地面流动，形成地面径流。故地表覆盖处理可增加土壤表面的粗糙度，产生较大的径流阻力，使产生的径流流速减小。产生径流时，径流是在土壤表面、秸秆覆盖层空隙中流动，由于孔隙吸力和表面张力的作用，覆盖层中能够保持较高的水量（相对无覆盖条件），这部分水量将在降雨强度减小到小于入渗强度时，或降雨结束后，依然保持积水入渗状况，直至覆盖层中保持的积水量入渗完成。此时覆盖层中的含水率近似认为是覆盖层的持水率。覆盖层能够保持的自由水数量，称为覆盖增渗量。覆盖方式不同，覆盖增渗量也有所不同。降雨强度过大，如暴雨状况，积水深度超过覆盖层厚度，覆盖层上径流流速远大于覆盖层中的流速。降雨历时结束后，地表排水良好情况下，覆盖层上部积水会迅速排掉，覆盖层能保持的水量继续入渗。地表排水不好的情况下，积水不会排除，所有积水水量全部逐渐入渗土壤。因此覆盖条件下的土壤水分入渗过程具有其自己的特点。

土壤中的水分所承受的作用力可分为吸附力、吸着力、毛管力和重力，根据水分不同表现形态将土壤水划分为吸湿水、膜状水、毛管水和重力水。土壤水分所具有的势能称为土水势，土水势包括压力势、温度势、溶质势（渗透势）、基质势（或介质势、基模势）和重力势，它们分别由压力梯度、温度梯度、溶质引力梯度、土壤基质吸力梯度和重力梯度引起。在降雨条件下，水分入渗一般是在吸力梯度、重力梯度和压力梯度联合作用下进行的，可以不考虑溶质势和温度势。当入渗开始时，表层土壤被水所浸润，几乎达到饱和，基质势接近 0，而紧接着下边土壤的基质势仍很低，由于 dz 很小（$dz \approx 0$），因此水势梯度非常大，入渗的通量必然很高。随着入渗时间的推移，被入渗水浸润的土层厚度向下延伸，土壤剖面上的水势梯度不断变小，最后达到可以忽略的地步，这时入渗速率主要由重力梯度和压力水头（如果地表有水层）所决定，重力梯度接近于 1，最后按稳定入渗率入渗（王丽学，2003）。

2.4.2 数学模型的建立

2.4.2.1 基本假定

土壤是由固体、液体和气体三类物质组成的。固体物质包括土壤矿物质、有机质和微生物等。液体物质主要指土壤水分。气体物质是指存在于土壤孔隙中的空气。土壤中这三类物质构成了一个矛盾的统一体。它们互相联系，互相制约，为作物提供必需的生活条件。土壤固体骨架是一种由无数散碎的、直径不一、形状不规则，而且排列错综复杂的固体颗粒组成的多孔介质。介质内孔隙的成因、大小、形状和连通性对于它所包含的液体（水）的性质和运动特性有极大的影响，从而使土壤的物理机械性质和土壤水分运动参数产生空间和时间变异性，因此，为了研究方便做如下的基本假定：

（1）土壤中的水是不可压缩的纯水，忽略溶质势的作用。

（2）在耕层内，土壤是均质且各向同性。

（3）在土壤水分特征曲线中，土壤基质势是土壤含水率的单值函数，其形状决定于土壤的体积密度和机械组成。

（4）土壤固相骨架在整个入渗过程中保持不变形，不存在不连通的孔隙。

（5）在降雨入渗期间，忽略降雨所产生的地面径流对入渗的影响，不考虑压力势。

（6）在降雨入渗期间，忽略蒸发对入渗的影响。

（7）假定地表径流不产生土壤侵蚀，忽略土壤侵蚀对入渗的影响。

（8）假定覆盖条件下，按“有效降雨强度”入渗；本试验中“有效降雨强度”定义为在秸秆覆盖条件下降雨量和径流量之差与降雨历时的比值。

（9）将覆盖入渗情况分为覆盖层截流阶段、按雨强入渗阶段、积水入渗阶段、覆盖层增渗量入渗阶段四个阶段。

建立模型时，将降水入渗过程表述为流体在连续多孔介质之中的运动和流体通过具有某一性质的界面的运动；流体在连续多孔介质中的运动是非饱和流动，忽略各点压力势，总土水势只考虑基质势和重力势两项，这种水的运动符合非饱和土壤水分运动的基本方程，在进行模型研究时，流体通过某界面的运动可用边界条件表达。

2.4.2.2 二维数学模型

根据达西定律和质量守恒定律，描述土壤水分运动的方程为

$$\frac{\partial\theta}{\partial t}=\frac{\partial}{\partial x}\left[D(\theta)\frac{\partial\theta}{\partial x}\right]+\frac{\partial}{\partial y}\left[D(\theta)\frac{\partial\theta}{\partial y}\right]+\frac{\partial}{\partial z}\left[D(\theta)\frac{\partial\theta}{\partial z}\right]-\frac{\partial K(\theta)}{\partial z} \tag{2.40}$$

秸秆覆盖可以影响地表辐射平衡、降雨入渗量、土壤水蒸发及水分的再分布，其土壤水分运动一般属于三维问题，考虑到试验精度和布置情况等问题，假定土壤均质，各向同性，则可简化为轴对称的二维问题处理。

忽略作物蒸腾作用土壤水分入渗数学模型为

$$\frac{\partial\theta}{\partial t}=\frac{\partial}{\partial x}\left[D(\theta)\frac{\partial\theta}{\partial x}\right]+\frac{\partial}{\partial z}\left[D(\theta)\frac{\partial\theta}{\partial z}\right]-\frac{\partial K(\theta)}{\partial z} \tag{2.41}$$

考虑作物蒸腾作用土壤水分入渗数学模型为

$$\frac{\partial\theta}{\partial t}=\frac{\partial}{\partial x}\left[D(\theta)\frac{\partial\theta}{\partial x}\right]+\frac{\partial}{\partial z}\left[D(\theta)\frac{\partial\theta}{\partial z}\right]-\frac{\partial K(\theta)}{\partial z}-S(x,z,t) \tag{2.42}$$

$$S(x,z,t)=aET(t)R(x,z,t)^{b}e^{c\theta(x,z,t)} \tag{2.43}$$

式中：x、z 分别为水平与垂直位置坐标；t 为时间；θ 为土壤体积含水率，cm^3/cm^3；$D(\theta)$、$K(\theta)$ 分别为土壤水力传导率；$S(x,z,t)$ 为根系吸水率。

2.4.2.3 边界条件确定

裸地入渗模型：假定计算域内初始含水率已知，其值为向量 θ_a；忽略地表积水层的压力影响；当降雨强度 $R(t)$ 小于入渗强度时，按降雨强度入渗，即上边界条件为定通量条件；当降雨强度大于入渗强度时，上边界符合积水入渗条件，一般积水量不会很大，可以不考虑压力水头对入渗的影响，即上边界条件符合近饱和含水率 θ_b 边界条件，$\theta_b=0.90\theta_s$（θ_s 为土壤饱和含水率）；下边界满足含水率不变条件，即为初始含水率 θ_a 的最后一个含水率值，左右边界由于对称性取通量为零的边界。降雨初期入渗强度大于降雨强度，按地表入渗状况的土壤水分运动数学模型进行计算模拟；当地表产生径流时，地表土壤含水率达到近饱和含水率，此时刻以后按地表湿润条件下的土壤水分运动数学模型进行计算模拟；雨停以后，入渗过程结束，开始进入入渗后的土壤水分再分布阶段，此时刻以后按土壤蒸发状况下土壤水分运动数学模型进行计算模拟。

覆盖条件入渗模型：覆盖条件下，降雨首先降落到覆盖层上，水分通过覆盖层入渗到土壤孔隙中，覆盖层中能够储存一定的水量在降雨结束后提供入渗。因此覆盖层可以减少雨滴打击造成的土壤板结，可以使入渗更加均匀，可以在覆盖中保持水分而提高入渗量减少水量流失。降雨开始后，首先湿润覆盖层进入覆盖层截流阶段，经过一个历时，当覆盖层达到近饱和状态，即覆盖层产生自由水时为止，这个阶段降雨没有进入土壤；覆盖层产生自由水后，水分均匀入渗土壤，进入按雨强入渗阶段，边界条件与裸地按雨强入渗阶段相同；当降雨强度大于入渗强度时，产生积水或径流，进入积水入渗阶段，边界条件与裸地积水入渗阶段相同；当降雨结束时覆盖层中保持的水量继续入渗土壤，进入覆盖层增渗量入渗阶段，由于此阶段覆盖层中的水分可以认为是完全饱和的，所以可认为入渗边界条件与积水入渗阶段相同，直至自由水全部入渗到土壤中。覆盖增渗量入渗阶段历时由覆盖增渗可以入渗总量控制。其中覆盖增渗入渗量可以由下式计算

$$W=P-R-W_0-W_2 \tag{2.44}$$

式中：W 为覆盖增渗量，mm；P 为降雨总量，mm；R 为径流量，mm；W_0 为覆盖截流量，mm；W_2 为降雨过程渗入土壤水量，mm。

根据降雨入渗分析过程确定模型的定解条件为，降雨强度入渗时段上边界为第二边界条件按雨强入渗，积水入渗时段上边界满足近饱和含水率边界条件，下边界满足含水率不变边界条件，左右边界定义为通量为零边界。

如图2.27所示，在$OABCDE$内　$\theta=\theta_a \quad t=0$　(2.45)

边界OE、CD　$\frac{\partial\theta}{\partial x}=0$　(2.46)

边界AB，降雨入渗情况　$-D(\theta)\frac{\partial\theta}{\partial x}=\frac{\sqrt{2}}{2}R_t$　(2.47)

地表湿润入渗时段　$\theta=0.9\theta_s$　(2.48)

边界BC、OA，降雨入渗情况　$-D(\theta)\frac{\partial\theta}{\partial z}+K(\theta)=R_t$　(2.49)

地表湿润入渗时段　$\theta=0.9\theta_s$　(2.50)

边界DE　$\theta=\theta_a \quad t>0$　(2.51)

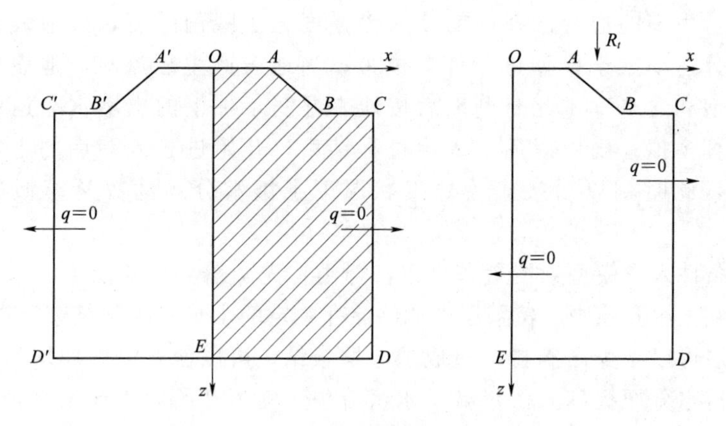

图2.27　土壤水分入渗截面计算简图

2.4.3　数学模型求解方法

2.4.3.1　微分方程的差分化

采用有限差分法求解方程时，首先要将计算的平面区域离散化，也就是建立有限差分网格，对于二维平面流问题网格可以划分为三角形或多边形，本试验采用较为方便的矩形网格，图2.28为本试验采用的二维流动问题的离散化示意图。沿x方向的结点号为$i=0,1,2,\cdots,n$，步长为Δx；沿z方向的结点号为$j=0,1,2,\cdots,m$，步长为Δz，将时间离散化，时间结点号为$k=0,1,2,\cdots,k$，步长为Δt。考虑到稳定性、收敛性和计算方便性等因素的影响，采用平面流动问题常用的交替隐式差分法（ADI）建立差分方程，该方法可将二维问题降为一维问题处理，在每个结点（i，j）处建立相应于原方程的两个差分方程，第一个差分方程对x方向是隐式差分，对z方向是显式差分，第二个方程对z方向是隐式差分，对x是显式差分，两个方程在计算中交替使用。

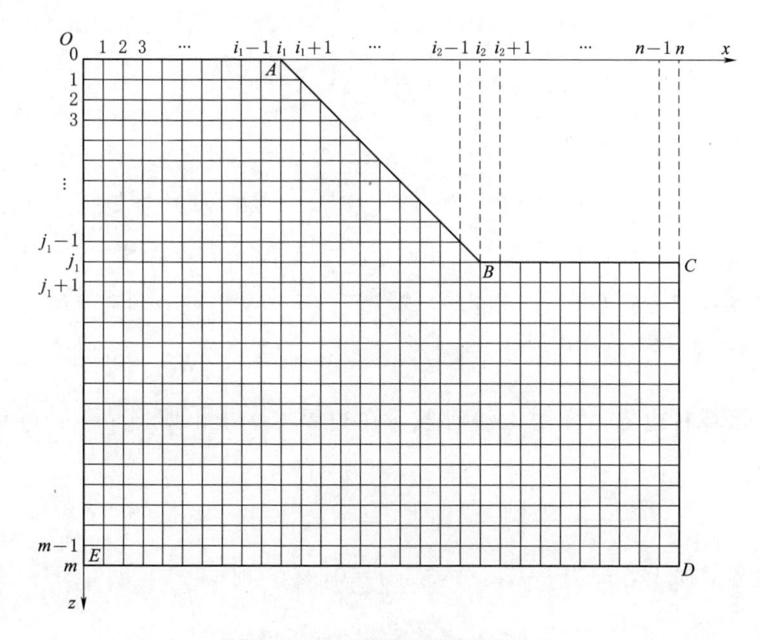

图 2.28 二维流动问题的离散化

$$\frac{\partial\theta}{\partial t}=\frac{\partial}{\partial x}\left[D(\theta)\frac{\partial\theta}{\partial x}\right]+\frac{\partial}{\partial z}\left[D(\theta)\frac{\partial\theta}{\partial z}\right]-\frac{\partial K(\theta)}{\partial z}-S(x,z,t) \tag{2.52}$$

(1) x 方向隐式、z 方向显式的差分方程。此时原方程中的各项导数的差分近似为

$$\frac{\partial\theta}{\partial t}\approx\frac{\theta_{i,j}^{k+1}-\theta_{i,j}^{k}}{\Delta t} \tag{2.53}$$

$$\frac{\partial}{\partial x}\left[D(\theta)\frac{\partial\theta}{\partial x}\right]\approx[D_{i+\frac{1}{2},j}^{k+1}(\theta_{i+1,j}^{k+1}-\theta_{i,j}^{k+1})-D_{i-\frac{1}{2},j}^{k+1}(\theta_{i,j}^{k+1}-\theta_{i-1,j}^{k+1})]/\Delta x^2 \tag{2.54}$$

$$\frac{\partial}{\partial z}\left[D(\theta)\frac{\partial\theta}{\partial z}\right]\approx[D_{i,j+\frac{1}{2}}^{k}(\theta_{i,j+1}^{k}-\theta_{i,j}^{k})-D_{i,j-\frac{1}{2}}^{k}(\theta_{i,j}^{k}-\theta_{i,j-1}^{k})]/\Delta z^2 \tag{2.55}$$

$$\frac{\partial K(\theta)}{\partial z}\approx(K_{i,j+1}^{k}-K_{i,j-1}^{k})/2\Delta z \tag{2.56}$$

$$S(x,z,t)=S_{i,j}^{k} \tag{2.57}$$

令 $r_1=\frac{\Delta t}{\Delta x^2}$，$r_2=\frac{\Delta t}{\Delta z^2}$，$r_3=\frac{\Delta t}{2\Delta z}$。为了分析简化，平面上 x、z 方向的距离步长取为相等，即 $\Delta x=\Delta z$，即 $r_1=r_2$，利用上述差分结果，原方程可以转化为

$$a_{i,j}\theta_{i-1,j}^{k+1}+b_{i,j}\theta_{i,j}^{k+1}+c_{i,j}\theta_{i+1,j}^{k+1}=h_{i,j} \tag{2.58}$$

其中
$$\left.\begin{aligned}
a_{i,j}&=r_1D^{k+1}_{i-\frac{1}{2},j}\\
b_{i,j}&=-[1+r_1(D^{k+1}_{i-\frac{1}{2},j}+D^{k+1}_{i+\frac{1}{2},j})]\\
c_{i,j}&=r_1D^{k+1}_{i+\frac{1}{2},j}\\
h_{i,j}&=-r_1D^{k}_{i,j-\frac{1}{2}}\theta^{k}_{i,j-1}+[r_1(D^{k}_{i,j-\frac{1}{2}}+D^{k}_{i,j+\frac{1}{2}})-1]\theta^{k}_{i,j}\\
&\quad-r_1D^{k}_{i,j+\frac{1}{2}}\theta^{k}_{i,j+1}+r_3(K^{k}_{i,j+1}-K^{k}_{i,j-1})+\Delta tS^{k}_{i,j}
\end{aligned}\right\}\tag{2.59}$$

计算区域左边界 OE（图 2.28），即当 $i=0$，$j=0,\cdots,m$ 时

$$\frac{\theta^{k+1}_{i+1,j}-\theta^{k+1}_{i,j}}{\Delta x}=0,\text{即 } b_{i,j}=-c_{i,j}=-1,\quad h_{i,j}=0\tag{2.60}$$

计算区域右边界，降雨入渗时段，在边界 CD 上，即当 $i=n$，$j=0,\cdots,j_1$时

$$\frac{\theta^{k+1}_{i,j}-\theta^{k+1}_{i-1,j}}{\Delta x}=0,\text{即 } b_{i,j}=-a_{i,j}=1,\quad h_{i,j}=0\tag{2.61}$$

在边界 AB 上，即当 $i=i_1,\cdots,i_2$，$j=0,\cdots,j_1$时

$$-D^{k+1}_{i,j}\frac{\theta^{k+1}_{i,j}-\theta^{k+1}_{i-1,j}}{\Delta x}=\frac{\sqrt{2}}{2}R^{k+\frac{1}{2}}\tag{2.62}$$

可整理为

$$a_{i,j}\theta^{k+1}_{i-1,j}+b_{i,j}\theta^{k+1}_{i,j}=h_{i,j}\tag{2.63}$$

其中
$$a_{i,j}=\frac{D^{k+1}_{i,j}}{\Delta x},b_{i,j}=-a_{i,j},h_{i,j}=R^{k+\frac{1}{2}}$$

地表湿润入渗时段，在边界 CD 上，即当 $i=n$，$j=0,\cdots,j_1$时

$$\frac{\theta^{k+1}_{i,j}-\theta^{k+1}_{i-1,j}}{\Delta x}=0,\text{即 } b_{i,j}=-a_{i,j}=1,\quad h_{i,j}=0\tag{2.64}$$

在边界 AB 上，即当 $i=i_1,\cdots,i_2$，$j=0,\cdots,j_1$时

$$a_{i,j}\theta^{k+1}_{i-1,j}+b_{i,j}\theta^{k+1}_{i,j}=h_{i,j}\tag{2.65}$$

其中
$$\begin{aligned}h_{i,j}=&-r_1D^{k}_{i,j-\frac{1}{2}}\theta^{k}_{i,j-1}+[r_1(D^{k}_{i,j-\frac{1}{2}}+D^{k}_{i,j+\frac{1}{2}})-1]\theta^{k}_{i,j}-r_1D^{k}_{i,j+\frac{1}{2}}\theta^{k}_{i,j+1}\\&+r_3(K^{k}_{i,j+1}-K^{k}_{i,j-1})+\Delta tS^{k}_{i,j}-0.9c_{n-1}\theta_s\end{aligned}\tag{2.66}$$

这样可依次求出沿 x 方向各结点时段末的含水率，一个时段末计算完毕后，则改用下面所述方程进行下一个时段的计算。

(2) z 向隐式、x 向显式的差分方程。

式 (2.25) 中的各项导数的差分近似为

$$\frac{\partial\theta}{\partial t}\approx\frac{\theta^{k+1}_{i,j}-\theta^{k}_{i,j}}{\Delta t}\tag{2.67}$$

$$\frac{\partial}{\partial x}\left[D(\theta)\frac{\partial\theta}{\partial x}\right]\approx[D^{k}_{i+\frac{1}{2},j}(\theta^{k}_{i+1,j}-\theta^{k}_{i,j})-D^{k+1}_{i-\frac{1}{2},j}(\theta^{k}_{i,j}-\theta^{k}_{i-1,j})]/\Delta x^2\tag{2.68}$$

$$\frac{\partial}{\partial z}\left[D(\theta)\frac{\partial\theta}{\partial z}\right]\approx\left[D_{i,j+\frac{1}{2}}^{k+1}(\theta_{i,j+1}^{k+1}-\theta_{i,j}^{k+1})-D_{i,j-\frac{1}{2}}^{k+1}(\theta_{i,j}^{k+1}-\theta_{i,j-1}^{k+1})\right]/\Delta z^2 \tag{2.69}$$

$$\frac{\partial K(\theta)}{\partial z}\approx(K_{i,j+1}^{k+1}-K_{i,j-1}^{k+1})/2\Delta z \tag{2.70}$$

$$S(x,z,t)=S_{i,j}^{k+1} \tag{2.71}$$

利用上述差分结果，原方程式（2.52）可以转化为

$$a_{i,j}'\theta_{i,j-1}^{k+1}+b_{i,j}'\theta_{i,j}^{k+1}+c_{i,j}'\theta_{i,j+1}^{k+1}=h_{i,j}' \tag{2.72}$$

其中

$$\left.\begin{aligned}
&a_{i,j}'=r_1D_{i,j-\frac{1}{2}}^{k+1}\\
&b_{i,j}'=-\left[1+r_1(D_{i,j-\frac{1}{2}}^{k+1}+D_{i,j+\frac{1}{2}}^{k+1})\right]\\
&c_{i,j}'=r_1D_{i,j+\frac{1}{2}}^{k+1}\\
&h_{i,j}'=-r_1D_{i-\frac{1}{2},j}^{k}\theta_{i-1,j}^{k}+\left[r_1(D_{i-\frac{1}{2},j}^{k}+D_{i+\frac{1}{2},j}^{k})-1\right]\theta_{i,j}^{k}\\
&\qquad -r_1D_{i+\frac{1}{2},j}^{k}\theta_{i+1,j}^{k}+r_3(K_{i,j+1}^{k+1}-K_{i,j-1}^{k+1})+\Delta tS_{i,j}^{k+1}
\end{aligned}\right\} \tag{2.73}$$

当 $j=m-1$

$$a_{i,j}'\theta_{i,j-1}^{k+1}+b_{i,j}'\theta_{i,j}^{k+1}=h_{i,j}' \tag{2.74}$$

$$\begin{aligned}h_{i,j}'=&-r_1D_{i-\frac{1}{2},j}^{k}\theta_{i-1,j}^{k}+\left[r_1(D_{i-\frac{1}{2},j}^{k}+D_{i+\frac{1}{2},j}^{k})-1\right]\theta_{i,j}^{k}-r_1D_{i+\frac{1}{2},j}^{k}\theta_{i+1,j}^{k}\\&+r_3(K_{i,j+1}^{k+1}-K_{i,j-1}^{k+1})+\Delta tS-c_{i,j}\theta_b\end{aligned} \tag{2.75}$$

降雨入渗时段，在边界 OA、BC 上，即当 $j=0$，$j=j_1$，$j=i$ 且 $i=i_1$，…，i_2时

$$-D_{i,j}^{k+1}\frac{\theta_{i,j+1}^{k+1}-\theta_{i,j}^{k+1}}{\Delta z}=R^{k+\frac{1}{2}} \tag{2.76}$$

在边界 AB

$$-D_{i,j}^{k+1}\frac{\theta_{i,j+1}^{k+1}-\theta_{i,j}^{k+1}}{\Delta z}=\frac{\sqrt{2}}{2}R^{k+\frac{1}{2}} \tag{2.77}$$

$$b_{i,j}'\theta_{i,j}^{k+1}+c_{i,j}'\theta_{i,j+1}^{k+1}=h_{i,j}' \tag{2.78}$$

得出

$$b_{i,j}=\frac{D_{i,j}^{k+1}}{\Delta z}=-c_{i,j}' \tag{2.79}$$

地表湿润入渗时段

$$b_{i,j}\theta_{i-1,j}^{k+1}+c_{i,j}\theta_{i,j}^{k+1}=h_{i,j} \tag{2.80}$$

$$\begin{aligned}h_{i,j}=&-r_1D_{i-\frac{1}{2},j}^{k}\theta_{i-1,j}^{k}+\left[r_1(D_{i-\frac{1}{2},j}^{k}+D_{i+\frac{1}{2},j}^{k})-1\right]\theta_{i,j}^{k}-r_1D_{i+\frac{1}{2},j}^{k}\theta_{i+1,j}^{k}\\&+r_3(K_{i,j+1}^{k+1}-K_{i,j-1}^{k+1})+\Delta tS_{i,j}^{k+1}-0.9a_{i,j}\theta_s\end{aligned} \tag{2.81}$$

与上一个时段相同，交替使用上面两种格式，直至求出所要求的各个时段

的结果。

2.4.3.2 线性化方法及水分运动参数的取值

采用隐式差分格式时，土壤水分运动基本方程用各结点的差分方程近似，于是土壤水分运动的求解转化为求解代数方程组的问题，该代数方程组的系数矩阵 [A] 中的各元素是由时段末（$k+1$）时刻的土壤水分运动参数给出的，常数项列向量 [H] 中的元素除和已知的时段初的含水率有关外，还与时段末或时段中间的土壤水分运动参数有关；然而土壤水分运动参数又是含水率的函数，因而原则上说所求解的方程组是非线性的；这里采用预报校正法中的迭代法将方程线性化。即取时段初的 D^k 作为时段末的 D^{k+1} 的预报值，然后按隐式差分格式求解方程组，求得时段末各结点含水率的第一次迭代值 $\theta^{k+1(1)}$，根据 $\theta^{k+1(1)}$ 及 $D-\theta$ 曲线，可求得土壤水分运动参数 D^{k+1} 的校正值，以此参数的校正值作为下一次计算的预报值，然后求解方程组可得时段末各结点的含水率第二次迭代值 $\theta^{k+1(2)}$，重复上述过程，直至结点前后两次迭代计算所得的含水率之差小于所规定的许可误差，即应满足

$$\max\left|\frac{\theta_i^{k+1(p)}-\theta_i^{k+1(p-1)}}{\theta_i^{k+1(p-1)}}\right|\leqslant e \tag{2.82}$$

式中：p 为迭代次数；e 为许可误差，可由计算精度要求具体规定其大小，可取 $e=0.01$。

方程中结点处土壤水分参数取值做如下处理，结点上的土壤水分运动参数可直接由 $D-\theta$ 和 $K-\theta$ 曲线求得，两结点之间的参数值，采用三点式近似取值方法

$$\theta_{i\pm\frac{1}{2}}=\frac{1}{2}(\theta_i+\theta_{i\pm1}) \tag{2.83}$$

在由 $D-\theta$ 曲线求出相应的 D 值

$$D_{i\pm\frac{1}{2}}=D(\theta_{i\pm\frac{1}{2}}) \tag{2.84}$$

根据已知的 D_i、D_{i+1} 及 $D_{i+0.5}$ 三点取均值

$$D_{i\pm\frac{1}{2}}=\frac{1}{4}(D_{i\pm1}+2D_{i\pm\frac{1}{2}}+D_i) \tag{2.85}$$

2.4.3.3 差分方程的求解

解决方程的线性化后，要求解三对角方程组 $[A][\theta]^{k+1}=[H]$。由上述分析，把三对角方程 $[A][\theta]^{k+1}=[H]$ 变为矩阵形式，采用简单的追赶法求解。本试验有限差分法数值模拟程序采用 MathWorks 公司开发的用于科学计算的高级语言 Matlab 编写，所需参数采用 2.3 节计算结果。使用高斯消元法求解上述方程，求出各结点（i，j）处的含水率。程序流程如图 2.29 所示。

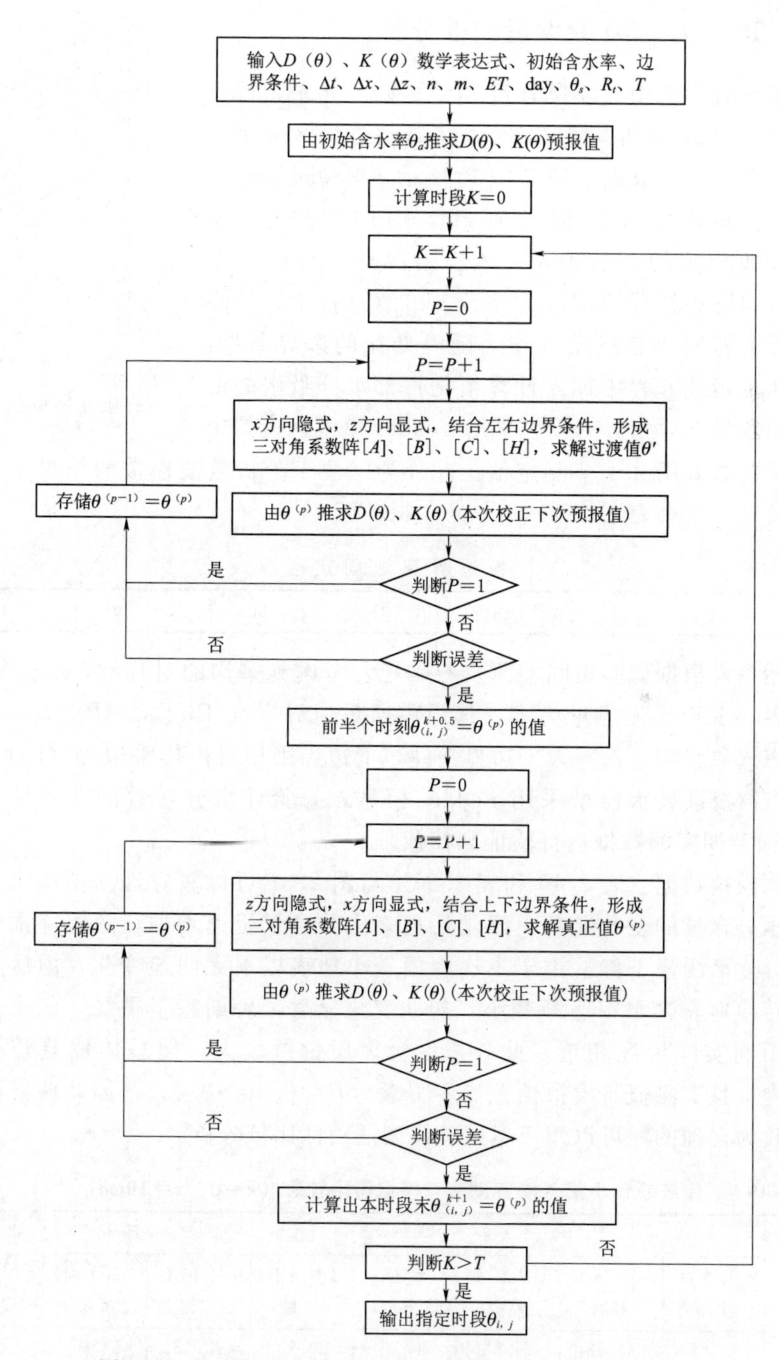

图 2.29 二维非饱和土壤水分运动迭代求解计算程序框图

2.4.4 Hydrus-2D软件适用性分析

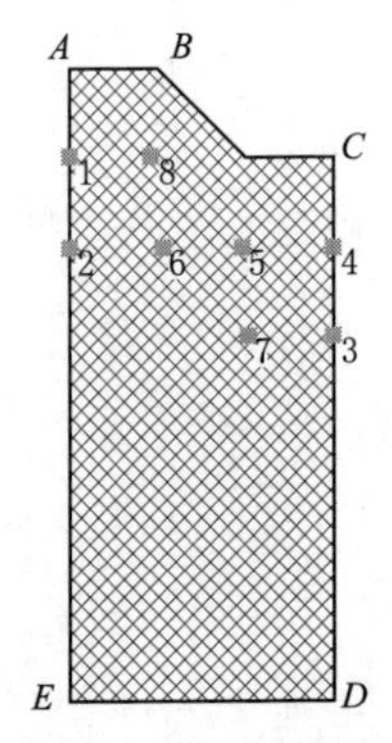

图2.30 模拟区域有限元网格剖分

本节综合考虑田间实际情况和计算精度要求，计算深度取为70cm，宽度取为30cm，将其剖分为200个三角形单元和121个节点，如图2.30所示。模拟过程中长度单位（length units）选择为cm，时间单位（time units）根据模拟的要求确定，入渗情况选取分钟为单位，水分再分布情况选取天为单位，求解过程中，把降雨、蒸发和蒸腾等自然条件作为随时变化的边界条件，并且在水流运动方程中加入计算植物根部水分吸水的汇源项，植物根部对水分的吸收采用Feddes模型，模拟中水分运动参数采用2.1节测定值。此外为了便于分析数值模拟的结果，在模拟区域设置观察点（表2.18）。

表2.18 各边界离散固定点

坐标值	(0, 0)	(0, 70)	(10, 70)	(20, 60)	(30, 60)	(30, 0)

初始条件根据试验田间实测资料确定，考虑到垄沟的对称性，AE、CD为左右边界，由于水流通量为零，选择零通量边界（no flux），AB、BC为上边界，考虑气象影响，选择大气边界条件，下边界采用自由排水边界（free drainage），作物根系吸水模型采用Feddes模型。为验证水分参数的合理性，选取2006年拔节期实测数据进行验证和校核。

观测模拟数据（表2.19和表2.20）与图2.31可以较好地模拟雨水入渗过程土壤水分含量的变化趋势，降雨后地表水分含量迅速增加，随着降雨历时的延长水分逐渐缓慢下渗。由于本次降雨较小地表以下无明显变化，雨后随着上边界的转换地表含水率逐渐减小，初期变化显著，后期趋于平缓，该水分变化过程与田间实际情况相近。此外，尽管表层偏差较大，但总体偏差较小均在10%以内，且实测值与模拟值差异不显著（$P=0.08>0.05$），因此该模型中的参数是较为合理的，可以用于本试验模型适用性比较分析。

表2.19 传统耕作小雨入渗实测值与模拟值比较表（$x=0$，$x=10$cm）

深度/cm	$x=0$cm				$x=10$cm			
	6月9日实测	6月16日实测	6月16日模拟	相对误差/%	6月9日实测	6月16日实测	6月16日模拟	相对误差/%
10	19.51	22.18	21.95	1.02	20.90	23.53	23.07	1.97
20	22.63	24.56	23.27	5.26	20.82	25.59	23.95	6.40
30	23.41	24.39	24.04	1.43	23.15	25.35	24.50	3.34

续表

深度/cm	$x=0$cm				$x=10$cm			
	6月9日实测	6月16日实测	6月16日模拟	相对误差/%	6月9日实测	6月16日实测	6月16日模拟	相对误差/%
40	23.98	26.01	24.68	5.11	25.89	25.42	25.15	1.05
50	25.92	23.78	25.25	6.20	26.28	24.55	25.31	3.11
60	23.14	24.13	24.17	0.19	25.38	24.17	24.55	1.58
70	23.00	23.28	24.21	3.99	23.97	24.06	24.64	2.42
平均	23.08	24.05	23.94	3.31	23.77	24.67	24.45	2.84

注　表中模拟值和实测值为土壤水分含量,%；下同。

表 2.20　传统耕作小雨入渗实测值与模拟值比较表（$x=20$cm，$x=30$cm）

深度/cm	$x=20$cm				$x=30$cm			
	6月9日实测	6月16日实测	6月16日模拟	相对误差/%	6月9日实测	6月16日实测	6月16日模拟	相对误差/%
10	23.42	23.48	21.57	8.14	24.19	24.36	22.67	6.95
20	22.57	24.99	23.89	4.42	23.81	25.37	23.82	6.12
30	26.01	24.28	24.50	0.91	24.33	23.79	22.64	4.85
40	27.20	26.47	25.71	2.86	26.27	24.79	24.35	1.76
50	26.15	22.98	22.85	0.57	26.21	25.18	24.97	0.84
60	24.25	24.01	23.50	2.12	24.29	24.55	24.33	0.90
平均	24.93	24.37	24.09	2.23	24.85	24.84	24.30	2.61

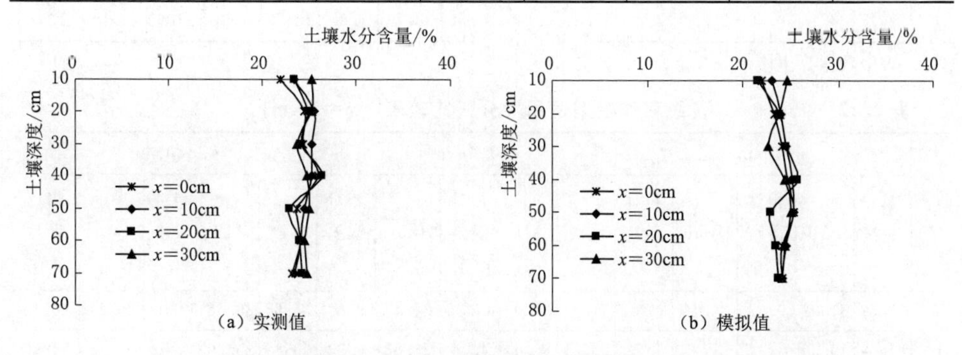

图 2.31　传统耕作小雨入渗土壤水分含量实测值与模拟值比较图

2.4.5　覆盖条件下耕层水分入渗模型适用性分析

土壤水分入渗是自然界水分循环中的一个重要环节。入渗过程中，各种势能的大小不同，根据占优势的势能梯度，水分在土壤中可做不同方向的运动，既有水平向，也有垂直向。针对覆盖条件下土壤水分运动的特点，本试验保护性耕作条件下土壤水分入渗分析考虑其水平侧渗与垂直下渗两方面。应用前述降雨入渗土壤水分运动数学模型，不同土壤处理方式和不同覆盖厚度的各试验小区分别进行降雨入渗试验和数值模拟。进而得到不同参数条件下土壤水分运动的变化规律，并探讨各影响因子对土壤水分入渗的影响。

为验证建立模型的正确性和合理性，模拟不同处理下土壤水分入渗量的变化分别取2006年7月21日小雨（未产流）和2007年7月8日大雨（产流）传统耕作（TC）、条带覆盖（CTC）、浅松覆盖（STC）、残茬覆盖（NNTC）和免耕全覆盖（NTC）有代表性的实测值与模拟值进行比较（表2.21～表2.27、图2.32～图2.40），以验证模型的适用性。

表2.21　　传统耕作模型适用性分析比较表（$x=0cm$）

深度/cm	60min					120min					180min				
	实测	ADI	相对误差/%	Hydrus	相对误差/%	实测	ADI	相对误差/%	Hydrus	相对误差/%	实测	ADI	相对误差/%	Hydrus	相对误差/%
5	28.96	31.14	7.52	34.11	17.78	31.95	36.81	15.21	34.71	8.64	36.65	39.25	7.10	39.42	7.57
10	23.64	20.04	15.24	22.76	3.74	26.85	26.14	2.66	24.72	7.94	30.49	27.32	10.38	32.38	6.21
20	23.47	24.35	3.76	23.03	1.87	25.11	22.97	8.54	24.68	1.73	27.14	25.59	5.72	25.26	6.94
30	26.76	25.72	3.89	25.29	5.50	26.28	25.29	3.76	25.50	2.96	25.98	25.63	1.58	26.85	3.35
40	26.89	26.47	1.57	26.89	0.00	26.84	26.88	0.15	26.17	2.50	26.81	26.26	2.04	27.68	3.26
50	27.72	27.34	1.36	27.66	0.20	27.83	27.68	0.53	27.12	2.54	27.88	27.16	2.59	28.44	2.00
60	28.27	28.18	0.30	28.34	0.25	27.80	28.45	2.34	28.18	1.38	28.75	28.18	2.09	28.18	1.97

注　表中数据为土壤水分含量，%；下同。

表2.22　　传统耕作模型适用性分析比较表（$x=30cm$）

深度/cm	60min					120min					180min				
	实测	ADI	相对误差/%	Hydrus	相对误差/%	实测	ADI	相对误差/%	Hydrus	相对误差/%	实测	ADI	相对误差/%	Hydrus	相对误差/%
5	28.57	31.32	9.63	35.16	23.07	31.37	37.00	17.96	34.47	9.89	35.65	39.58	11.03	39.27	10.16
10	21.64	19.29	10.87	21.27	1.72	25.61	26.64	4.04	23.83	6.93	29.49	29.90	1.40	25.15	14.70
20	22.48	21.71	3.42	22.18	1.33	24.11	23.72	1.63	23.16	3.96	25.14	24.45	2.76	25.55	1.62
30	24.51	24.08	1.77	23.32	4.87	24.77	22.50	9.16	24.28	1.97	25.98	24.30	6.47	25.30	2.62
40	25.19	25.72	2.10	25.64	1.78	26.06	25.65	1.57	25.67	1.50	25.81	25.67	0.53	26.02	0.82
50	26.16	27.02	3.29	26.46	1.15	26.28	27.44	4.40	27.01	2.77	25.88	27.41	5.90	27.15	4.90
60	28.13	28.00	0.48	27.93	0.73	28.11	27.99	0.43	28.51	1.42	28.45	27.05	4.92	28.64	0.67
70	27.33	26.85	1.75	27.31	0.07	27.13	27.46	1.21	26.85	1.04	27.12	27.57	1.67	26.85	0.98
平均	25.50	24.56	5.35	25.66	4.62	26.68	27.36	5.25	25.72	4.40	27.44	27.93	5.97	26.99	3.23

表 2.23 浅松覆盖小雨入渗实测值与模拟值的比较表

深度/cm	x=0cm						x=10cm					
	60min实测值	60min模拟值	相对误差/%	120min实测值	120min模拟值	相对误差/%	60min实测值	60min模拟值	相对误差/%	120min实测值	120min模拟值	相对误差/%
5	16.83	17.87	6.18	31.37	25.47	18.80	16.98	18.28	7.64	31.64	26.05	17.68
10	18.01	19.41	7.78	26.61	24.83	6.67	18.87	19.93	5.63	27.87	25.49	8.53
20	21.04	21.78	3.55	24.11	23.56	2.30	21.25	21.75	2.33	24.51	23.52	4.03
30	22.74	23.46	3.13	24.00	23.46	2.27	23.99	23.38	2.54	24.62	23.84	3.17
40	24.05	24.43	1.60	25.00	24.43	2.28	24.83	24.38	1.81	24.50	24.38	0.50
50	24.12	24.94	3.39	24.20	24.94	3.06	25.33	24.86	1.83	25.41	24.86	2.14
60	24.30	25.40	4.53	24.50	25.40	3.67	24.33	24.99	2.74	24.53	24.99	1.90
70	22.89	23.15	1.14	23.00	23.15	0.65	24.25	24.17	0.34	24.37	24.17	0.82

表 2.24 浅松覆盖小雨入渗实测值与模拟值的比较表

深度/cm	x=20cm						x=30cm					
	60min实测值	60min模拟值	相对误差/%	120min实测值	120min模拟值	相对误差/%	60min实测值	60min模拟值	相对误差/%	120min实测值	120min模拟值	相对误差/%
5	17.89	20.12	12.45	32.21	24.97	22.48	20.95	20.28	3.21	31.82	25.60	19.55
10	19.78	20.60	4.16	27.21	25.35	6.84	21.81	20.98	3.82	28.00	25.82	7.80
20	21.30	21.63	1.56	24.41	23.40	4.17	22.86	21.75	4.86	24.50	23.52	3.99
30	24.30	24.24	0.24	24.64	24.25	1.58	24.75	24.38	1.47	25.10	24.39	2.79
40	25.19	24.73	1.80	25.85	24.74	4.29	24.58	24.78	0.82	25.23	24.79	1.73
50	24.87	24.77	0.39	24.94	24.78	0.66	24.58	24.86	1.15	24.66	24.87	0.87
60	25.39	25.40	0.04	25.30	25.41	0.43	25.72	25.99	1.04	25.63	26.00	1.44

表 2.25 免耕全覆盖模型适用性分析比较表（x=0cm）

深度/cm	30min					60min				
	实测值	ADI	相对误差/%	Hydrus	相对误差/%	实测值	ADI	相对误差/%	Hydrus	相对误差/%
5	42.70	39.52	7.45	42.07	1.48	42.11	41.75	0.85	42.07	0.09
10	36.67	36.01	1.80	37.99	3.60	42.05	41.02	2.45	41.45	1.43
20	32.40	31.33	3.30	29.09	10.22	39.15	35.98	8.10	32.11	17.98
30	28.63	28.78	0.52	28.80	0.59	30.55	29.92	2.05	28.86	5.53

续表

深度/cm	30min					60min				
	实测值	ADI	相对误差/%	Hydrus	相对误差/%	实测值	ADI	相对误差/%	Hydrus	相对误差/%
40	28.65	27.94	2.48	28.48	0.59	29.08	27.98	3.78	28.51	1.96
50	27.75	27.22	1.91	28.09	1.23	27.90	27.32	2.08	28.18	1.00
60	28.72	28.52	0.70	28.02	2.44	28.19	28.52	1.17	28.24	0.18
平均	32.22	31.33	2.75	31.79	1.32	34.15	33.21	2.73	32.77	4.02

表 2.26　免耕全覆盖模型适用性分析比较表（x=30cm）

深度/cm	30min					60min				
	实测值	ADI	相对误差/%	Hydrus	相对误差/%	实测值	ADI	相对误差/%	Hydrus	相对误差/%
0	40.53	39.97	1.37	42.07	3.80	42.52	41.03	3.50	42.07	1.06
10	37.48	34.33	8.40	39.09	4.30	41.72	40.58	2.73	42.03	0.74
20	29.56	31.28	5.81	28.41	3.89	37.90	34.84	8.09	39.19	3.40
30	27.44	28.29	3.10	28.07	2.30	29.80	30.49	2.33	28.07	5.81
40	27.36	27.71	1.27	27.73	1.35	27.72	28.16	1.59	27.73	0.04
50	27.99	27.61	1.37	27.33	2.36	27.88	27.56	1.15	27.32	2.01
60	27.65	27.28	1.32	26.98	2.42	27.36	27.19	0.64	26.96	1.46
70	26.61	26.58	0.12	26.82	0.79	26.78	26.58	0.75	26.88	0.37
平均	30.58	30.38	2.84	30.81	2.65	32.71	32.05	2.60	32.53	1.86

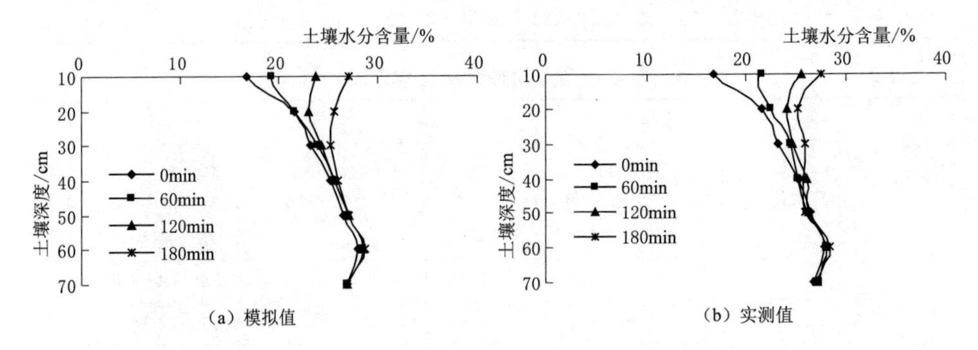

图 2.32　条带覆盖小雨土壤水分含量实测值与模拟值的比较图（x=0cm）

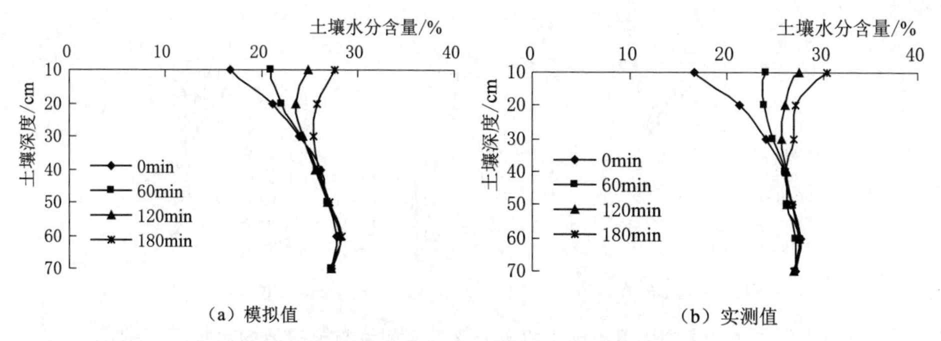

图 2.33　条带覆盖小雨土壤水分含量实测值与模拟值的比较图（x=10cm）

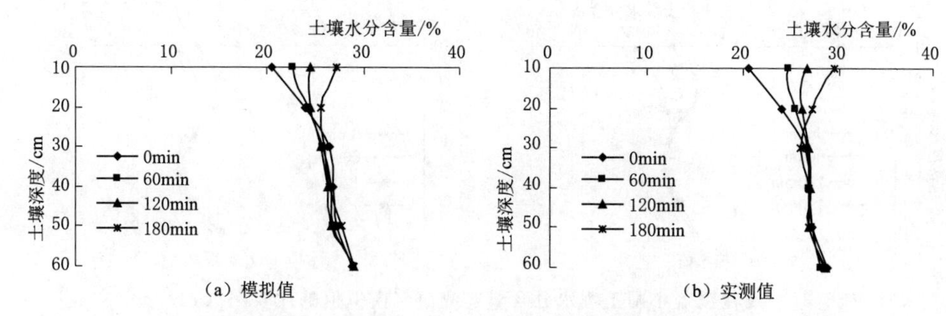

图 2.34　条带覆盖小雨土壤水分含量实测值与模拟值的比较图（x=20cm）

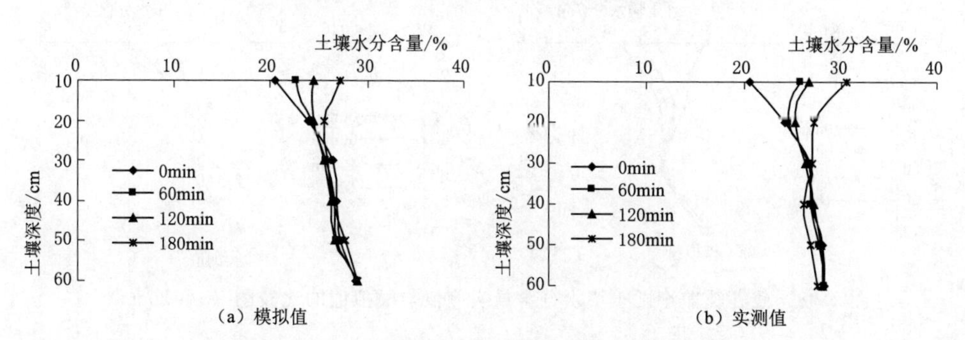

图 2.35　条带覆盖小雨土壤水分含量实测值与模拟值的比较图（x=30cm）

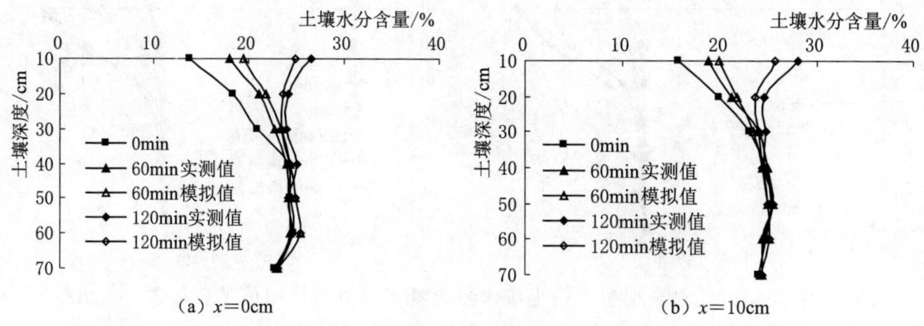

图 2.36（一）　浅松覆盖小雨土壤水分含量实测值与模拟值的比较图（ADI）

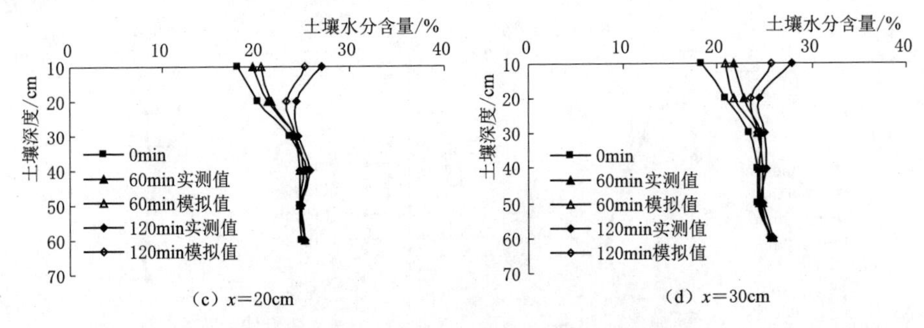

图 2.36（二）　浅松覆盖小雨土壤水分含量实测值与模拟值的比较图（ADI）

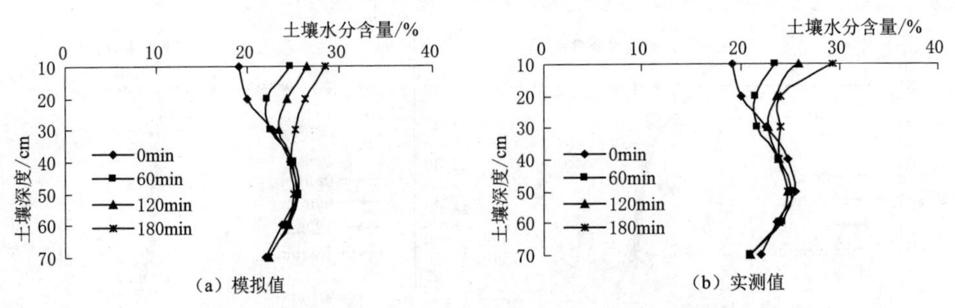

图 2.37　残茬覆盖小雨土壤水分含量实测值与模拟值的比较图（x=0cm）

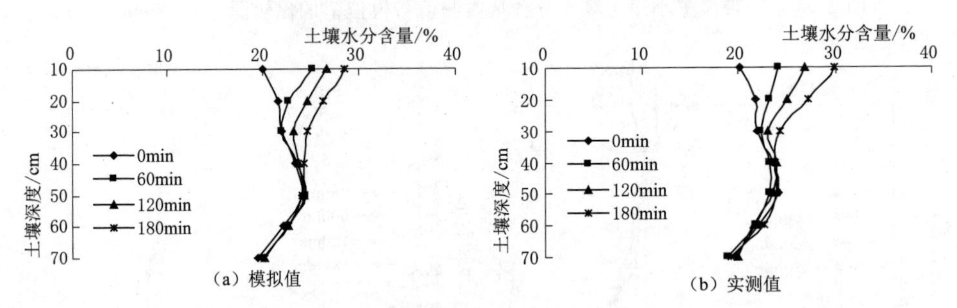

图 2.38　残茬覆盖小雨土壤水分含量实测值与模拟值的比较图（x=20cm）

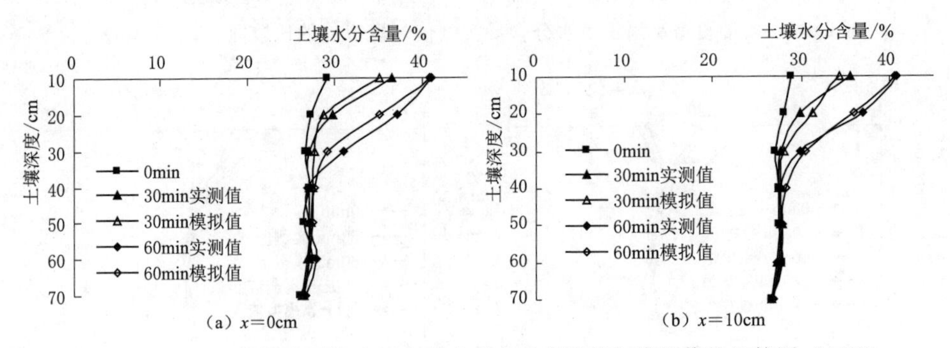

图 2.39（一）　免耕全覆盖大雨土壤水分含量实测值与模拟值的比较图（ADI）

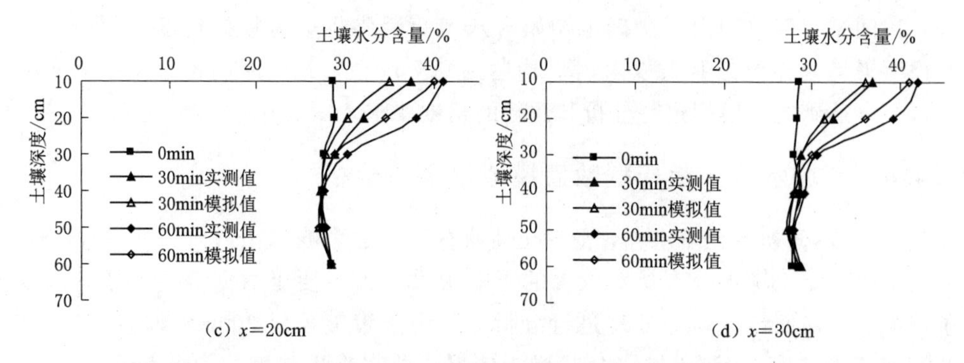

(c) $x=20$cm　　(d) $x=30$cm

图 2.39 (二) 免耕全覆盖大雨土壤水分含量实测值与模拟值的比较图 (ADI)

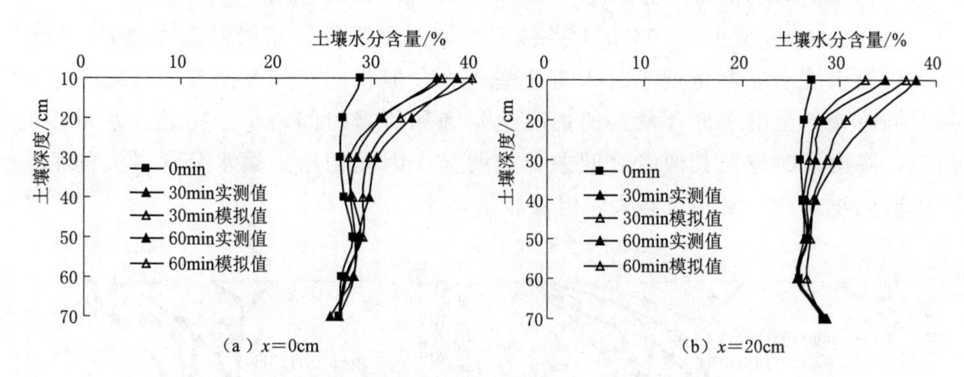

(a) $x=0$cm　　(b) $x=20$cm

图 2.40 残茬覆盖大雨土壤水分含量实测值与模拟值的比较图

观测表 2.21～表 2.26 和模拟对比图可知模拟值与实测值略有偏差；特别是表层 0～10cm 土壤水分含量偏差相对较大，在未产流情况时差异较明显。这是因为入渗模型是由径流量来反映耕作方式不同的差异和影响，由于降雨较小的时候各处理均是按照降雨强度入渗，并未产生径流，因此模拟值和实测值水分入渗量未体现出明显差别，而降雨强度较大时，与无覆盖相比雨后入渗量相对提高。实测值反映了降雨初期覆盖层拦蓄一定的雨水，后来入渗量增大，与无覆盖相比开始入渗慢后来基本相同。所以此模型在降雨较小不产生径流时，无覆盖时模拟值可以较好地反映入渗情况，而有覆盖情况时，在降雨初期偏离实测值较大，只能基本反映入渗状况，随着时间的增加，模拟值逐渐接近实测值。经 SPSS 方差分析两种模拟结果均与实测值差异不显著 ($P=0.703>0.05$)，本模型无覆盖处理模拟结果精度略低于采用 Hydrus - 2D 计算结果。Hydrus - 2D 软件不考虑秸秆覆盖影响，因此模拟时不考虑地表覆盖材料对其入渗的影响，故降雨初期地表模拟值大于实测值，而本试验建立的保护性耕作条件下土壤水分运动模型，在上边界的处理上充分考虑覆盖材料在降雨初期拦蓄水分的作用，对雨水入渗有一定的延时效果，因此初期略小于实测值。但总体差异不大，此外，田间试验误差和内插法确定初始含水率等因素也会对模拟精度有影响，但本模型平均差异均在10%以内，R^2均达到0.7以上，且随时间延长越接近实测值，可以达到通过模拟进行分析和比较的精度要求。

2.4.6 土壤水分入渗模型数值模拟结果与分析

2.4.6.1 不同初始土壤水分含量对土壤水分入渗的影响

土壤初始土壤水分含量对入渗的影响很大，为了便于数据分析比较，选取条带覆盖和对照传统耕作处理进行分析，其中条带覆盖以2006年6月15日和2007年7月14日实测土壤水分状况为依据，两次降雨强度均为8.5mm/h；传统耕作初始值取均衡状态分别为0.2cm³/cm³和0.3cm³/cm³进行模拟分析。

由图2.41分析可知，本试验条件下相同降雨强度、相同覆盖处理下，降雨初始阶段土壤水分含量偏小时入渗速率较大，但相同时间其湿润深度略小于对照，同时初始土壤水分含量大的情况达到饱和所需时间略小于初始含水量小的情况，降雨历时越长其两者之间差异越明显。因此初始土壤水分含量大的情况产流时间早，产流量相对略大，但渗流量略小。

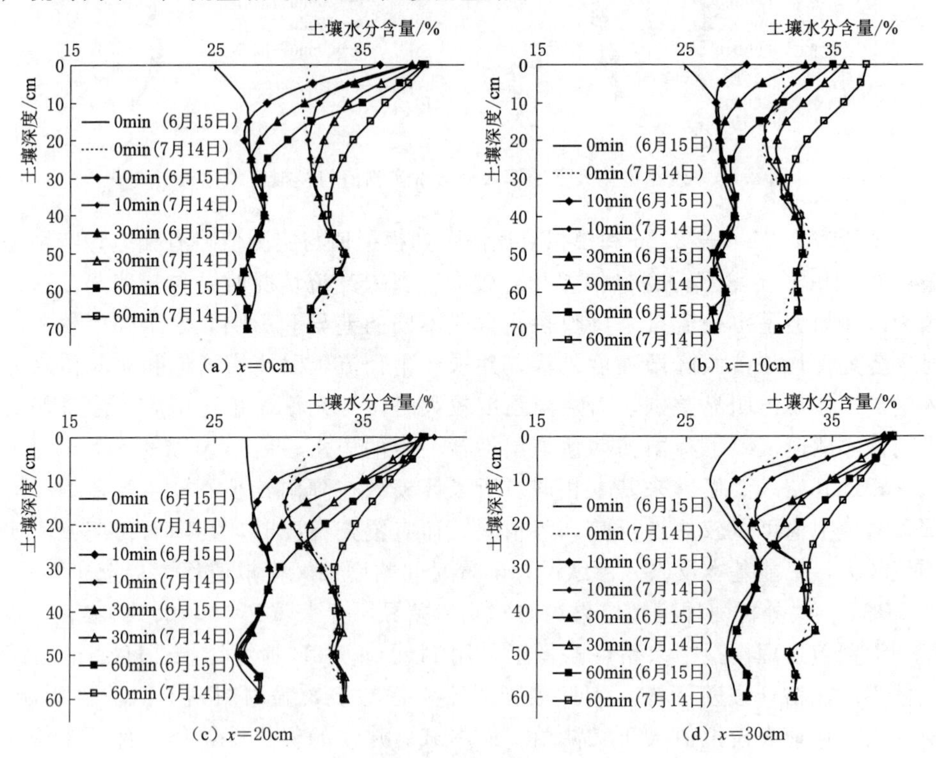

图2.41 条带覆盖不同初始土壤水分含量入渗分布图

2.4.6.2 不同降雨强度对土壤水分入渗的影响

降雨和灌溉是改善田间土壤墒情的基础条件，其数值大小是水分入渗量和入渗速度的直接影响因子。现对浅松覆盖处理不同降雨强度条件下的土壤水分入渗过程进行模拟分析，探讨其水分入渗规律和特点。初始含水量取均衡状态 0.25cm³/cm³。

如图 2.42 和图 2.43 所示，纵向与水平向土壤水分变化趋势均显示土壤水分增量与降雨强度呈正相关。初始土壤水分含量相同时，降雨强度较大可以减少地表达到饱和的时间，入渗速度快，降雨强度较小时，不产生径流，土壤按照降雨强度入渗，入渗量与入渗速度均低于大雨。分析其原因：重力作用是雨水下渗的主要源动力，降雨强度大可以提高纵向的水力传导能力。

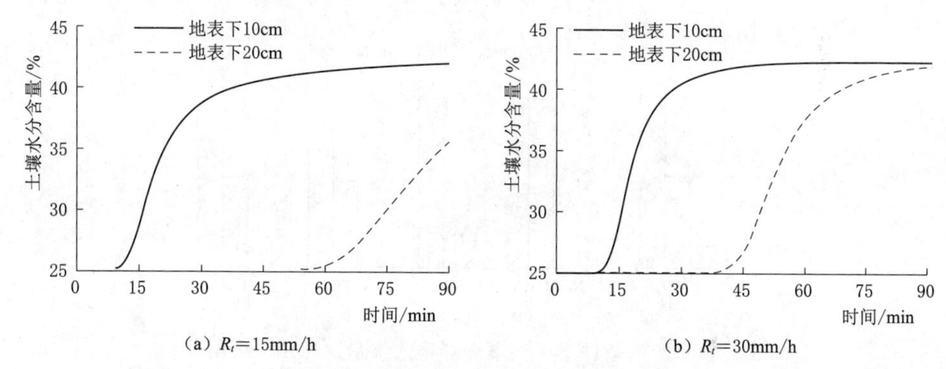

(a) R_t=15mm/h　　(b) R_t=30mm/h

图 2.42 不同降雨强度入渗土壤水分变化趋势对照图（垂直方向）

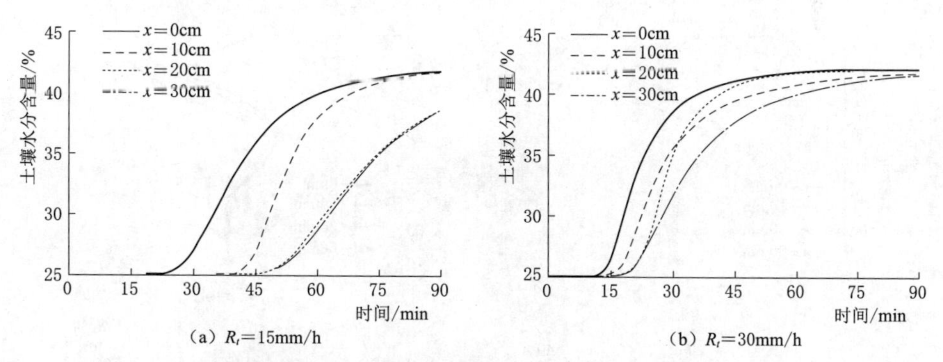

(a) R_t=15mm/h　　(b) R_t=30mm/h

图 2.43 不同降雨强度入渗土壤水分变化趋势对照图（水平方向地表下 15cm）

2.4.6.3 不同覆盖措施对土壤水分入渗的影响

秸秆覆盖是保护性耕作的一种重要方式，由于覆盖物对地表具有保护作用，土壤的导水特性得到了保护，特别是在北方夏季多对流性热雷雨的气候条件下，可充分体现其优势，有效减少地表径流，使降水入渗量增加，提高降雨有效性。以 2007 年 8 月 8 日大雨（产流）和 2006 年 9 月 15 日小雨（未产流）实测数据为基础进行模拟比较分析。

2007年8月8日降雨量大产生地表径流，覆盖方式不同产流量因而不同。对比分析大雨情况下各处理的雨水入渗情况如图2.44～图2.49所示。土壤水分入渗模型中上边界控制条件充分考虑覆盖层截留、延时及增渗作用，故降雨初期NTC水分入渗量略低，比其他处理低10.63%～18.91%，随着降雨历时的延长其水分入渗量逐渐增大，1h后其平均水分入渗量居于最高，分别比NNTC、STC、CTC和TC提高8.92%、3.11%、6.21%、9.62%。CTC垄沟部位土壤水分入渗特征与NTC具有相似规律。图2.50～图2.55显示小雨情况下NNTC、STC及TC四个测点水分入渗量上未有明显差异，仅NTC和CTC略低于其他处理，主要是由于部分降水形成覆盖截留量未能渗入土壤。

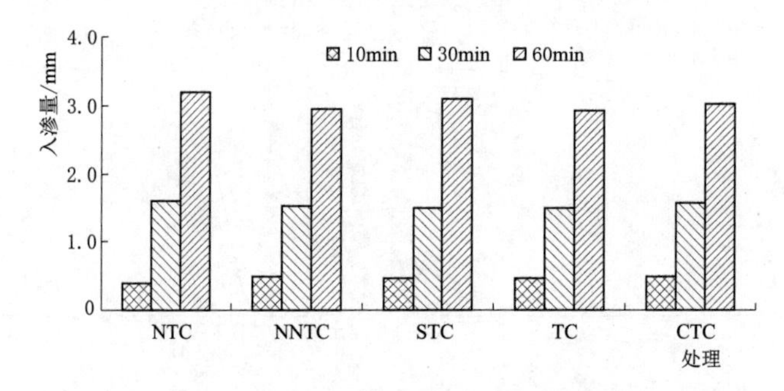

图2.44 产流条件下不同覆盖降雨入渗量对照图（大雨）

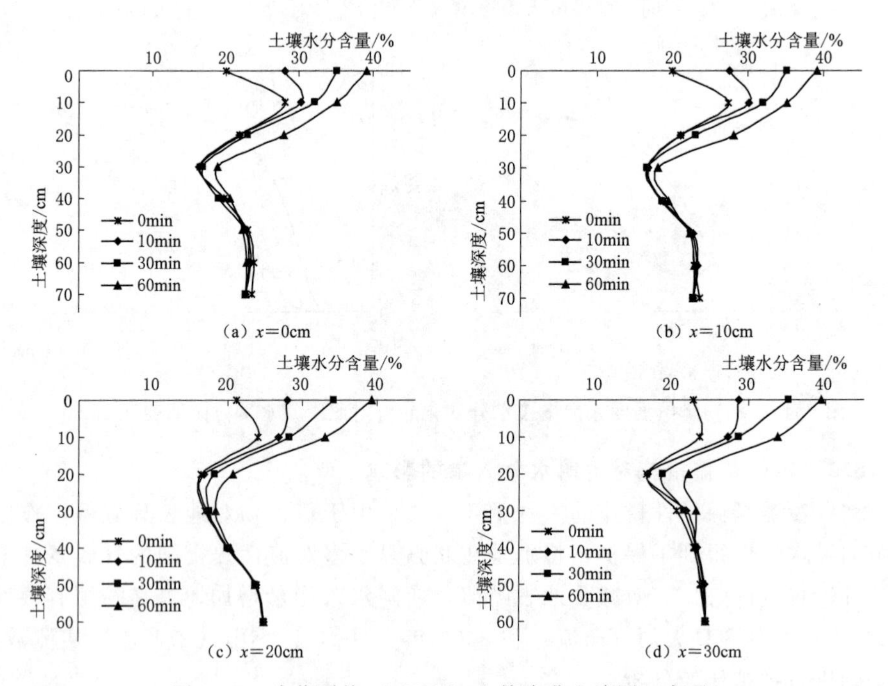

图2.45 残茬覆盖（NNTC）土壤水分入渗图（大雨）

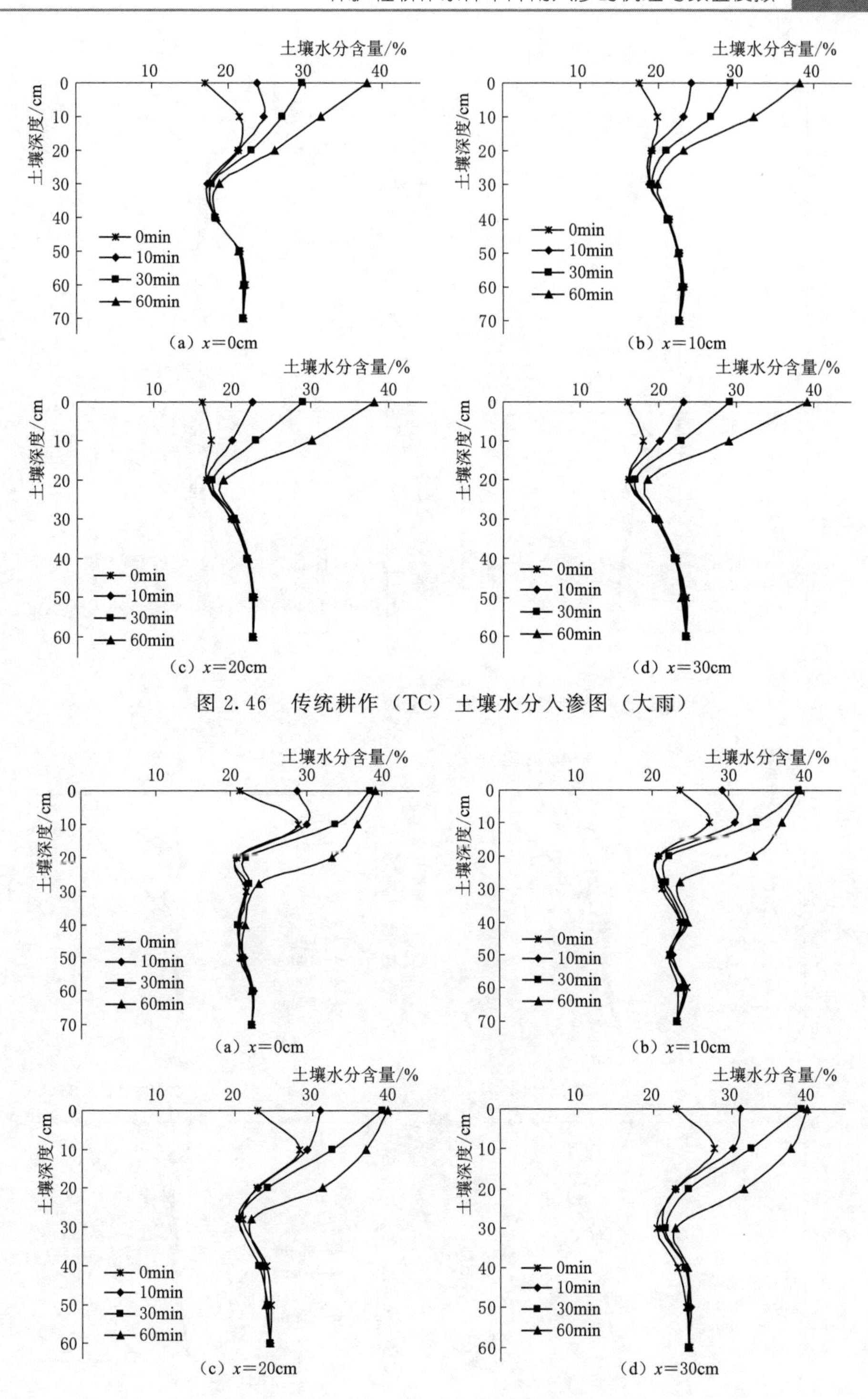

图 2.46 传统耕作(TC)土壤水分入渗图(大雨)

图 2.47 浅松覆盖(STC)土壤水分入渗图(大雨)

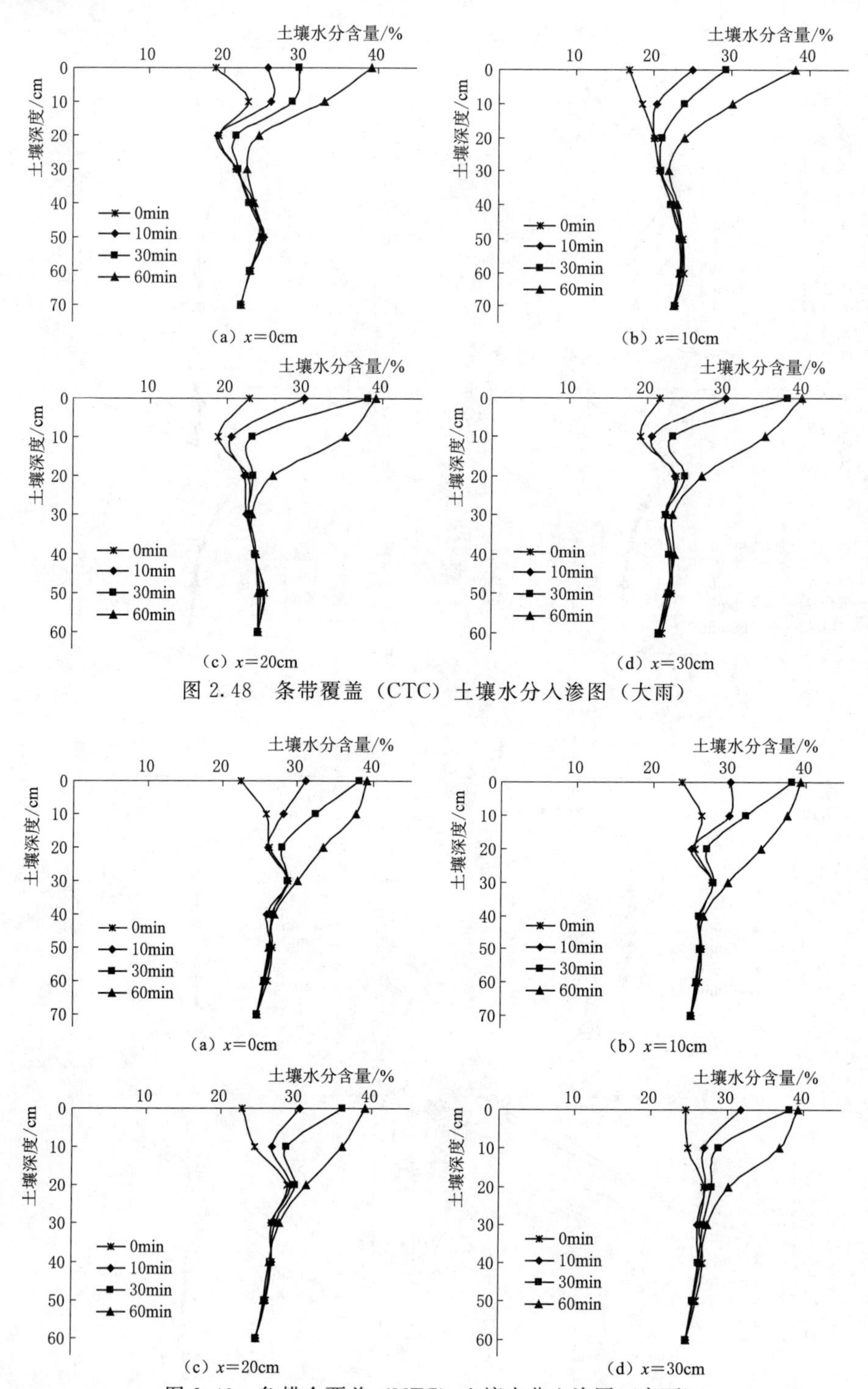

图 2.48 条带覆盖（CTC）土壤水分入渗图（大雨）

图 2.49 免耕全覆盖（NTC）土壤水分入渗图（大雨）

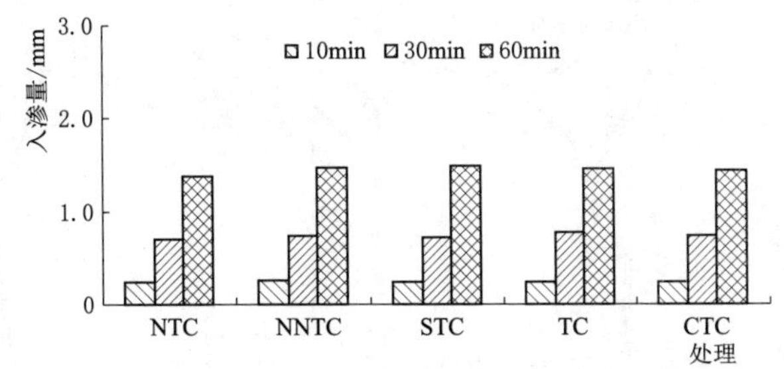

图 2.50 未产流条件下不同覆盖降雨入渗量对照图（小雨）

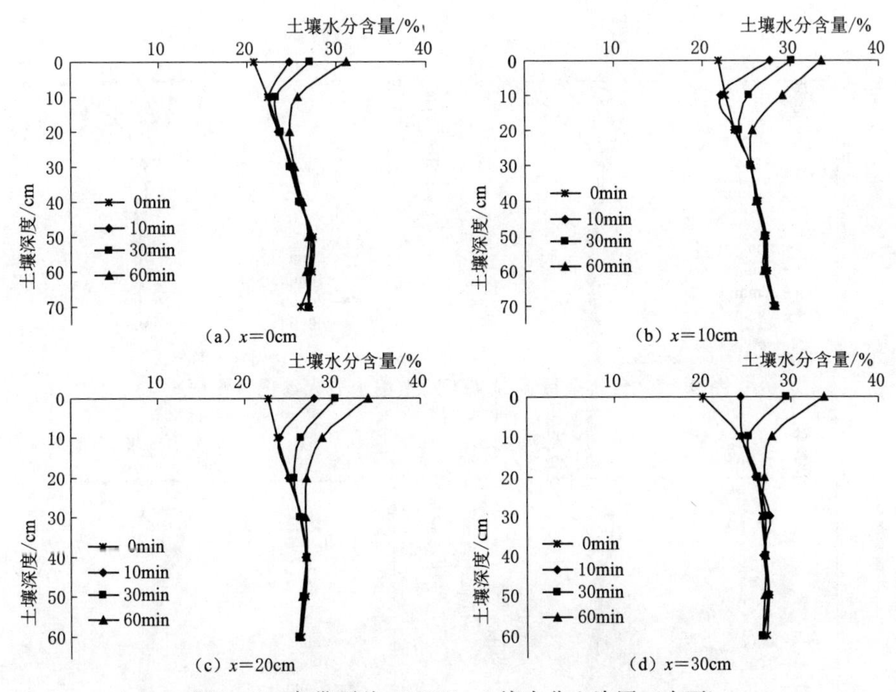

图 2.51 条带覆盖（CTC）土壤水分入渗图（小雨）

上述产流与未产流两种降雨情况模拟结果显示了雨水入渗的过程，模拟数据与实测数据的规律一致，即覆盖方式对降雨后土壤水分的变化和入渗累积量的大小有一定的影响，各处理表层 0～10cm 土壤在入渗过程中的土壤水分含量变化最大，并且受覆盖方式的影响最明显，降雨量越大覆盖度越高，其蓄水保墒的效果越显著。研究表明，降雨初期地表覆盖秸秆的处理水分入渗量略小于无覆盖处理，主要是由于地表以上覆盖层可以拦蓄一定的降雨，致使降雨初期其入渗速度略小，随着降雨历时的延长，秸秆覆盖使得地表糙率增大，水流流速减小，延缓了产流速度，提高入渗量，减少径流量。在水平距离上 NTC 和 CTC 的后期优势明显，入渗速度与入渗量明显高于其他几种处理，主要由于覆盖层较厚易于拦蓄雨水。

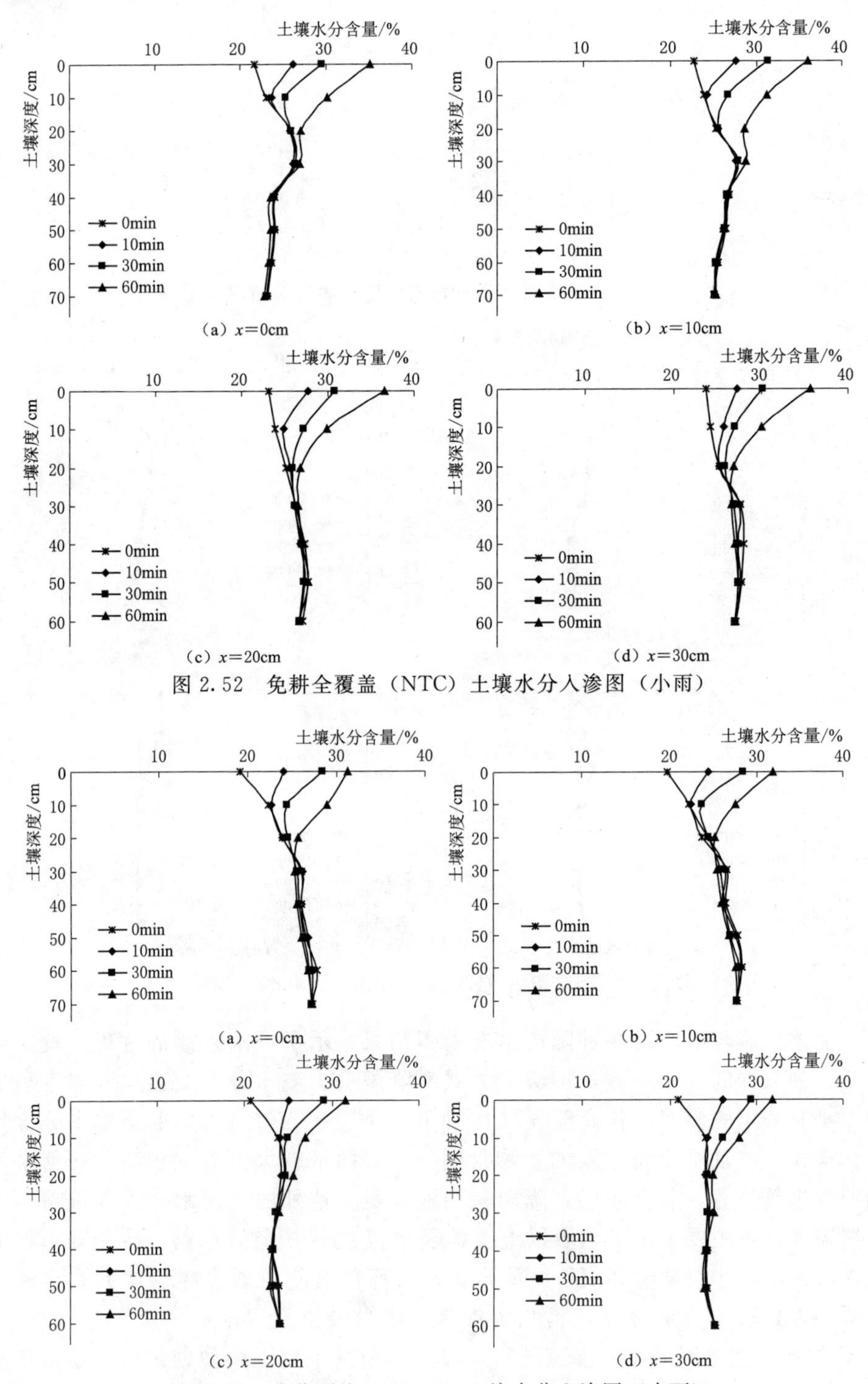

图 2.52 免耕全覆盖(NTC)土壤水分入渗图(小雨)

图 2.53 残茬覆盖(NNTC)土壤水分入渗图(小雨)

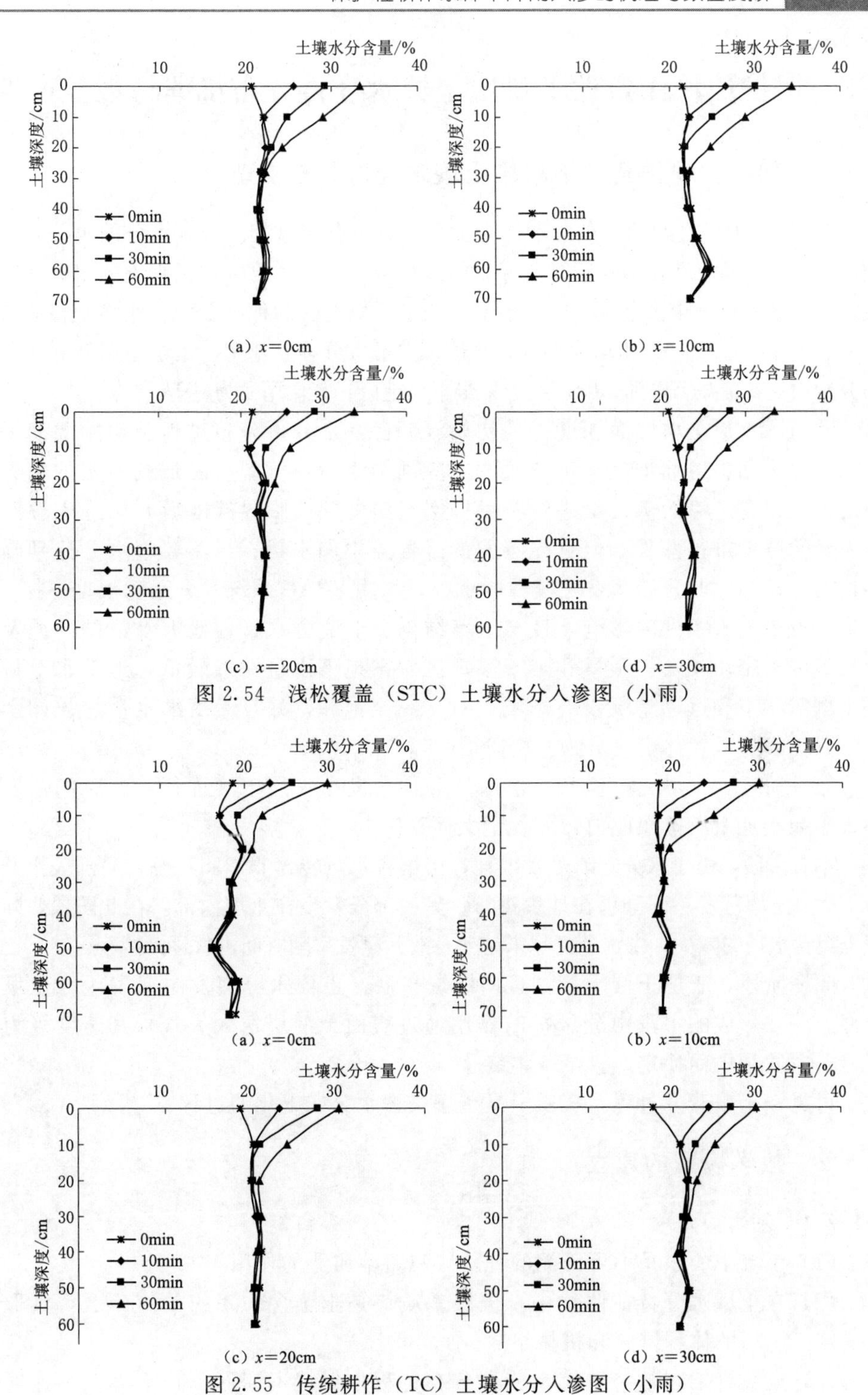

图 2.54 浅松覆盖(STC)土壤水分入渗图(小雨)

(a) x=0cm (b) x=10cm (c) x=20cm (d) x=30cm

图 2.55 传统耕作(TC)土壤水分入渗图(小雨)

2.5 保护性耕作条件下耕层土壤水分再分布机理与数值模拟

2.5.1 保护性耕作条件下耕层土壤水分再分布机理

降雨停止后，土壤水分的运动称为土壤水分再分布过程。土壤水分的再分布决定着剖面上不同深度和不同历时所保留的水分数量，水分再分布过程中的水分蒸发决定着土壤的有效储水容量，这对于干旱和半干旱地区的种子发育和作物生长非常重要（王丽学，2003）。土壤表面辐射平衡、土壤水分蒸发速率、土壤中温度和水分的分布均受到覆盖因素的影响，在干旱半干旱地区，其作用尤为显著。

水分入渗后土壤湿润深度称为初始湿润区，水分再分布过程是初始湿润区的水分受太阳辐射而周围运动的过程。降雨结束后空气湿度降低到一定的临界值之前，以可忽略的蒸发量进行蒸发；空气湿度到达临界湿度后开始进入按照蒸发经验强度进行蒸发，但首先蒸发的是覆盖中的水量；当覆盖中水分达到临界值时，认为此时开始蒸发土壤中的水分，采用 SPAC 系统水分运动模型模拟。

蒸发受气象条件的影响，且与土壤结构、土壤含水量、地下水位的高低及植被等因素密切相关。干旱和半干旱地区农田地下水位一般较低，地下水对耕层土壤水状态和运动情况没有影响。对于完全饱和，并且无后继水量加入的土壤，其蒸发过程大体上可分为三个阶段。

第一阶段，土壤完全饱和，供水充分，蒸发在表层土壤进行，此时的蒸发率等于或接近土壤蒸发能力，蒸发量大而稳定。

第二阶段，由于水分逐渐蒸发消耗，土壤含水量转为非饱和状态，局部表土开始干化，土壤蒸发一部分仍在地表进行，另一部分发生在土壤内部。在此阶段，随着土壤含水量的减少，供水条件越来越差，故其蒸发率随时间也就逐渐减小。

第三阶段，表层土壤干涸，且向深层扩展，土壤水分蒸发主要发生在土壤内部。蒸发形成的水汽由分子扩散作用通过表面干涸层逸入大气，其速度极为缓慢，蒸发量小而稳定，直至基本终止。

可见，土壤蒸发过程，实质上是土壤失去水分或干化的过程。

2.5.2 数学模型的建立

2.5.2.1 基本假定

（1）土壤中的水是不可压缩的纯水，忽略溶质势的作用。

（2）在土壤水分特征曲线中，土壤基质势是土壤含水率的单值函数，其形状决定于土壤的体积密度和机械组成。

（3）土壤骨架在整个土壤水分再分布过程中保持不变形，其不存在不连通的孔隙。

(4) 研究范围内各层土壤为均质同性或层内均质同性。

2.5.2.2 二维数学模型

在作物苗期几种处理均不受作物生长影响，此时汇源项根系吸水速率可以不予考虑，公式如下

$$\frac{\partial\theta}{\partial t}=\frac{\partial}{\partial x}\left[D(\theta)\frac{\partial\theta}{\partial x}\right]+\frac{\partial}{\partial z}\left[D(\theta)\frac{\partial\theta}{\partial z}\right]-\frac{\partial K(\theta)}{\partial z} \tag{2.86}$$

在作物拔节期，随着作物的生长发育，叶面积指数增加迅速，根系不断从土壤中吸取需要的水分，此时汇源项根系吸水速率将不可忽视，公式如下

$$\frac{\partial\theta}{\partial t}=\frac{\partial}{\partial x}\left[D(\theta)\frac{\partial\theta}{\partial x}\right]+\frac{\partial}{\partial z}\left[D(\theta)\frac{\partial\theta}{\partial z}\right]-\frac{\partial K(\theta)}{\partial z}-S(x,z,t) \tag{2.87}$$

$$S(x,z,t)=aET(t)R\ (x,z,t)^{b}\mathrm{e}^{c\theta(x,z,t)} \tag{2.88}$$

2.5.2.3 边界条件确定

模拟中采用田间实测资料作为模型的输入初始值。上边界条件受到秸秆覆盖度、作物遮阴与覆盖方式的影响，为了使模拟状态与田间作物实际情况相符，上表边界条件采用由田间试验资料计算分析得到的回归关系式。定解条件总结为：

如图 2.56 所示，在 $OABCDE$ 内 $\quad \theta=\theta_a \quad t=0 \qquad (2.89)$

边界 OE、CD $\quad \dfrac{\partial\theta}{\partial x}=0 \qquad (2.90)$

边界 AB $\quad -D(\theta)\dfrac{\partial\theta}{\partial x}=-\dfrac{\sqrt{2}}{2}E_s \qquad (2.91)$

边界 BC、OA $\quad -D(\theta)\dfrac{\partial\theta}{\partial z}+K(\theta)=-E_s \qquad (2.92)$

边界 DE $\quad \theta=\theta_a \quad t>0 \qquad (2.93)$

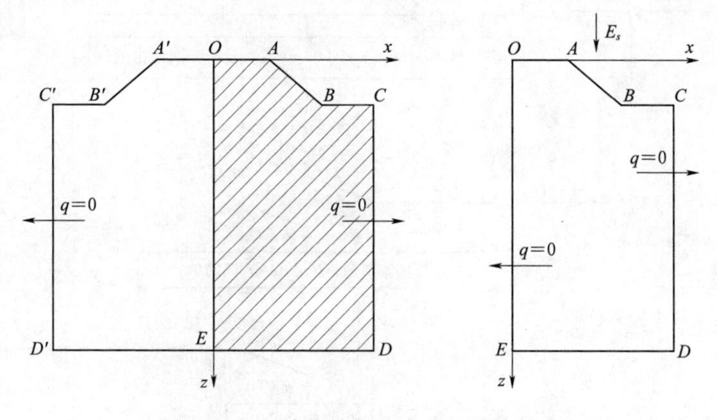

图 2.56 土壤水分在分布截面计算简图

具体求解方法与降雨入渗条件下的方法基本相同，此处不再论述，程序框图如图 2.57 所示。

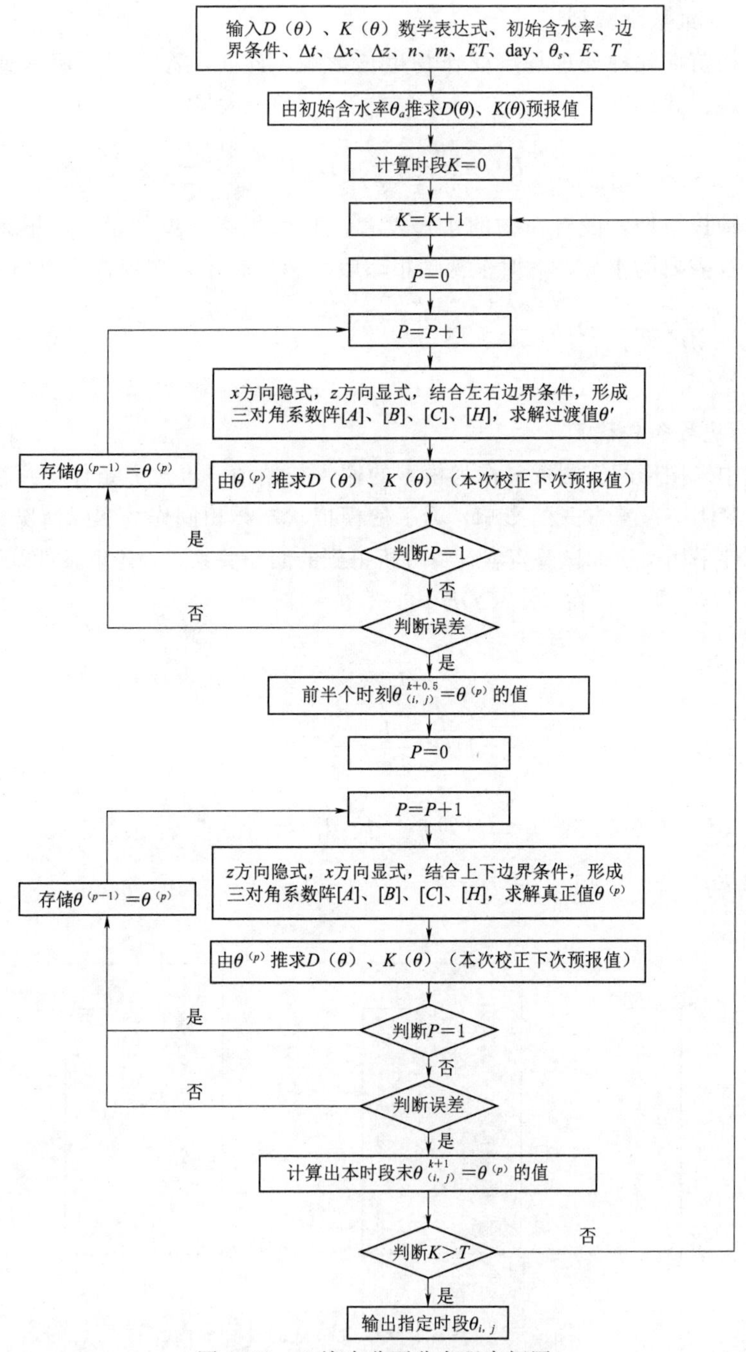

图 2.57 土壤水分再分布程序框图

2.5.3 覆盖条件下耕层土壤水分再分布模型适用性分析

入渗供水停止后，将地表积水吸走，水分入渗过程即告结束。然而在土壤剖面内，水分垂直向和水平向的运动并不会立即停止，而是在重力势和基质势梯度的作用下继续向周围运动，这一过程可以持续很长一段时间。在此时段内水分在剖面上进行再分布。为了验证保护性耕作条件下耕层水分再分布模型的适用性，分别对各处理选取有代表性的试验小区进行对实测值和模拟值的比较和分析。本次模拟采用2006年5月20日小雨后实测数据作为初始含水率进行计算，具体结果见表2.27～表2.30和图2.58。

表2.27 条带覆盖水分再分布实测值与模拟值比较表（x=0cm，x=10cm）

深度/cm	x=0cm				x=10cm			
	5月20日实测	5月26日实测	5月26日模拟	相对误差/%	5月20日实测	5月26日实测	5月26日模拟	相对误差/%
10	19.46	15.45	16.78	8.61	22.68	16.41	15.49	5.59
20	22.13	20.19	20.65	2.28	22.70	19.25	20.22	5.03
30	26.50	24.67	23.00	6.77	26.98	24.21	22.93	5.27
40	29.15	27.10	26.86	0.87	30.15	28.24	27.18	3.74
50	28.95	28.84	27.25	5.52	29.40	28.04	28.43	1.38
60	28.13	27.27	27.08	0.71	28.70	26.51	26.34	0.62
70	28.39	26.73	27.03	1.14	27.94	27.52	27.94	1.51
平均	26.10	24.32	24.09	3.70	26.94	24.28	24.08	3.24

表2.28 条带覆盖水分再分布实测值与模拟值比较表（x=20cm，x=30cm）

深度/cm	x=20cm				x=30cm			
	5月20日实测	5月26日实测	5月26日模拟	相对误差/%	5月20日实测	5月26日实测	5月26日模拟	相对误差/%
10	24.30	19.30	20.58	6.66	25.76	18.53	20.97	13.18
20	23.91	22.19	23.05	3.87	24.51	22.97	23.42	1.95
30	28.10	26.28	25.94	1.29	29.81	26.54	25.10	5.43
40	29.85	28.65	26.85	6.29	30.34	26.11	26.42	1.20
50	28.53	27.68	26.97	2.56	28.52	26.91	27.09	0.68
60	27.83	27.22	27.82	2.21	27.84	27.18	27.84	2.43
平均	27.25	25.22	25.20	3.81	28.36	24.71	25.14	4.15

表 2.29　浅松覆盖水分再分布实测值与模拟值比较表（$x=0$cm，$x=10$cm）

深度/cm	$x=0$cm				$x=10$cm			
	5月20日实测	5月26日实测	5月26日模拟	相对误差/%	5月20日实测	5月26日实测	5月26日模拟	相对误差/%
10	26.42	18.19	16.34	10.19	24.90	21.15	18.70	11.58
20	25.57	23.45	22.15	5.55	25.26	24.14	23.45	2.87
30	28.03	23.90	23.20	2.95	28.18	24.28	23.34	3.87
40	29.27	24.91	25.53	2.49	29.49	27.49	26.37	4.09
50	30.10	30.25	28.68	5.18	29.30	29.57	28.46	3.74
60	27.31	27.52	27.67	0.54	26.73	27.06	27.53	1.73
70	26.14	25.96	26.14	0.70	25.90	25.23	25.58	1.38
平均	27.83	24.88	24.24	3.94	27.39	25.56	24.78	4.18

表 2.30　浅松覆盖水分再分布实测值与模拟值比较表（$x=20$cm，$x=30$cm）

深度/cm	$x=20$cm				$x=30$cm			
	5月20日实测	5月26日实测	5月26日模拟	相对误差/%	5月20日实测	5月26日实测	5月26日模拟	相对误差/%
10	26.94	23.03	21.45	6.86	28.16	24.57	22.30	9.23
20	26.15	24.15	23.15	4.13	27.54	24.71	23.62	4.43
30	27.63	24.98	24.64	1.36	30.62	26.49	25.37	4.23
40	30.27	29.06	28.04	3.50	28.03	29.71	28.35	4.57
50	27.29	26.09	25.07	3.90	26.37	26.87	26.36	1.89
60	26.43	26.76	26.43	1.24	26.78	27.14	26.78	1.32
平均	27.62	25.68	24.80	3.50	27.92	26.58	25.46	4.28

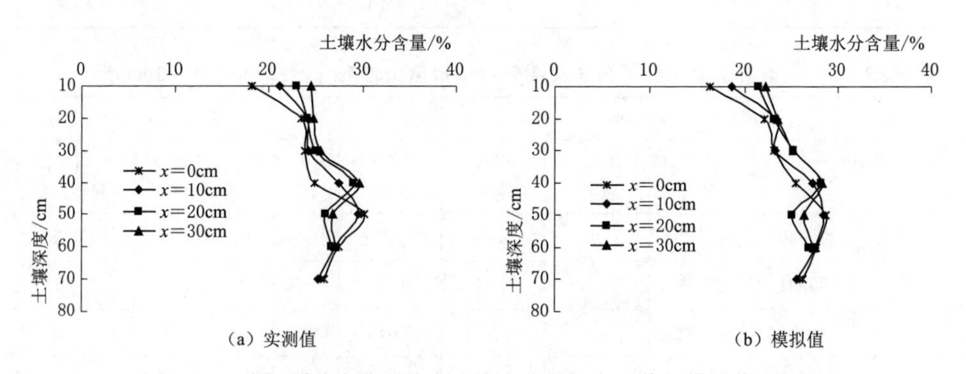

图 2.58　浅松覆盖水分再分布土壤水分含量实测值与模拟值比较图

观测表 2.27～表 2.30 实测值与模拟值相差不大（误差范围为 0.54%～13.18%），平均误差为 3.27%～4.28%，且各处理实测值与模拟值差异不显著（$P=0.290\sim0.809>0.05$），其差异均在模拟比较分析误差范围内，综上分析可以说明此水分再分布模型适用于本研究。

2.5.4 土壤水分再分布模型数值模拟结果与分析

2.5.4.1 不同初始含水率对土壤水分再分布的影响

经过前面分析可知不同的水分含量对土壤入渗具有影响，现在对不同初始水分降雨后土壤水分再分布的运动过程进行模拟分析。本次模拟初始值取为均衡状态分别为为 0.24cm^3/cm^3 和 0.30cm^3/cm^3。

通过表 2.31 和表 2.32 及图 2.59～图 2.62 可以看出，在蒸发条件下地表水分迅速减少，随着时间的延长降幅速度延缓，其中地表以下 10cm 的水分含量变化最为明显，占水分损失量 50%以上。相同的处理情况下，初始水分含量大的情况斜率较大，水分下降较快，即蒸发强度大，长时间的蒸发后影响深度可达到地下 50cm 处，其中初始水分含量为 0.30cm^3/cm^3 的 CTC 处理 4 日蒸发量为 0.94cm，比初始水分含量为 0.24cm^3/cm^3 时提高 28.55%，而其 6 日蒸发量比对照提高达 26.82%；其中初始水分含量为 0.30cm^3/cm^3 的 TC 处理 4 日蒸发量为 1.04cm，比初始水分含量为 0.24cm^3/cm^3 时提高 22.52%，而其 6 日蒸发量

表 2.31 传统耕作不同初始土壤水分含量蒸发影响下水分再分布比较表 %

深度/cm	x=0cm				x=30cm			
	4 日 ($\theta_{大}$)	4 日 ($\theta_{小}$)	6 日 ($\theta_{大}$)	6 日 ($\theta_{小}$)	4 日 ($\theta_{大}$)	4 日 ($\theta_{小}$)	6 日 ($\theta_{大}$)	6 日 ($\theta_{小}$)
5	25.88	20.49	25.20	19.21	26.90	21.59	26.34	20.67
10	26.40	21.32	25.80	20.73	27.45	21.98	26.87	21.44
20	27.45	21.98	26.74	21.45	27.59	22.40	26.92	22.00
30	28.14	22.53	27.49	22.00	28.09	22.66	27.79	22.47
40	29.01	23.06	28.36	22.75	28.88	23.18	28.68	22.98
50	29.75	23.51	29.30	23.29	29.97	23.51	29.90	23.59
60	29.99	23.99	29.80	23.97	30.00	24.00	30.00	24.00
70	30.00	24.00	30.00	24.00	—	—	—	—

表 2.32 条带覆盖不同初始土壤水分含量蒸发影响下水分再分布比较表 %

深度/cm	x=0cm				x=30cm			
	4 日 ($\theta_{大}$)	4 日 ($\theta_{小}$)	6 日 ($\theta_{大}$)	6 日 ($\theta_{小}$)	4 日 ($\theta_{大}$)	4 日 ($\theta_{小}$)	6 日 ($\theta_{大}$)	6 日 ($\theta_{小}$)
5	27.06	21.48	25.21	20.99	28.54	22.72	27.47	21.99
10	27.00	21.68	25.98	21.23	28.59	22.87	27.57	22.17
20	27.50	22.01	26.60	21.59	28.68	23.12	27.97	22.50
30	28.18	22.63	27.28	22.19	28.75	23.32	28.20	22.82
40	28.98	23.25	28.38	23.02	29.30	23.49	28.99	23.12

续表

深度/cm	x=0cm				x=30cm			
	4日（$\theta_{大}$）	4日（$\theta_{小}$）	6日（$\theta_{大}$）	6日（$\theta_{小}$）	4日（$\theta_{大}$）	4日（$\theta_{小}$）	6日（$\theta_{大}$）	6日（$\theta_{小}$）
50	29.84	23.95	29.27	23.49	29.80	23.63	29.41	23.42
60	29.97	23.98	29.95	23.96	30.00	24.00	30.00	24.00
70	30.00	24.00	30.00	24.00	—	—	—	—

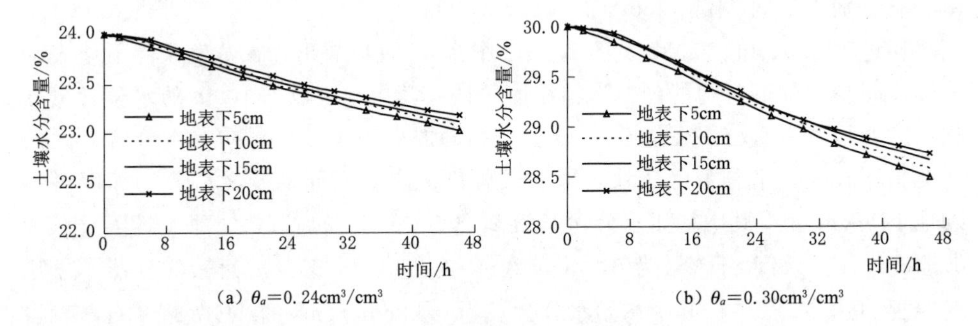

（a）θ_a=0.24cm³/cm³　（b）θ_a=0.30cm³/cm³

图2.59　不同初始土壤水分含量水分再分布模拟过程图（TC）

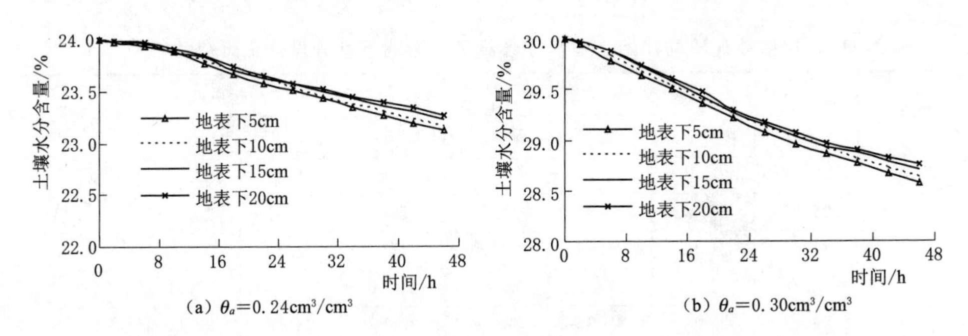

（a）θ_a=0.24cm³/cm³　（b）θ_a=0.30cm³/cm³

图2.60　不同初始土壤水分含量水分再分布模拟过程图（CTC）

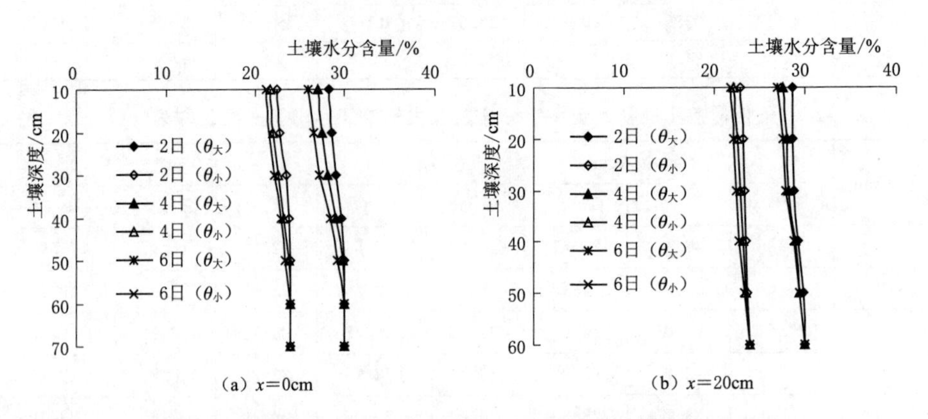

（a）x=0cm　（b）x=20cm

图2.61　不同初始土壤水分含量土壤水分再分布对比图（CTC）

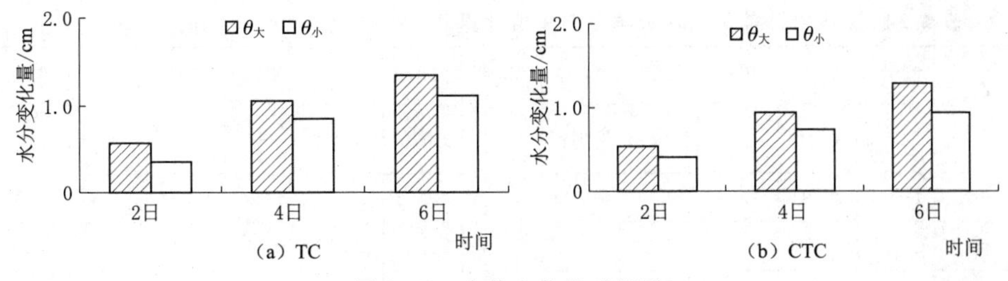

图 2.62 水分变化量对照图

比对照提高达 20.98%。CTC 处理沟部覆盖秸秆，因此其蒸发强度略低于垄上，由此可知覆盖处理与不覆盖处理其初始水分含量与蒸发量均呈正相关关系，且初期差异显著，随着时间延长差异趋于稳定。

2.5.4.2 不同覆盖措施对土壤水分再分布的影响

秸秆覆盖措施可提高土壤的保水能力，减小无效水分流失，充分利用土壤中有效水分，促进作物生长发育。鉴于此，对几种处理进行蒸发条件下土壤水分再分布数值模拟，2007 年玉米拔节初期 6 月连续无降雨，为本次模拟提供了合理的初始数据，各处理模拟结果见表 2.33～表 2.39 及图 2.63～图 2.67。

表 2.33 浅松覆盖雨后水分再分布模拟计算表（$x=0$cm，$x=10$cm）

深度/cm	2007-06-13		相对误差/%	2007-06-20		相对误差/%	2007-06-13		相对误差/%	2007-06-20		相对误差/%
	实测值	模拟值		实测值	模拟值		实测值	模拟值		实测值	模拟值	
0	17.54	18.50	5.51	14.63	15.87	8.45	17.54	18.29	4.30	12.80	13.97	9.14
5	19.33	20.55	6.32	18.08	19.58	8.30	19.33	19.69	1.89	15.40	16.24	5.51
10	20.92	21.90	4.71	20.66	21.27	2.95	20.92	21.51	2.81	16.71	17.94	7.36
15	22.31	22.89	2.61	22.51	22.25	1.18	22.31	22.95	2.88	19.12	19.30	0.93
20	23.51	23.56	0.23	23.76	22.91	3.61	23.51	24.03	2.21	21.26	20.33	4.37
25	24.52	23.96	2.31	24.56	23.30	5.11	24.52	24.75	0.92	22.10	20.99	5.01
30	25.35	24.12	4.86	25.03	23.47	6.21	25.35	25.13	0.90	22.03	21.35	3.06
35	25.02	24.16	3.43	24.29	23.74	2.28	26.02	25.25	2.96	23.81	21.69	8.89
40	26.51	26.47	0.15	25.53	25.96	1.68	26.51	27.41	3.39	24.91	25.88	3.88
45	26.85	27.53	2.55	25.96	27.34	5.31	26.85	28.17	4.94	27.12	27.88	2.81
50	27.03	27.26	0.84	26.36	27.25	3.37	27.03	27.30	1.00	27.19	27.26	0.24
55	27.06	26.95	0.43	27.24	26.96	1.03	27.06	26.07	3.66	26.86	26.07	2.98
60	26.95	26.68	1.00	26.95	26.71	0.88	26.95	24.55	8.93	26.11	24.57	5.92
65	26.71	26.60	0.44	26.89	26.84	0.19	22.71	22.81	0.41	24.91	23.37	6.18
70	26.34	28.42	7.89	28.09	28.42	1.18	22.34	20.61	7.75	23.25	23.42	0.71

表 2.34　浅松覆盖雨后水分再分布模拟计算表（$x=20$cm，$x=30$cm）

深度/cm	2007-06-13		相对误差/%	2007-06-20		相对误差/%	2007-06-13		相对误差/%	2007-06-20		相对误差/%
	实测值	模拟值		实测值	模拟值		实测值	模拟值		实测值	模拟值	
0	19.14	20.91	9.24	14.66	16.06	9.50	20.73	21.77	5.02	14.32	12.60	12.01
5	20.75	21.19	2.13	16.33	17.23	5.54	22.22	23.66	6.49	18.17	19.57	7.72
10	21.81	23.62	8.27	17.33	18.74	8.12	23.90	24.51	2.58	19.38	20.45	5.51
15	23.75	23.99	0.98	19.73	20.09	1.83	24.96	26.52	6.22	21.52	21.45	0.32
20	24.99	24.28	2.83	21.74	21.25	2.25	26.19	26.63	1.68	23.39	21.56	7.81
25	25.37	24.50	3.44	23.37	22.24	4.84	27.21	26.85	1.31	24.65	23.89	3.09
30	26.93	25.63	4.83	24.07	23.04	4.26	27.81	27.86	0.18	26.90	26.10	2.97
35	27.56	26.74	3.00	25.37	23.72	6.50	28.71	28.49	0.76	26.47	28.36	7.14
40	28.01	27.15	3.07	26.35	26.65	1.14	28.94	28.61	1.17	26.95	28.58	6.03
50	26.67	28.11	5.41	27.05	28.26	4.49	29.47	28.40	3.65	26.22	28.36	8.15
60	27.73	28.42	2.50	26.99	27.82	3.06	27.70	27.77	0.27	27.04	27.80	0.03

表 2.35　传统耕作雨后水分再分布模拟计算表（$x=0$cm，$x=10$cm）

深度/cm	2007-06-13		相对误差/%	2007-06-20		相对误差/%	2007-06-13		相对误差/%	2007-06-20		相对误差/%
	实测值	模拟值		实测值	模拟值		实测值	模拟值		实测值	模拟值	
0	18.11	20.70	14.30	12.84	13.94	8.55	14.90	15.68	5.22	10.14	11.31	11.48
10	21.15	22.53	6.53	15.92	16.30	2.40	22.70	23.93	5.41	16.22	17.81	9.77
15	22.83	23.42	2.56	16.31	17.91	9.78	25.23	26.40	4.63	18.66	20.17	8.07
20	24.89	24.12	3.10	18.30	19.23	5.04	26.93	27.02	0.32	20.73	21.81	5.22
25	25.32	24.65	2.63	20.86	20.28	2.81	28.01	27.70	1.12	22.46	22.81	1.56
30	26.51	25.03	5.59	21.53	21.09	2.06	28.56	28.34	0.75	23.88	23.34	2.25
35	26.79	25.35	5.37	22.94	21.75	5.18	28.70	28.90	0.68	25.01	23.57	5.77
40	26.80	27.94	4.26	25.35	25.52	0.68	28.88	29.60	2.50	25.88	26.75	3.36
45	27.45	29.32	6.80	25.94	27.39	5.57	28.26	29.87	5.71	26.51	28.19	6.36
50	27.45	29.31	6.74	26.06	27.52	5.60	29.67	29.53	0.46	26.93	27.93	3.72
55	27.50	29.16	6.06	26.75	27.48	2.73	27.65	28.73	3.90	27.16	27.69	1.92
60	27.45	28.96	5.48	27.27	27.34	0.22	27.59	27.37	0.78	27.24	27.65	1.48
65	27.12	28.68	5.77	27.64	27.15	1.77	27.37	26.47	3.29	27.19	27.89	2.56
70	26.83	27.77	3.49	27.86	27.57	1.04	28.57	27.77	2.79	27.03	27.77	2.75

表 2.36 传统耕作雨后水分再分布模拟计算表（x=20cm，x=30cm）

深度/cm	2007-06-13		相对误差/%	2007-06-20		相对误差/%	2007-06-13		相对误差/%	2007-06-20		相对误差/%
	实测值	模拟值		实测值	模拟值		实测值	模拟值		实测值	模拟值	
0	14.92	15.79	5.80	12.41	11.56	6.87	20.31	23.21	14.28	14.37	15.22	5.93
5	19.29	20.98	8.76	15.70	14.41	8.20	22.34	23.26	4.11	16.61	17.46	5.11
10	22.17	23.44	5.73	18.11	17.60	2.82	23.88	24.13	1.05	18.90	19.09	0.98
15	25.66	26.00	1.31	20.17	19.92	1.24	25.38	24.76	2.45	20.69	20.33	1.72
20	26.79	26.61	0.67	21.25	21.57	1.47	25.59	25.14	1.77	21.55	21.21	1.58
25	28.02	27.60	1.51	22.77	22.60	0.76	26.91	25.32	5.94	22.71	21.79	4.05
30	28.59	28.34	0.90	24.96	23.14	7.32	27.25	26.32	3.44	23.68	22.12	6.56
35	28.74	28.72	0.09	24.82	23.35	5.92	27.04	25.83	4.47	24.48	22.60	7.69
40	28.33	28.91	2.03	25.61	26.69	4.23	27.36	27.01	1.30	25.15	25.65	1.95
45	28.25	28.86	2.13	26.22	28.19	7.48	27.25	27.80	2.03	25.73	27.20	5.72
50	27.84	28.51	2.38	26.79	27.85	3.97	27.75	27.46	1.05	26.23	27.09	3.24
55	27.47	27.82	1.25	26.91	27.48	2.13	26.93	27.08	0.55	26.70	26.94	0.89
60	27.26	26.77	1.79	26.95	26.94	0.06	26.85	26.77	0.31	27.16	26.77	1.45

表 2.37 条带覆盖水分再分布模拟计算表（x=0cm，x=10cm）

深度/cm	2007-06-13		相对误差/%	2007-06-20		相对误差/%	2007-06-13		相对误差/%	2007-06-20		相对误差/%
	实测值	模拟值		实测值	模拟值		实测值	模拟值		实测值	模拟值	
1	16.45	18.16	10.37	11.82	13.04	10.31	16.90	18.16	7.41	12.75	13.87	8.76
5	19.19	18.73	2.41	12.64	14.01	10.83	19.71	21.48	8.94	13.25	15.07	13.72
10	21.39	20.65	3.48	14.20	15.83	11.49	22.61	22.70	0.40	16.12	17.77	10.23
15	22.32	22.18	0.65	15.96	17.29	8.33	24.88	23.72	4.66	18.72	17.83	4.77
20	23.36	23.37	0.05	17.56	18.43	4.91	26.60	25.94	2.49	21.03	21.20	0.80
25	24.14	24.26	0.49	18.76	19.28	2.76	27.83	28.84	3.63	23.06	23.45	1.69
30	25.61	24.90	2.79	21.95	19.89	9.39	28.64	29.36	2.50	24.80	24.14	2.69
35	25.27	25.33	0.26	22.72	20.32	10.56	29.10	29.65	1.88	26.24	24.47	6.75
40	26.49	25.61	3.30	23.76	22.34	5.99	29.27	29.84	1.95	27.38	26.64	2.71
45	26.34	25.82	1.97	25.81	25.96	0.58	29.22	29.97	2.58	28.22	29.80	5.62
50	28.71	27.42	4.48	27.07	27.75	2.49	29.01	30.07	3.67	28.74	30.08	4.65
55	27.98	29.84	6.62	27.67	29.51	6.65	28.72	30.19	5.13	28.95	30.20	4.34
60	28.45	30.09	5.79	28.02	30.07	7.31	28.40	30.36	6.88	28.83	30.38	5.35
65	30.84	30.30	1.75	27.95	30.31	8.46	28.14	30.60	8.76	28.40	30.61	7.81
70	32.92	30.60	7.05	27.85	30.60	9.88	27.98	30.94	10.58	27.63	30.94	11.99

表 2.38 条带覆盖雨后水分再分布模拟计算表（$x=20cm$，$x=30cm$）

深度/cm	2007-06-13		相对误差/%	2007-06-20		相对误差/%	2007-06-13		相对误差/%	2007-06-20		相对误差/%
	实测值	模拟值		实测值	模拟值		实测值	模拟值		实测值	模拟值	
1	23.87	23.22	2.73	16.30	18.23	11.84	24.25	23.23	4.22	22.44	23.191	3.34
5	24.07	23.29	3.23	16.78	18.35	9.33	24.21	23.29	3.83	22.51	23.248	3.30
10	24.64	23.49	4.67	18.46	19.67	6.51	24.67	23.54	4.56	22.46	23.504	4.64
15	25.48	23.85	6.40	20.72	20.47	1.22	25.52	23.99	6.00	23.86	23.941	0.33
20	26.47	25.34	4.27	22.60	21.42	5.25	26.61	24.53	7.83	23.65	24.463	3.42
25	27.50	26.34	4.23	24.14	22.41	7.17	27.75	25.03	9.80	24.21	24.957	3.07
30	28.44	29.14	2.46	25.38	25.27	0.47	28.79	27.41	4.79	25.96	25.344	2.37
35	29.19	29.65	1.59	28.32	29.01	2.43	28.54	27.58	3.37	27.55	25.708	6.69
40	29.62	29.91	0.97	27.15	29.53	8.75	28.85	26.81	7.05	28.65	27.042	5.62
45	29.63	29.95	1.07	27.76	29.51	6.30	28.53	28.49	0.14	28.92	28.065	2.95
50	29.09	29.71	2.13	28.25	28.98	2.59	27.42	27.35	0.25	28.01	27.262	2.67
55	27.89	29.31	5.09	28.65	28.17	1.67	26.35	25.42	3.53	25.59	25.429	0.61
60	30.60	30.60	0.00	29.01	30.60	5.47	23.15	25.60	10.57	21.31	25.6	20.14

表 2.39 免耕全覆盖雨后水分再分布模拟计算表（$x=20cm$，$x=30cm$）

深度/cm	2007-06-13		相对误差/%	2007-06-20		相对误差/%	2007-06-13		相对误差/%	2007-06-20		相对误差/%
	实测值	模拟值		实测值	模拟值		实测值	模拟值		实测值	模拟值	
0	28.80	27.85	3.33	24.90	24.43	1.91	28.09	26.79	4.65	25.69	24.69	3.90
5	28.21	27.97	0.87	26.14	26.33	0.71	28.03	26.10	6.89	27.01	27.02	0.04
10	27.38	27.52	0.52	27.47	26.46	3.69	28.13	26.86	4.51	27.29	25.92	5.01
15	28.28	27.66	2.18	27.88	26.89	3.53	28.36	27.00	4.79	27.38	26.02	4.95
20	29.52	28.03	5.06	27.81	26.91	3.24	28.66	27.26	4.87	28.54	26.29	7.88
25	29.14	28.50	2.21	28.05	26.90	4.12	28.99	27.64	4.65	28.43	26.88	5.46
30	29.67	29.21	1.53	28.17	27.38	2.82	29.31	28.58	2.52	28.10	28.38	0.97
40	29.93	30.17	0.80	28.21	28.96	2.66	29.74	29.67	0.25	29.05	29.59	1.87
50	29.68	29.61	0.26	28.50	28.84	1.21	29.59	28.68	3.09	28.83	28.61	0.75
60	27.25	27.99	2.73	25.81	27.99	8.45	28.50	25.94	8.97	26.90	25.94	3.58

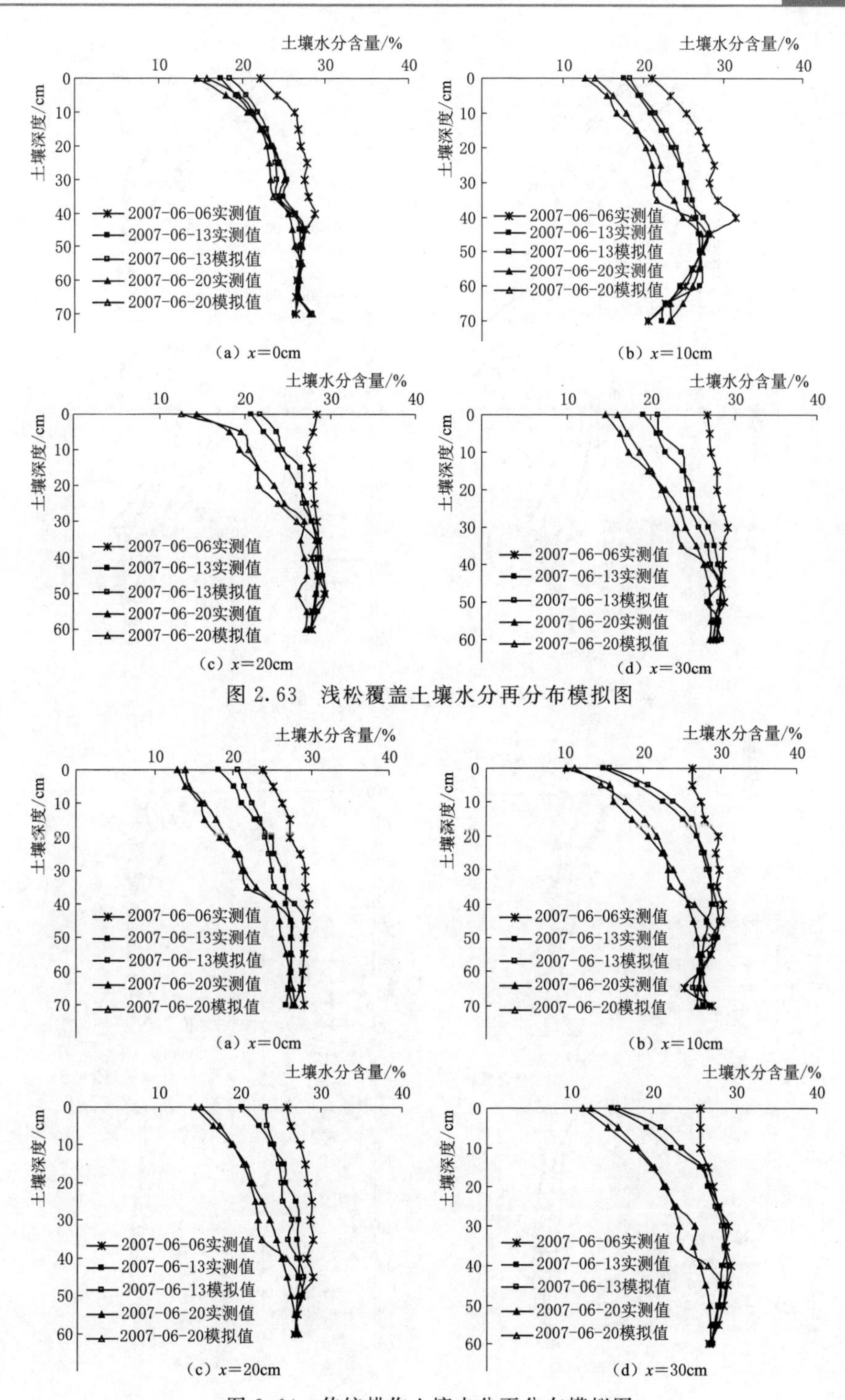

图 2.63　浅松覆盖土壤水分再分布模拟图

图 2.64　传统耕作土壤水分再分布模拟图

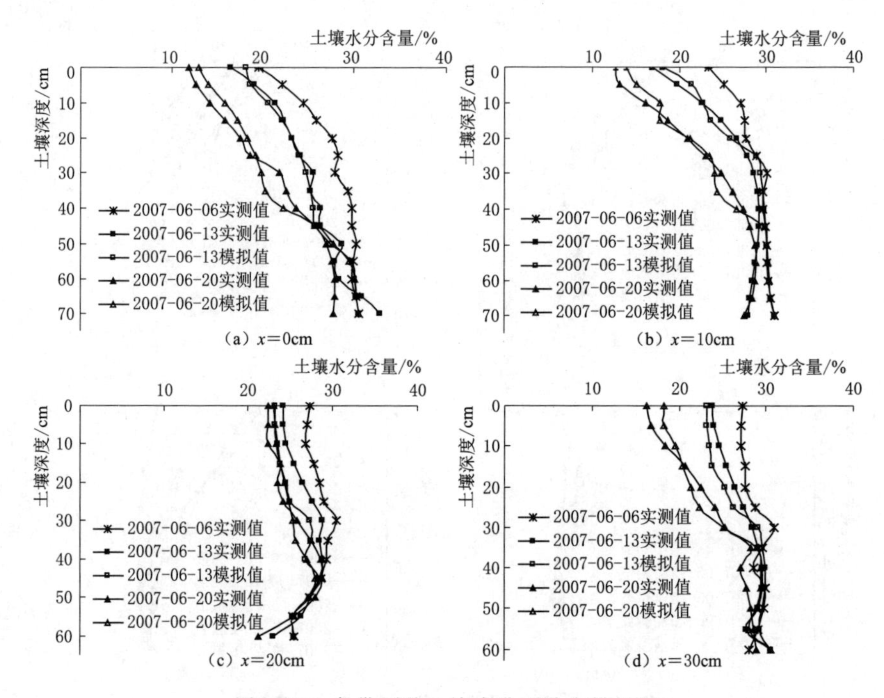

图 2.65 条带覆盖土壤水分再分布模拟图

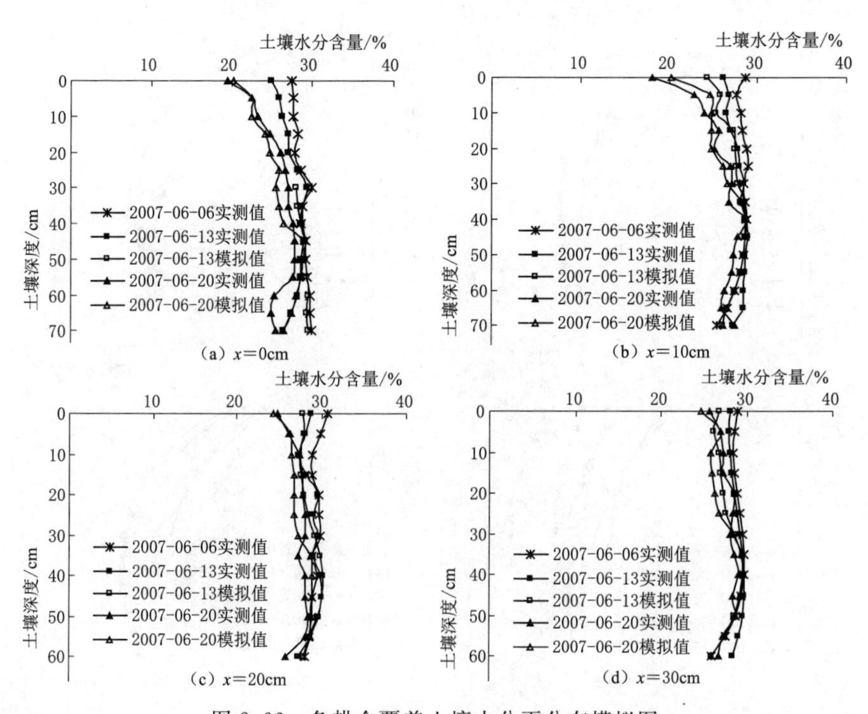

图 2.66 免耕全覆盖土壤水分再分布模拟图

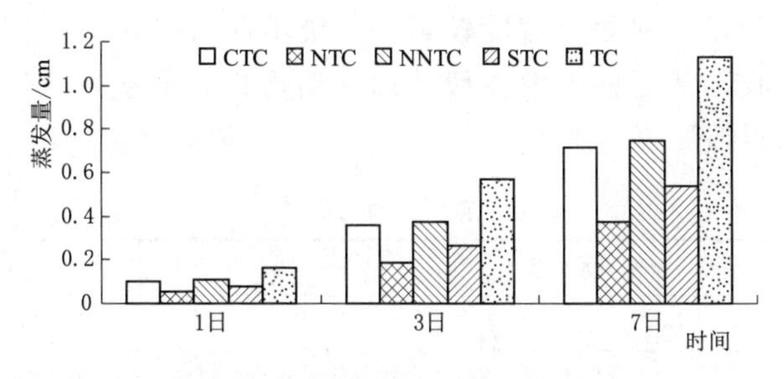

图 2.67　不同处理蒸发量对比图

根据田间实测数据可以得出覆盖可以增加土壤保水能力、减小蒸发的结论，本模拟结果与前述分析具有一致性。从上述图表中可知土壤长时间处于蒸发状态无覆盖处理影响深度大于有覆盖处理，CTC 由于垄沟部覆盖秸秆，其沟部水分明显下降缓慢，NTC 垄台与垄沟均覆盖秸秆，因此表层土壤两处下降水分含量损失小，但是由于此时玉米处于拔节期根系吸收大量的水分用于蒸腾作用，因此其地表下 30cm 处的水分减小量与表层土壤减小量差别不明显。图 2.67 显示在本模拟的时段内 NTC、STC、CTC 和 NNTC 蒸发量分别比对照 TC 减少 61.44%、52.78%、37.02%、33.92%，均达到 30%以上，而水平方向上也可以看出覆盖的明显优势，其中由于 CTC 垄沟位置蒸发量明显略小于其他处理，可降低蒸发量 15.47%，NNTC 采用残茬覆盖其差异不显著。由此可见，覆盖的确可以抑制地表无效水分消耗。

2.6　保护性耕作措施综合效用分析

2.6.1　保护性耕作措施对作物生长发育的影响

2.6.1.1　出苗与保苗效应

保苗是抗旱生产技术和保证作物稳定产量的关键措施之一。不同覆盖方式对玉米出苗影响不同。通过表 2.40 可知在本试验条件下，对照 TC 和 NNTC 处理出苗情况最好，播种 10d 后出苗率均达到 50%以上，较 CTC、STC 和 NTC 处理提高 15.61%～169.01%，播种 18d 后均达到 95%以上，较 CTC、STC 和 NTC 处理提高 2.93%～17.46%，但各处理间差异未达到显著水平（$P=0.921>0.05$）。覆盖处理与传统耕作方式相比，出苗率和出苗期略有偏差，分析其原因：土壤水分和温度是影响作物出苗的两大因子。春播期昼夜温差较大，尽管秸秆覆盖处理在夜间保温效果显著，但是由于日间土壤吸收热量受到地表覆盖物的影响，所以其地温回升较慢，种子在相似的水分条件下萌发的较迟，出苗不整齐。几种处理中 NTC 对作物出苗期延迟较为明显，尽管 NTC 在土壤水分方面优于其他处理，但地面覆盖度较高，土壤不能直接接收太阳照射，减少了土壤对热量的吸收，从而使土壤在播种期升温缓慢，直接导致出苗期延长，而其他几种处理相对差异不显著。

表 2.40　出苗率对照表

处理	2006 年			2007 年		
	7d	10d	18d	7d	10d	18d
CTC	10.67%	42.67%	93.33%	10.67%	44.00%	96.00%
NTC	5.33%	26.67%	90.67%	3.00%	19.33%	84.00%
NNTC	13.33%	48.33%	96.00%	13.67%	53.33%	97.33%
STC	12.00%	37.33%	94.67%	13.33%	36.00%	94.67%
TC	15.33%	49.33%	97.33%	20.00%	52.00%	98.67%

2.6.1.2 保护性耕作措施对玉米生长发育的影响

$$LAI=\frac{kd}{m}\sum_{j=1}^{m}\left(\sum_{i=1}^{n}L_iW_i\right)_j \tag{2.94}$$

式中：LAI 为叶面积指数；k 为作物叶面积校正系数（本试验展开叶面取为 0.75，未展开叶面取 0.50）；d 为作物种植密度，本试验取为 5 株/m^2；m 为测定株数；n 为每株测量作物所具有的有效叶片数；L_i 为第 i 片叶子的最大长度；W_i 为第 i 片叶子的最大宽度。

叶面积指数是单位土地面积上的绿叶面积，本研究采用式（2.94）计算，其大小对玉米产量有重要的影响作用。观察两年玉米生育期叶面积指数的变化图（图 2.68）可以看出，拔节期前各处理叶面积指数差异较小，拔节后，处理间的差异逐渐显现。拔节初期 STC、CTC 和 NNTC 均高于对照 TC，而 NTC 低于对照 TC，但随着玉米不断生长拔节中后期 NTC 的叶面积指数迅速增大也高于对照 TC，其他生长指标也具有相同的规律。分析原因：适当的耕作措施改善了土壤水分状况，为玉米的生长发育提供了有利的水分条件，而且改善了土壤肥、热等状况，因此有利于作物的生长发育，所以 STC、CTC、NNTC 长势优于对照 TC，但是 NTC 出苗期较长，影响玉米生长发育，因此初期其长势略低于对照 TC。但随着雨季的到来，各处理土壤水分得到了充分补充，特别是 NTC 地表有秸秆覆盖，阻挡了降水对地表的直接冲击，使土壤表层结构保持良好且增加了土壤蓄水的有效时间，能够及时提供玉米生长必备的水分，因此后期长势逐渐高于对照 TC。分析秋收后各处理生理指标（表 2.41）可知，无论株高、茎粗还是叶面积指数 STC 都为最高，STC、CTC、NNTC 和 NTC 两年平均株高分别比对照 TC 高 20.8cm、14.7cm、12.7cm 和 9.3cm；CTC、NTC、STC 和 NNTC 两年平均玉米的叶面积指数分别比对照 TC 高 0.13、0.315、

0.285 和 0.515，而茎粗分别相差 0.15cm、0.2cm、0.25cm 和 0.45cm。可见保护性耕作措施对玉米的株高、茎粗和叶面积指数等生长指标具有一定的影响。

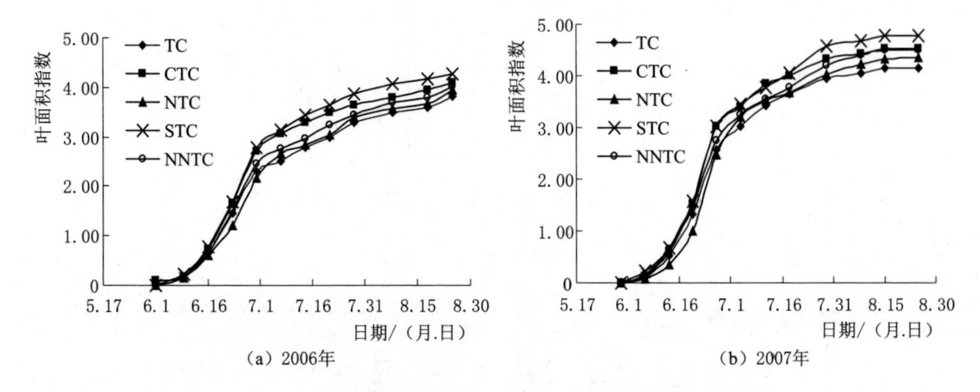

图 2.68　玉米生育期叶面积指数对照图

表 2.41　秋收后各处理玉米生长指标对照表

处理	2006 年				2007 年			
	出苗期/d	株高/cm	茎粗/cm	*LAI*	出苗期/d	株高/cm	茎粗/cm	*LAI*
CTC	16	300.3	11.1	4.15	17	299.7	11.2	4.37
NTC	18	293.5	11.1	4.05	20	295.7	11.1	4.10
STC	16	304.7	11.3	4.36	18	307.5	11.3	4.56
NNTC	16	297.2	11.0	4.10	17	298.8	11.2	4..36
TC	16	285.6	10.8	3.91	17	285.0	10.9	3.98

拔节—抽穗期是玉米根系生长的重要阶段，为了确定保护性耕作措施对玉米根系生长的影响，2006 年和 2007 年玉米拔节期采用根钻法测定玉米 0～40cm 的有效根系密度。由于耕作条件不同，根系的空间分布不同，经 Matlab 软件分析根系密度垂直方向与水平方向均成指数递减分布，由图 2.69 可以看出，两次测定的结果对照与覆盖各处理根量的分布次序垂直方向均为 0～10cm（上层）最多，上层基本占根重的 50%以上；水平方向均为由根系中间向两侧递减，因为这部分含有玉米主根和地面表层的气根。对比几种处理可以发现垂直方向均以 STC 的根系生长最快，有效根密度最大，其有效根密度明显大于其他几种处理，地表以下垂直方向 10～20cm 的有效根密度尤为明显，20～40cm 相对差异较小，其次为 CTC 和 NNTC，而 NTC 和对照 TC 相差不显著；而水平方向根系分布情况与垂直方向一致，距离根部水平方向 0～10cm 的有效根密度差异显著，而距离根部水平方向 10～30cm 的有效根密度差异较小。考虑其原因是保护性耕作措施提高了土壤蓄水量和改善了土壤结构，使土壤疏松多孔，增强水分入渗，

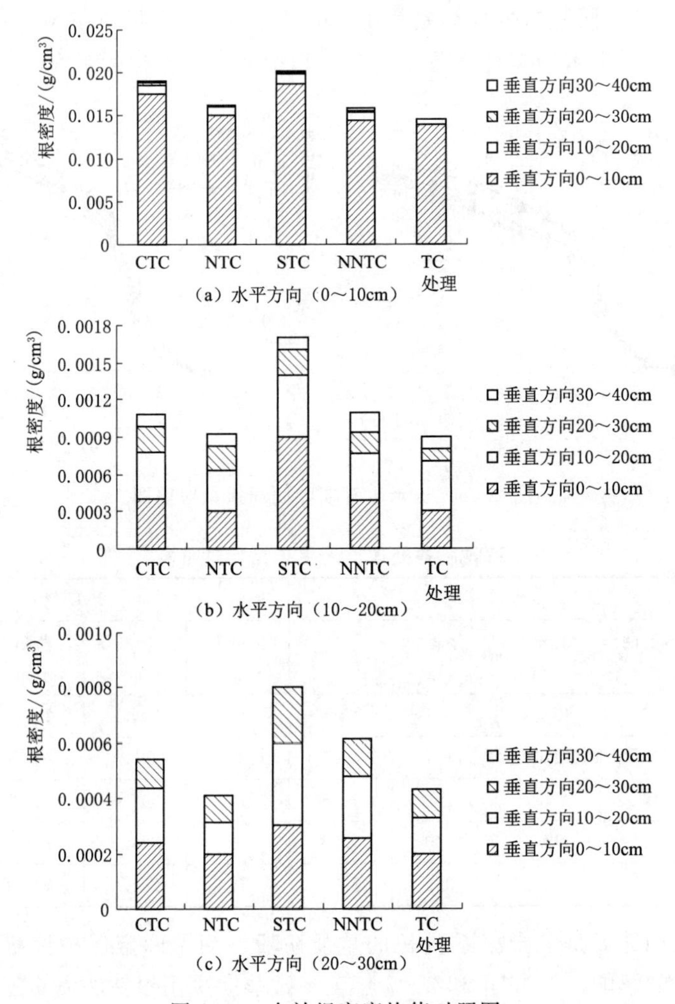

图 2.69 有效根密度均值对照图

从而令玉米根系拥有了生长必备的充足水分，促进玉米扎根和根系发育，而NTC虽然在蓄水保墒上具有绝对优势，但由于出苗期的延长，所以影响了玉米根系的生长。因此可知保护性耕作措施对玉米地上部分和地下部分的生长发育均有积极作用，综合考虑可以得出保护性耕作措施可促进玉米生长发育的结论。

2.6.1.3 保护性耕作措施对玉米产量的影响

选择合理的栽培措施，优化产量结构，可以更好地发挥玉米高产品种的产量潜力。对比2006年、2007年两年秋收产量数据（表2.42）可知，各处理较传统耕作平均增产为：NNTC 10.11%、NTC 7.17%、STC 17.85%、CTC 11.54%。从以上两年产量结果可以看出，相同耕作和施肥条件下可以使当年产量提高4.23%～11.37%，两年产量可提高9.46%～24.04%。四种处理与传统耕作相比均以 STC 增产幅度大。这是因为 NTC 出苗期延长进而生长发育也相对较慢，导致玉米产量受到较大影响。而 CTC 和 NNTC 虽避免了上述弊端，但由于生育初期长势不及 STC，所以产量略低于 STC。STC 在玉米整个生长期间内既可以接收到适当的阳光照射，又可以通过降雨入渗得到玉米生长发育所需要的充足水分，所以产量高于其他处理。可见耕作方式对玉米产量影响很大，合理覆盖不仅抑制棵间土壤水分无效蒸发，提高土地产出率，而且改善了田间小气候，令土壤水得到更充分的利用；适当的表土耕作更有利于玉米根系生长，发挥土壤内在的肥效，进而促进玉米增产。

表 2.42　　玉米产量均值一览表

处理	2006 年				2007 年			
	百粒重 /g	产量 /(kg/hm²)	耗水量 /mm	*WUE* /(kg/m³)	百粒重 /g	产量 /(kg/hm²)	耗水量 /mm	*WUE* /(kg/m³)
CTC	390.1	10108	429.05	2.36	394.8	11142	433.37	2.57
NTC	391.6	9739	421.60	2.31	398.5	10227	411.05	2.49
STC	389.2	10406	435.30	2.39	398.9	11589	434.49	2.67
NNTC	389.0	9899	430.39	2.30	392.5	10516	414.66	2.54
TC	372.5	9343	419.86	2.22	375.5	9843	420.61	2.34

2.6.1.4 保护性耕作措施对水分利用效率的影响

$$ET=P_0-\Delta W+I+D \tag{2.95}$$

$$WUE=Y/ET \tag{2.96}$$

式中：ET 为耗水量，mm；ΔW 为土壤含水量变化量，mm；P_0为生育期有效降雨量，mm；I 为生育期灌溉量，mm；Y 为玉米产量，kg/hm^2；WUE 为水分利用效率（water use efficiency）。

水分利用效率是单位面积作物的生物量与作物耗水量的比值。采用式(2.96)计算玉米整个生育期的耗水量，得到各处理玉米全生育期总耗水量，见表 2.42。整个生育期各种处理的耗水量相差不大，拔节—收获期是玉米耗水量的高峰期，占全生育期总蒸发量的 75%以上，拔节期以前各处理的阶段耗水量较低，其中播种—出苗期最低。从图 2.70 中看播种—出苗期 NTC、STC、NNTC 和 CTC 比对照 TC 耗水量平均偏小 4～8mm，而到拔节期累计平均减少 10～19mm。而拔节期后，NTC、STC、NNTC 和 CTC 的耗水量反而居高，比对照 TC 耗水量平均偏大 9～13mm，累积到收获偏大达到 12～24mm。分析其原因主要有：导致各种处理田间总耗水量变化微小的因素是玉米的植株蒸腾作用，保护性耕作措施在抑制无效蒸发、增加土壤水分含量的同时也促进了玉米的蒸腾作用。拔节期前玉米的耗水量主要是以土壤蒸发为主，适当的秸秆覆盖可以有效阻隔太阳辐射土壤表土，从而减少无效水分消耗；之后随着玉米的不断生长，其耗水量主要以植株蒸腾为主，由于STC、NNTC和CTC充分利用了土壤所积蓄的水分，玉米植株的长势好于其他处理，所以玉米的耗水量增大。尽管各种处理的耗水量相差不大，但是由于产量的提高，水分利用效率有了不同程度的提高。其中STC当年的水分利用效率达到了2.39kg/m³，比对照TC高出0.17kg/m³，耕作两年后提高的幅度达到了14.10%，NNTC当年的水分利用效率达到了2.30kg/m³，比对照TC高出0.08kg/m³，耕作两年后提高的幅度达到了8.47%，CTC当年的水分利用效率达到了2.36kg/m³，比对照TC高出0.14kg/m³，耕作两年后提高的幅度达到了9.75%，而产量涨幅相对较小，NTC当年的水分利用效率也比对照TC高出0.09kg/m³，耕作两年后提高的幅度也达到6.36%。可见拔节—收获期蒸腾量大是高产的保证，有利于玉米产量的形成，保护性耕作措施不但可以改善土壤表层结构，提高降雨入渗量，而且可以减弱土壤空气和大气的交换强度，节水增产效果明显，对提高水分利用效率有很好的促进作用。

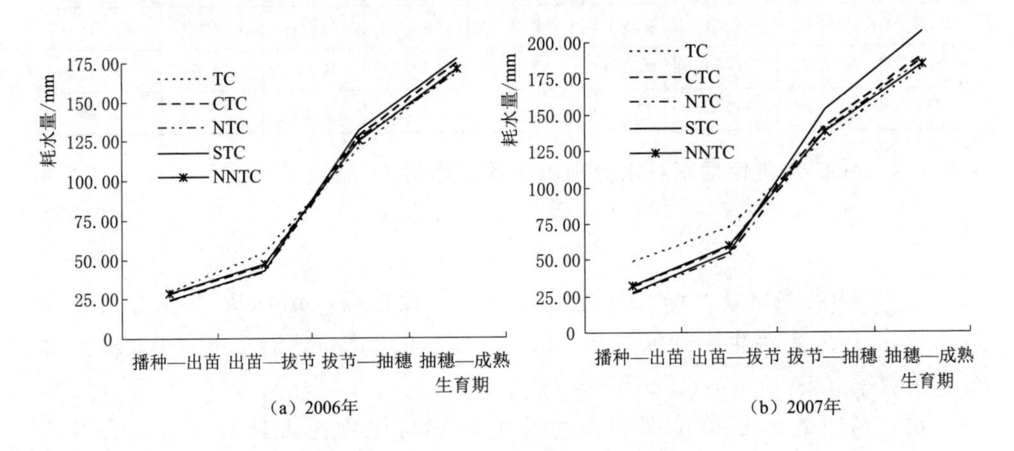

图2.70 玉米生育期各处理田间耗水量对照图

2.6.2 保护性耕作措施节水保墒效用分析

2.6.2.1 玉米生育期间气象条件

气象条件是影响农田蒸散（作物蒸腾与土壤蒸发）的基本因素，特别是降雨、农田潜在蒸发和大气相对温度与湿度等有直接影响，反映了一个区域的潜在蒸散力。降雨时间及空间的不均匀性直接影响旱作区农业作物对水分利用的阶段性差异。

图 2.71 为夏玉米生育期间的降雨量分布图，可以看出：降雨量在全年分配不均匀，其中 2006 年全生育期总降雨量为 405.2mm，2007 年全生育期总降雨量为 458.9mm，主要集中在 6—8 月；这 3 个月是夏玉米生长高峰期，分别降雨 332.4mm 和 375.7mm，均占生育期总降雨量的 80%以上，基本能够满足其生长发育的需要，不需要进行补充灌溉。

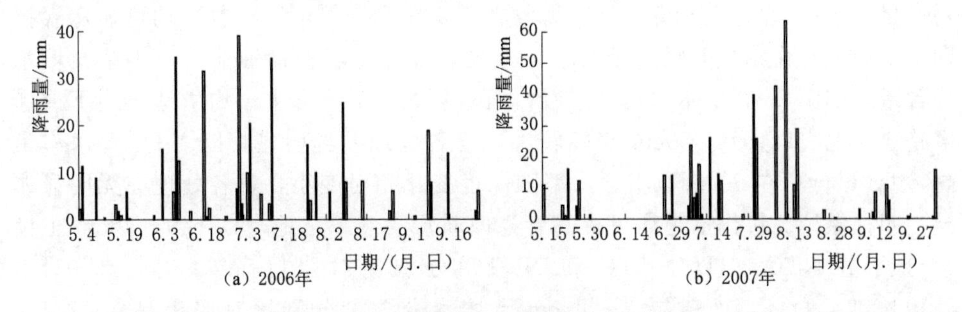

图 2.71 夏玉米全生育期降雨量分布图

夏玉米全生育期间的潜在蒸发量，用直径 20cm 的蒸发皿测定的日蒸发量表示，能够说明作物生育期间的日最大蒸发量。由图 2.72 可以看出，自 4 月到 6 月，潜在蒸发量基本呈直线上升，而 7 月后基本呈下降趋势，日最大潜在蒸发量在 6 月，两年分别达到 4.89mm 和 5.71mm，此时正是夏玉米的拔节期，潜在蒸发量较大和大量地表裸露，棵间蒸发量较大，土壤蒸发占田间水分消耗比重较大，所以在夏玉米生长的中前期（5—7 月），采取合理农业节水措施，可有效抑制土壤蒸发，减少水分的无效消耗，提高土壤墒情，促进作物生长发育，提高土壤水分的利用效率。

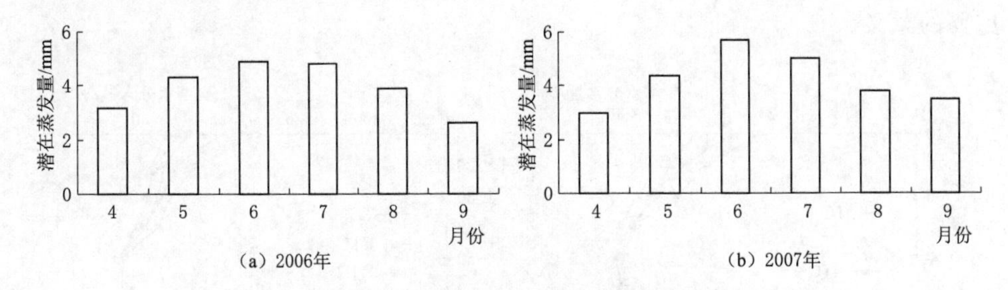

图 2.72 夏玉米全生育期潜在蒸发量分布图

2.6.2.2 保护性耕作措施对春播期土壤耕层水分的影响

水分是作物进行生命活动不可缺少的重要物质，是植物生长和发育的必要条件之一，也是限制植物在自然界分布和影响植物生产力的一个重要因子，在旱作区其作用尤为显著。土壤水分状况随气候、地貌、作物和耕作方式的不同产生很大差异，土壤水分供应是否适宜，直接影响作物的发芽、出苗及生长，决定着作物物质合成和生命进程，从而影响作物对养分的吸收与利用，并最终导致作物产量和经济效益的差异。

春季降水的相对变化较大，且日光充足，气温回升快，风多且大，蒸发量高，土壤失墒快，易导致春旱。春旱影响适时播种和出苗质量，易形成缺苗断垄和幼苗根系发育不良及生长后期利用土壤水分和养分能力下降，进而降低作物产量。“一年之计在于春，有收无收在于水”和“保苗七分收”均可显示春播期土壤墒情对作物生长的重要性。鉴于此，需测定春耕播种前试验小区土壤水分含量，如图2.73所示。总体来看，两年各处理土壤含水率均由地表向下成递增趋势，地表以下0～50cm涨幅较大，且各处理差异明显，以NTC含水率最高，TC最低；在50cm以下含水率随深度变化相对变小，且各处理亦无明显差异。四种保护性耕作措施均可提高春播时耕层含水率，地表以下0～50cm土壤水分含量NTC、STC、CTC和NNTC分别比对照提高9.60%、6.94%、8.59%和4.17%，而耕层0～20cm土壤水分含量分别比对照提高15.23%、12.56%、10.74%和6.69%。这是由于地表覆盖后可以有效截留冬季降雪和阻隔土壤蒸发层与下层土壤的毛管联系，降低土壤空气和大气对流的交换，有效抑制土壤水分的损失，而地下水埋藏较深，所以对深层土壤影响较小。STC虽然保水能力强，但粉碎后的秸秆易被吹走和田间堆积，造成部分地块裸露从而影响保水性；CTC覆盖不全面，土壤水分分布不均衡形成侧渗所以保水效果不及NTC；NNTC虽然留茬后促进了对降雪的截留，但地表覆盖率较低因而保墒作用不及CTC明显；而TC在促进积雪入渗和抑制无效蒸发上均没有优势，所以该耕作方式播种前期含水率相对较低。因此在干旱半干旱地区保护性耕作可以明显提高春季玉米播种期耕作层土壤含水率，这对保证该地区作物出苗具有重要的意义。

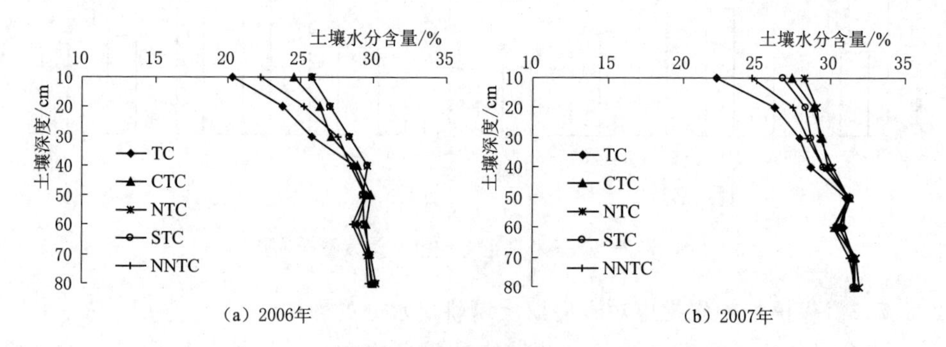

图2.73　春耕期各处理土壤剖面含水率对照图

2.6.2.3　保护性耕作措施对作物生育期土壤耕层水分的影响

以2007年为例，各种处理方式在不同时期的土壤水分变化趋势如图2.74～

图 2.81 所示。

（1）播种—出苗期土壤水分变化。在春玉米的播种—出苗期，土壤水分的消耗主要是用于作物发芽和土壤蒸发，其中土壤蒸发所占水分消耗比重较大。从土壤水分变化趋势图（图 2.74）可知，整个出苗期土壤 0～80cm 的土壤含水率均值 NTC 最大，STC 次之，NNTC 最小，几种处理对上层土壤水分影响较为明显，分别比对照 TC 提高 5.71%、3.67%、2.83%、1.51%。从土壤水分随深度变化图可知在出苗期 0～40cm 土壤含水率 NTC＞STC＞CTC＞NNTC＞TC，而 40cm 以下几种处理略有波动。这主要是因为覆盖可以在田面形成阻隔水热交换的障碍层提高其抑制蒸发率，因此 NTC 水分含量较大。NNTC 抑制蒸发率效果不及覆盖明显，因此其出苗期耕层土壤含水率高于对照 TC 而低于其他处理。从各处理的含水率差异可以看出，出苗期水分充足情况下残茬作用可以影响土壤水分深度略小于覆盖影响的范围，在提高表层土壤墒情上也略低。通过对 0～70cm 土壤平均含水率进行方差分析可知，免耕和覆盖处理对其影响显著（$P<0.05$）。

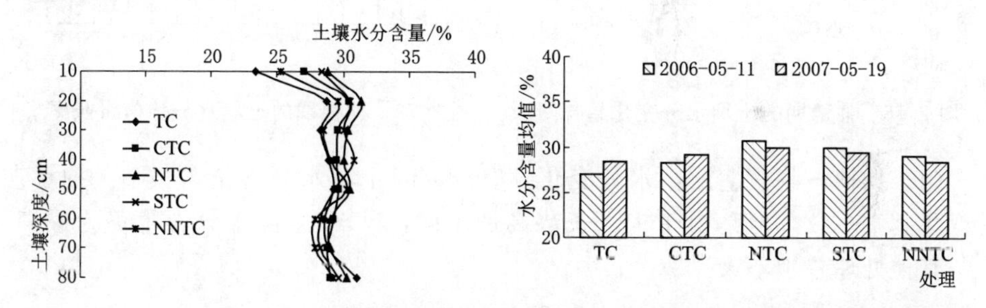

图 2.74 出苗期的土壤水分变化趋势图　　图 2.75 出苗期的土壤水分均值对照图

（2）出苗—拔节期土壤水分变化。图 2.76 表明在玉米拔节期 0～80cm 土壤含水率的变化情况。作物蒸腾是玉米拔节期水分消耗的主要因素，占土壤水分消耗的 50%以上。从拔节期水分变化趋势图可以看出，土壤水分明显小于作物出苗期水分含量，此外由于连续无降雨各处理的差异越发显著。0～80cm 的平均土壤含水率分别是 20.08%、19.13%、18.70%、17.69%，NTC、STC 和 CTC 均比对照 TC 提高 10%以上，但 NNTC 与 TC 土壤水分含量差异不显著，对其进行方差分析，表明在拔节期免耕处理和覆盖方式对含水率影响均达到极显著（$P<0.01$）。

（3）拔节—抽穗期土壤水分变化。图 2.78 为玉米抽穗期 0～80cm 土壤水分的变化情况。对照 TC 土壤含水率仍然最低，分别比其他处理低 5.78%～20.93%，其中 NTC 仍为最高。在抽穗期各种处理之间仍存在差异，免耕处理和秸秆覆盖对土壤水分含量达到显著水平（$P<0.05$），而两者的交互作用对其

的影响不显著（$P>0.05$）。

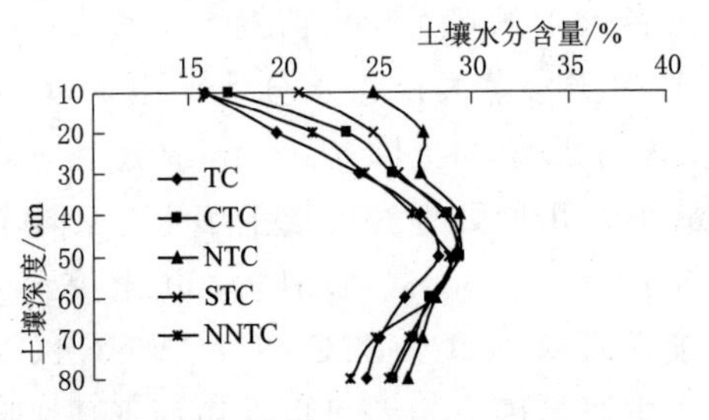

图 2.76 拔节期的土壤水分变化趋势图

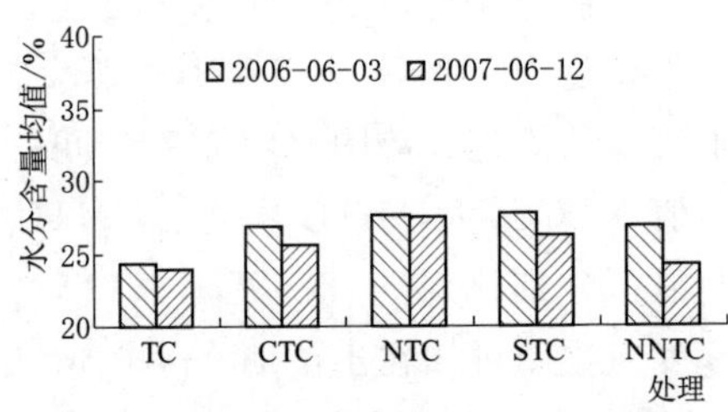

图 2.77 拔节期的土壤水分均值对照图

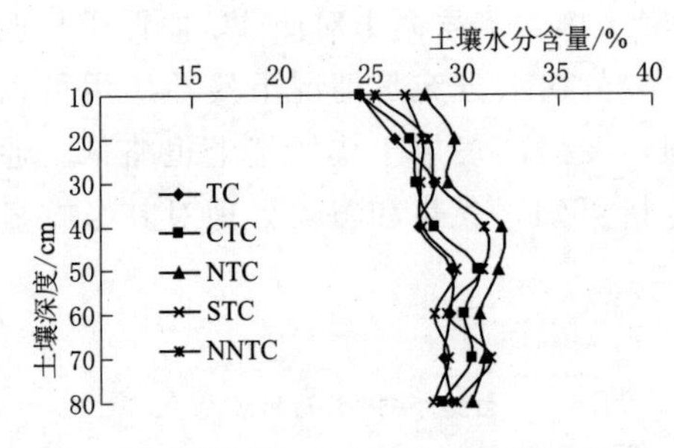

图 2.78 抽穗期的土壤水分变化趋势图

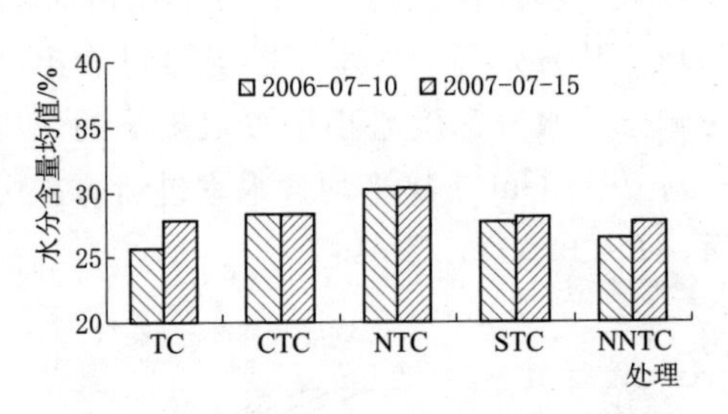

图 2.79 抽穗期的土壤水分均值对照图

（4）抽穗—收获期土壤水分变化。0～80cm 土壤水分含量与拔节—抽穗期的变化基本一致，但是由于玉米长势高低不同，NTC 土层水分含量仍为最高，但与其他处理差别不大。

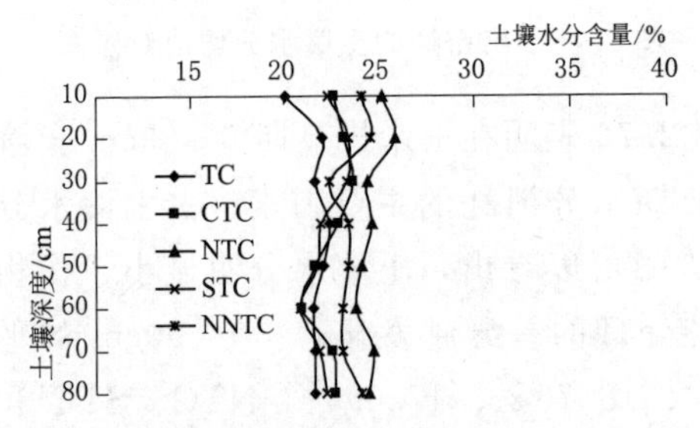

图 2.80 收获期的土壤水分变化趋势图

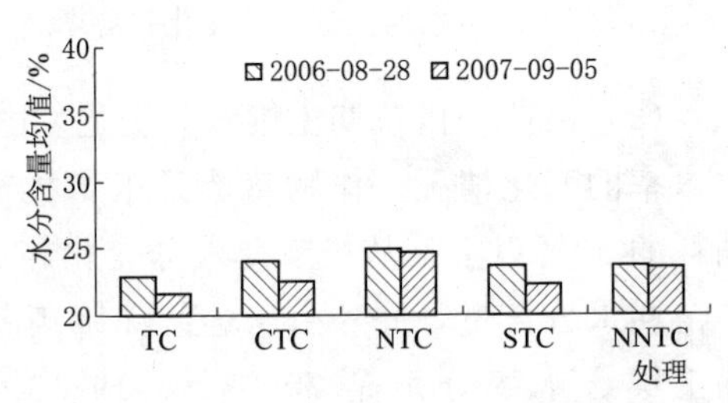

图 2.81 收获期的土壤均值对照图

2.6.3 保护性耕作措施保肥效用分析

作物生长不但需要充足水分，土壤肥力也是不可或缺的因素。土壤中各种养分存在形态和浓度（表 2.43）直接影响植物生长和动物及人类健康。作物生长过程中需要养分的补充，虽然使用高效化肥可以有效提高作物产量，但事物皆有两面性，过量摄入化肥不但不利于人类的健康，也会抑制土地的利用力及恶化生态环境，进而影响农业的可持续发展。采用合理科学的耕作方式对改善土壤养分状况有很大帮助。保护性耕作改善土壤质地结构，从而可以改善土壤肥力，达到作物增产、农民增收目的。不同的耕作方式对改善土壤理化性质，提高土壤肥力有明显的不同（表2.44和表2.45、图2.82～图2.85）。

表2.43 供试土壤养分对照表（2006年秋季）

pH值	有机质/(g/kg)	全氮/(g/kg)	碱解氮/(mg/kg)	全磷/(g/kg)	速磷/(mg/kg)	全钾/(g/kg)	速钾/(mg/kg)
7.08	13.48	1.13	74.9	1.7	62.7	2.79	66.7

表2.44 不同处理养分对照表

处理	2007年春播期					2007年秋收期				
	pH值	碱解氮/(mg/kg)	速效磷/(mg/kg)	速效钾/(mg/kg)	有机质/(g/kg)	pH值	碱解氮/(mg/kg)	速效磷/(mg/kg)	速效钾/(mg/kg)	有机质/(g/kg)
CTC	6.17	121.62	17.06	69.48	16.76	7.43	79.84	66.31	63.92	19.27
NTC	6.00	148.22	22.10	76.11	17.42	8.96	84.49	69.22	71.90	17.46
NNTC	6.11	120.34	16.52	64.31	15.14	7.96	76.75	53.01	59.53	14.27
STC	6.06	139.28	27.82	78.66	20.59	9.08	98.95	79.36	78.20	19.80
TC	7.66	111.47	12.41	61.51	14.92	8.64	71.47	59.03	53.71	14.68

表2.45 土壤养分对照表

处理	2007年秋收期					2008年春播期				
	pH值	碱解氮/(mg/kg)	速效磷/(mg/kg)	速效钾/(mg/kg)	有机质/(g/kg)	pH值	碱解氮/(mg/kg)	速效磷/(mg/kg)	速效钾/(mg/kg)	有机质/(g/kg)
CTC	7.43	79.84	66.31	63.92	19.27	5.78	141.15	9.11	63.95	19.41
NTC	8.96	84.49	69.22	71.90	17.46	5.89	152.27	14.21	72.41	18.75
NNTC	7.96	76.75	53.01	59.53	14.27	6.01	128.04	9.13	59.57	14.53
STC	9.08	98.95	79.36	78.20	19.80	6.36	153.21	15.18	96.47	20.16
TC	8.64	71.47	59.03	53.71	14.68	7.23	100.39	13.25	53.59	13.78

测定玉米秋收后与春播前0～30cm土层的土壤养分，秸秆覆盖条件下的几种处理土壤养分含量有明显的变化，春播前的测定结果为：覆盖处理除pH值与速效磷减小外各种养分含量均高于秋收后测定值，其中碱解氮与有机质变化较为明显，分别提高44.84%～80.22%和1.74%～14.57%，速效钾涨幅略小为0.01%～17.93%，而几种处理速效磷和pH值均呈下降趋势，其中速效磷降幅

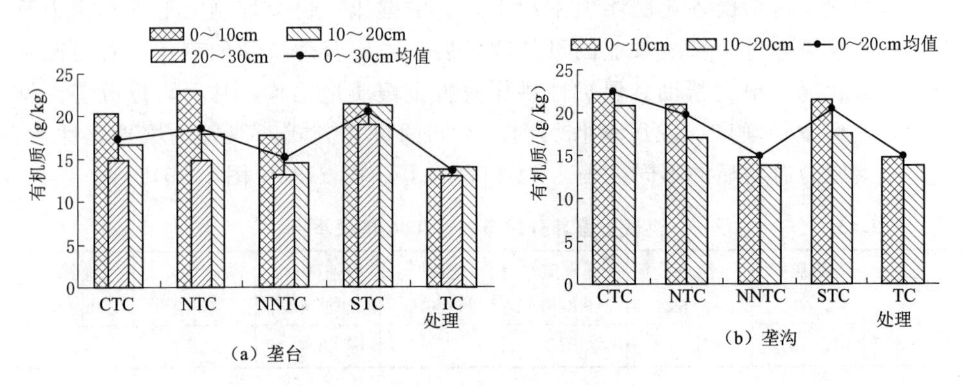

图 2.82 有机质含量对照图

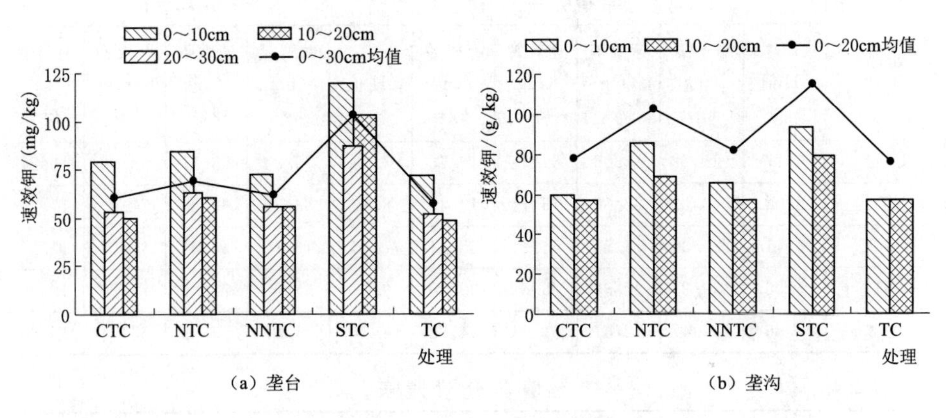

图 2.83 速效钾含量对照图

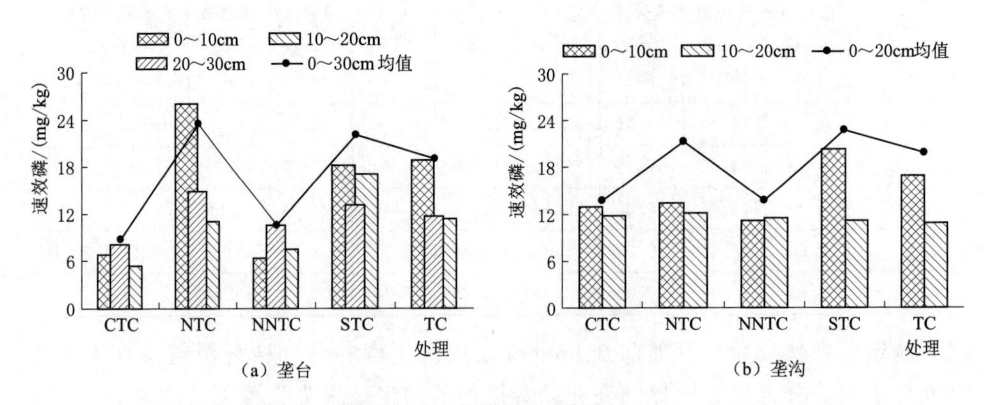

图 2.84 速效磷含量对照图

达到 73.65%～86.26%，pH 值降幅为 12.85%～34.29%。此外 NTC、STC、CTC、NNTC 有机质含量比对照 TC 提高 1.47%～46.30%，碱解氮含量比对照

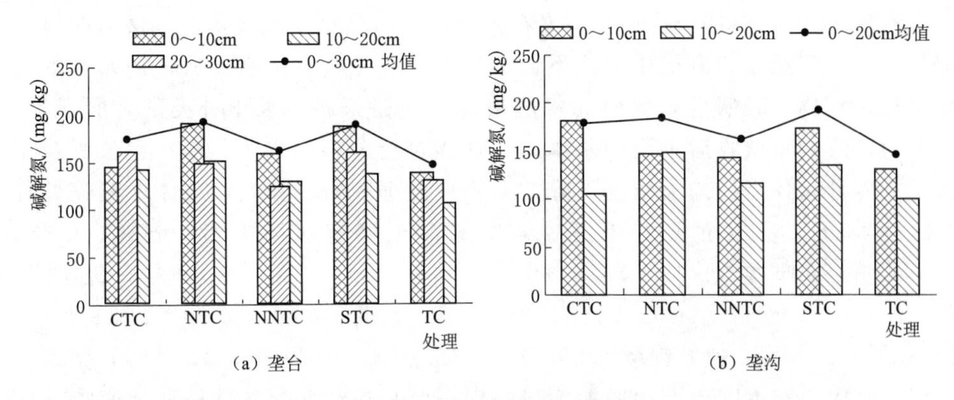

图 2.85 碱解氮含量对照图

TC 提高 2.51%～44.33%，速效钾比对照 TC 提高 6.27%～80.01%，而速效磷 NTC 和 STC 分别比对照提高 7.25%～14.56%，但 CTC 和 NNTC 比对照 TC 略有降低。NTC 扰动土壤较小，大大降低了土壤中养分的矿化率，从而使土壤中氮、磷、钾均有不同程度的增加。STC 由于表层耕作扰动了土壤，尽管有利于秸秆与水土结合促进其分解，但由于土壤养分的矿化和分解需要大量消耗氮元素，其养分中氮含量略低于其他几种处理。此外众所周知，秸秆是土壤有机质的一项主要来源，因此覆盖于地表的秸秆经过冬天的冻融作用腐化于地表深入土壤，促进有机质增多（因为腐化），秸秆覆盖的方式与数量导致了有机质不同程度的提高，表土 0～10cm 较为明显。土壤有机质是土壤中各种营养元素的重要来源，改善土壤的理化性质，进而推动其他元素含量的提高。而速效磷很容易被土壤中的金属离子固定，转化为难溶性磷，致使土坡中速效磷含量降低，因此春播期的含量明显低于秋收后。可见休闲期覆盖秸秆可以提高有机质、碱解氮和速效钾的含量，但对速效磷与 pH 值有降低的作用（图 2.86）。

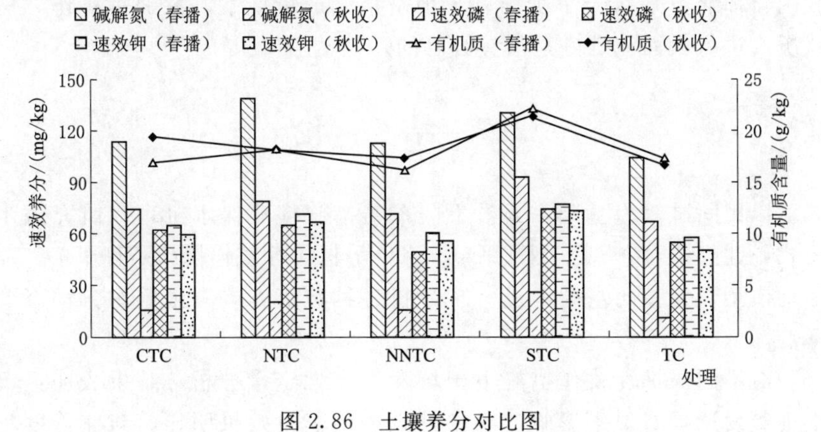

图 2.86 土壤养分对比图

对比2007年春播与秋收的土壤养分含量结果显示：氮元素变化最为明显下降幅度大，钾元素和有机质变化不显著，但磷元素略有上涨，氮、钾元素的变化主要是作物生长吸收，而磷元素的增加可能是作物生长中补充的磷肥所致。此外对连续两年秋收后土层的基本理化性质进行分析结果为：作物生长吸收了大量的养分，各指标均大幅度下降，但几种处理间略有偏差，总体上覆盖处理在维持养分含量方面要好于不覆盖处理。土壤有机质NTC、STC、CTC、NNTC较对照增加18.94%、34.88%、31.27%、10.76%，碱解氮增加18.22%、38.45%、11.71%、7.39%，速效磷增加17.26%、34.44%、12.33%、6.74%，速效钾增加33.87%、45.60%、19.01%、29.45%，微量元素锌、铁等也有不同程度的增加。其机理主要是连续两年覆盖秸秆加速了土壤中有机质的分解，能够吸附更多的阳离子，因而使土壤具有较好的保肥力和缓冲性，进而使肥料速效化，这显著提高了表层土壤中氮、磷、钾等元素的含量。适当的浅松可改善土壤有机质的品质和土壤的通透性，活化已经老化的腐殖质，促进降雨入渗和有效养分的释放及利用。免耕全覆盖由于地表秸秆覆盖为微生物创造了良好的生存条件，从而增强了土壤酶活性，也促进了有机质的提高。而传统耕作在翻耕时使土壤中的有机碳与空气过多接触因而被氧化，形成气态CO_2而释放到大气中。碳、氮含量降低不仅影响土壤肥力，而且影响土壤结构性能以及微生物活动等，特别是在降雨时空分布不均衡的地区，易造成地面板结，影响水分入渗和保水供水能力。

综上，保护性耕作在改善土壤理化结构，保蓄田间水分，降低无效水分消耗，培肥地力以及有效提高作物产量等多方面都具有显著的影响，在本试验条件下免耕全覆盖保水效果最好，涨幅相对略小；浅松覆盖土壤养分含量高、耕层水分大，增产效果明显。可见秸秆和残茬覆盖不但具有涵养水源和提高水分利用效率，调节地温和培肥地力等优点，也是作物秸秆综合利用的最好途径，针对我国目前北方地区干旱少雨、土地贫瘠、产量低下，特别是耕作方法不科学的状况，进行大面积推广是很有必要的。

2.7 结　论

本章以田间试验为基础，分析不同覆盖措施抑蒸保水机理，研究玉米增产节水模式，建立适合NTC、NNTC及STC等保护性耕作措施条件下的二维土壤水分运动模型，并在此基础上进一步分析各种覆盖方式对土壤水分动态变化过程的影响。

（1）对不同保护性耕作措施下土壤蒸发定性定量分析，结果表明：覆盖措施对土壤蒸发量具有显著影响，各种处理抑制蒸发效果明显，与覆盖度呈正相关。拔节期前，NTC 抑制蒸发效果最佳，拔节期后 STC 抑制蒸发效果最佳，整个生育期 TC 蒸发量始终居高。故可得出保护性耕作措施对玉米生育前期棵间土壤蒸发有较好抑制作用，在拔节期尤为显著，且日间高于夜间的结论。

(2) 分析 2006—2007 年土壤蒸发数据，得出不同耕作条件下表土相对蒸发强度与地表水分之间呈线性关系，且 R^2 均达到 0.75 以上，为进行土壤水分运动数值模拟提供可靠的上边界条件。

(3) 运用土壤水动力学运动方程反求根系吸水率，同时分析玉米拔节期剖面取根资料，建立有效根密度分布函数，以此为依据，结合土壤剖面水分分布建立适合本试验条件下的二维根系吸水率模型，并应用实测数据进行验证，模拟值与实测值平均相对误差为 3.75%～7.11%，满足精度要求，表明本模型可用于土壤水分动态模拟。

(4) 对秸秆覆盖处理降雨入渗和土壤水分再分布过程和机理进行了详细的描述，以土壤水动力学为理论基础，利用 ADI 推求二维土壤水分运动方程，并采用 MATLAB 编制程序，利用实测数据进行验证，模拟值与实测值非常接近，总体相对误差均在 10%以内。对比 ADI 法与 Hydrus-2D 软件模拟值，结果表明：无覆盖情况，两者模拟值与实测值相当，吻合度好，均可用于模拟该情况下的土壤水分动态变化；有覆盖情况，本章建立的模型精度优于采用 Hydrus-2D 软件，因此本模型更适用于保护性耕作条件下土壤水分数值模拟。

(5) 降雨入渗过程的数值模拟表明：降雨历时土壤水分发生显著变化的区域主要集中在 0～40cm，其中表层 0～10cm 土壤尤为显著，覆盖区域比裸地区域水分增量大，与实测土壤水分运动规律相似。具体规律如下：

1) 降雨强度与土壤处理方式相同条件下，降雨初始阶段土壤水分含量偏小时入渗速率明显大于其偏大的情况，且达到饱和所需时间略大于初始土壤水分含量大的情况，产流时间晚，产流量小。

2) 秸秆覆盖可以提高土壤含水率和入渗量，且降雨强度越大、覆盖量厚度越大其蓄水保墒的效果越显著，地表以上覆盖层可以拦蓄一定的径流，覆盖使得地表糙率增大，水流流速减小，延缓并减少径流量，提高入渗量。

3) 无论是否覆盖秸秆均有以下规律：初始含水率一致时，降雨强度大入渗速度较快，地表达到饱和时间相对较短；降雨较小时覆盖对入渗量无明显影响，覆盖与不覆盖均按照降雨强度入渗，其入渗量和入渗速度均低于降雨强度高时。

(6) 数值模拟结果揭示了秸秆覆盖条件下土壤水分再分布过程中土壤含水量随着时间及耕层深度的变化规律。各种处理的数值模拟结果表明土壤压实和秸秆覆盖起到了抑制表层土壤水分蒸发、保持土壤墒情的作用。具体规律如下：

1) 土壤处理方式相同的条件下，蒸发量与覆盖度成反比关系，表层土壤水分变化幅度较大，而地表 25cm 以下含水率的变幅较小，覆盖措施可以令降雨后

1d水分流失减少25%以上，降雨后5天水分流失减少50%以上，这种规律随着时间的推移更加显著。

2）覆盖模式相同条件下，免耕处理的表层土壤水分流失均低于常规处理，且覆盖度高的处理随时间的延长效果更为明显。

3）土壤处理与覆盖模式均相同条件下，初始含水率大蒸发强度大，在本试验条件下，各种处理在初始含水率小的情况下，平均1日土壤蒸发量比对照少29.52%，3日土壤蒸发量少39.82%，7日土壤蒸发量少45.01%，裸土处理尤为明显。

（7）保护性耕作技术对作物生长发育影响显著并呈现规律性。

1）分析玉米的出苗情况调查资料，平均出苗率的大小依次为TC>NNTC>STC>CTC>NTC。在相同的水肥管理条件下，水分充足年际免耕处理玉米出苗率均略低于表层耕作处理。本试验条件下，对照TC和NNTC处理出苗情况最好，播种10d后出苗率均达到50%以上，较CTC、STC和NTC处理提高5.61%～169.01%，播种18d后均达到95%以上，较CTC、STC和NTC处理提高2.93%～17.46%，但各处理间差异未达到显著水平（$P=0.921>0.05$）。

2）保护性耕作措施对玉米地上部分和地下部分的生长发育均有积极作用。两年田间玉米生育指标数据显示：拔节期前各处理叶面积指数差异较小，拔节后处理间的差异逐渐显现。拔节初期STC、CTC和NNTC均高于对照TC，而NTC低于对照TC，拔节中后期NTC叶面积指数迅速增大也高于对照TC，其他生长指标也具有相同的规律。

（8）保护性耕作措施玉米增产保水效果明显，不同覆盖措施在产量和水分利用率等方面有不同程度的增长。

1）4种保护性耕作措施均可提高春播期和作物生育期耕层含水率，其中春播期地表以下0～50cm土壤水分含量NTC、STC、CTC和NNTC分别比对照提高9.60%、6.94%、8.59%和4.17%，而耕层0～20cm土壤水分含量分别比对照提高15.23%、12.56%、10.74%和6.69%。整个生育期均NTC为最高，NTC、STC和CTC均比对照TC提高10%以上，但NNTC与TC土壤水分含量差异不显著，经方差分析：拔节期免耕处理和覆盖方式对含水率影响均达到极显著（$P<0.01$）。

2）以TC为对照，2006年、2007年两年产量数据平均增产为：NNTC 10.11%，NTC 7.17%，STC 17.85%，CTC 11.54%。从以上两年产量结果可以看出，相同耕作和施肥条件下可以使当年产量提高4.23%～11.37%，两年产量可提高9.46%～24.04%。四种处理与传统耕作相比均以STC增产幅度大。

3）整个生育期各种处理的耗水量相差不大，拔节—收获期是玉米耗水量的高峰期，占全生育期总耗水量的75%以上，拔节期以前各处理的阶段耗水量较低，其中播种—出苗期最低。本研究秸秆覆盖可以节水5.41%，水分利用效率提高6.36%～14.10%。

(9) 分析春播期土壤养分指标。碱解氮与有机质变化明显，分别提高54.84%～80.22%和1.81%～14.57%，速效钾涨幅略小为0.01%～17.93%，而几种处理速效磷和pH值均呈下降趋势，其中速效磷降幅达到7.55%～86.26%；pH值降幅为12.85%～34.29%。此外NTC、STC、CTC、NNTC处理有机质含量比对照TC提高1.47%～46.30%；碱解氮含量比对照TC提高2.51%～44.38%；速效钾比对照TC提高6.27%～80.01%；而NTC和STC速效磷分别比对照提高7.25%～14.56%，但CTC和NNTC比对照TC略有降低。

分析秋收期土壤养分指标：各养分指标均大幅度下降，但几种处理间略有偏差，STC孔隙率相应提高达7.93%，而NTC和TC都略有上涨；NTC、STC、CTC、NNTC土壤有机质较对照增加18.9%、34.8%、31.2%、10.8%，碱解氮增加18.22%、38.45%、11.71%、7.39%，速效磷增加17.26%、34.44%、12.33%、6.74%，速效钾增加33.87%、45.60%、19.01%、29.45%，微量元素锌、铁等也有不同程度增加。结果表明：休闲期覆盖秸秆可以提高有机质、碱解氮和速效钾的含量，但对速效磷与pH值有降低的作用。此外作物生育期采用覆盖处理在维持养分含量方面要好于不覆盖处理。

(10) 综合分析几种保护性耕作措施在保墒保肥增产等方面的特点，STC处理是最佳耕作方式，适宜北方地区大面积推广。

第3章 种植模式和覆盖方式对土壤水分和玉米生长指标的影响及效益分析

3.1 试验设计与方法

3.1.1 试验区概况

该试验于2015年10月—2016年10月在沈阳农业大学水利学院的综合试验基地进行，该基地位于东北地区南部，属于暖温带大陆性季风气候，四季分明，冬季寒冷干燥，春季气候多变、气温回升快，夏季温热。年均气温为8.1℃，年平均降雨量为400～500mm，降雨主要集中在7—9月，其降水量约占全年的69.5%，平均径流深为403.4mm，土壤以潮棕壤土为主，该地区农业生产的水源以天然降水为主。属旱作农业区，玉米和水稻为主要种植作物，玉米5月初播种，9月末收获。

3.1.2 试验设计与材料

本试验玉米品种为联达288、大豆品种为开创14。2015年秋季玉米收割后开始试验，2016年5月初开始播种。整个生育期以天然降雨为主，其中降雨集中在7月中旬。该试验处理包括覆盖方式和种植模式两方面，即3种覆盖方式（无覆盖传统耕作、免耕地膜覆盖和免耕秸秆覆盖）和2个种植模式（玉米单作和玉米间作大豆）共6种处理，具体见表3.1。每个处理3个重复，共18个小区，每个小区面积为3m×6m。其中玉米单作的玉米行株距为0.5m×0.35m，玉米的种植密度5.67万株/hm^2；玉米间作大豆的玉米行株距为0.5m×0.35m，大豆种植在玉米的垄沟内，大豆行株距为0.6m×0.3m，大豆的种植密度5.56万株/hm^2，具体如图3.1所示。

表3.1 试验的处理与设置

处　理	代码	具　体　设　置
传统耕作玉米	CM	秋收后去茬并移走秸秆，翻耕并耙地，次年春季起垄播种玉米
传统耕作玉米/大豆	CI	秋收后去茬并移走秸秆，翻耕并耙地，次年春季起垄播种玉米/大豆

续表

处　理	代码	具　体　设　置
秸秆覆盖玉米	JM	秋收后去茬，用 4800kg/hm² 的标准秸秆将整个秸秆顺垄沟覆盖，次年春季起垄播种玉米
秸秆覆盖玉米/大豆	JI	秋收后去茬，用 4800kg/hm² 的标准秸秆将整个秸秆顺垄沟覆盖，次年春季起垄播种玉米/大豆
地膜覆膜玉米	DM	秋收后去茬并移走秸秆，次年春季起垄播种玉米，然后每垄覆膜 0.5m×6m，膜面覆土 1cm
地膜覆膜玉米/大豆	DI	秋收后去茬并移走秸秆，次年春季起垄播种玉米/大豆，然后每垄覆膜 0.5m×6m，膜面覆土 1cm

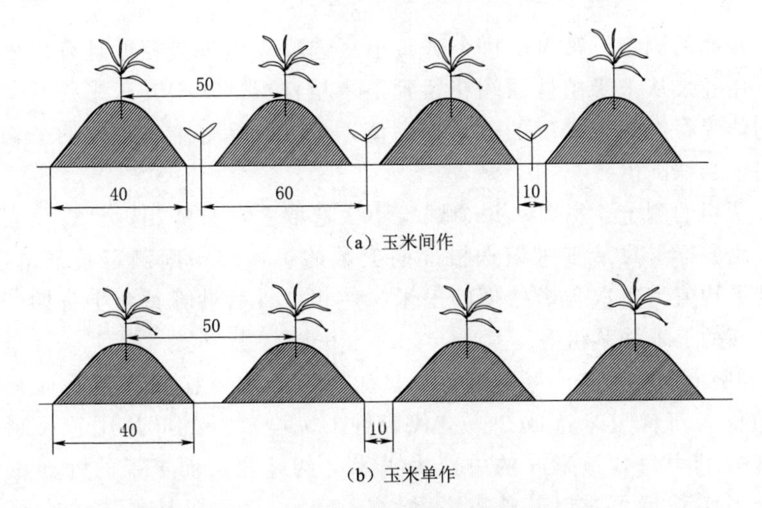

图 3.1　小区试验间作与单作设计图（单位：cm）

3.1.3　测定方法与内容

3.1.3.1　土壤含水率的测定

试验前期将 TDR（time domain reflectometer）探头系统埋入地下 0.6m，每个小区安装 2 个 TDR 重复。试验期间对土壤进行分层数据采集，即分为 0～10cm、10～20cm、20～30cm、30～40cm、40～50cm、50～60cm 六个土层进行土壤含水率数据的采集，其中土壤含水率数据的采集周期为 7d。

3.1.3.2　地温的测定

地温的测定采用五只组曲管地温计，在播种后将套装的五只组地温计插埋于各个试验小区，深度为 5cm、10cm、15cm、20cm 和 25cm，每个小区内设置有 2 个重复。在玉米的整个生育期每天 14:00 开始读取各组地温计的度数，每周测定一次。其中在每个重要的生育期，测定一次玉米进行全天地温日变化。

3.1.3.3 玉米光合特性的测定

玉米叶片光合特性的测定采用 LI-6400XT 便携式光合仪，分别在玉米的拔节期、抽穗期、灌浆期和成熟期选取长势相近且有代表性的玉米植株叶片进行净光合速率（P_n）、气孔导度（G_s）和蒸腾速率（T_r）的测定。每次在 8:00—18:00 时段进行测定，每 2h 测定一次，每次选取长势相近 2 植株，每株玉米选取 3 片完全展开的中上部大小、形状和位置相似的叶片进行测定，然后取其平均值。

3.1.3.4 玉米生长指标（株高、茎粗、叶面积）的测定

分别在玉米的出苗期、拔节期、抽穗期、灌浆期和成熟期测定玉米的各个生长指标。

（1）株高的测定：每周从每个试验小区选取 3 株长势相近且有代表性的玉米植株，用卷尺从玉米植株顶端花絮到玉米植株根部测定其玉米株高值，然后取其平均值为每次各个处理的玉米株高值，最后计算每个生育期的平均值为每个处理的玉米株高值。

（2）茎粗的测定：每周从每个试验小区选取 3 株长势相近且有代表性的玉米植株，用游标卡尺从玉米植株根部向上数的第 4 节中间测定其玉米茎粗值，然后取其平均值为每次各个处理的玉米株茎粗，最后计算每个生育期的平均值为每个处理的玉米株茎粗值。

（3）叶面积的测定：每周从每个试验小区选取 3 株长势相近且有代表性的玉米植株，每株玉米选取 3 个有代表性的完全展开的叶片用卷尺测定其叶长与叶宽，其中每片玉米叶的中部为玉米叶的叶宽，而玉米的叶面积值为叶长乘以叶宽，然后再乘以其长宽系数（0.75）。然后取其平均值为每次各个处理的玉米叶面积值，最后计算每个生育期的平均值为每个处理的玉米叶面积值。

3.1.3.5 玉米品质（粗灰分、粗蛋白、粗淀粉、水分）的测定

在玉米收获后从每个试验小区选取 3 个长势相近且有代表性的玉米穗送到玉米品质检测中心进行品质测定，然后取其平均值为各个处理玉米品质值。其中采用灰化法测定玉米的粗灰分，采用凯氏定氮法测定玉米的粗蛋白，采用旋光法测定玉米的粗淀粉，采用玉米水分测定仪测定玉米的水分。

3.1.3.6 玉米干物质积累测定

在玉米的拔节期、灌浆期和成熟期内分别测定玉米的干物质积累。首先分别在这三个重要生育期内从每个试验小区选取 3 株有代表性的玉米植株，将其根、茎、叶部分进行分离并且清洗干净，再将其放置在通风干燥的位置，一段时间后根、茎、叶部分附着的水分蒸发后分别称其鲜重并做好标记，然后将其

分别放置烘箱内105℃下杀青30min后，将烘箱温度调到75℃恒温进行一周的烘干处理，最后用千分之一电子天平分别称其干重。

3.1.3.7 玉米产量的测定

在秋收前与玉米完全成熟期间从每个试验小区选取5个有代表性的玉米穗，然后放置在通风干燥的位置，当玉米穗完全自然风干后用千分之一电子天平测定每穗玉米籽粒的全部重量，再取这5穗玉米籽粒重量的平均值，最后用每个试验小区玉米穗的平均值换算每个处理的亩产。

3.1.4 数据的分析与处理

数据的分析与处理采用Microsoft Excel 2010和SAS 8.0（statistical analysis system）软件。

3.2 种植模式和覆盖方式对土壤含水率的影响

玉米生育期内0～60cm深度土壤含水率变化如图3.2所示，土壤含水率受覆盖方式的影响较为明显，随着土壤深度的加深，不同处理下土壤含水率波动差异性降低。在0～10cm土层深度处，单作模式下DM和JM的平均含水率比CM分别高2.59%、1.41%，间作模式下DI和JI的平均含水率比CI分别高2.78%、1.53%；在10～20cm和20～30cm土层深度处土壤含水率变化趋势相似，单作和间作模式下平均含水率在出苗期以前的大小（6月7日前）分别表现为CM>JM>DM，CI>JI>DI，而在出苗期以后平均含水率的大小分别表现为JM>CM>DM，JI>CI>DI；在30～40cm土层深度处，单作和间作模式下土壤含水率的大小分别表现为JM>CM>DM，JI>CI>DI。结果表明地膜覆盖对于表层土（0～10cm）的保水效果较好，因为地膜覆盖相对于另外两种覆盖方式可以更好地减少表层土的水分蒸发，而随着土壤深度的增加秸秆覆盖对深层土的保水效果最好，原因在于秸秆覆盖相对于另外两种覆盖方式可以更好地减少地表径流、提高天然降雨入渗。在40～50cm和50～60cm土层深度处的土壤含水率变化趋势基本一致，各处理含水率的差异不大。对于同一种覆盖方式，在0～10cm、30～40cm、40～50cm和50～60cm的土层处间作和单作对土壤含水率的影响不明显。在10～20cm和20～30cm土层深度处单作的土壤含水率较间作要大，其中在10～20cm土层处，JM的平均土壤含水率比JI高0.71%，DM的平均土壤含水率比DI高0.21%，CM的平均土壤含水率比CI高0.20%；在20～30cm土层处，JM的平均土壤含水率比JI高1.11%，DM的平均土壤含水率比DI高1.17%，CM的平均土壤含水率和CI比较接近。

玉米各生育期0～60cm土层含水量见表3.2，在同一种模式下，各生育期土壤含水量值由大到小均表现为：秸秆覆盖＞传统模式＞地膜覆盖。从整个生育期储水量来看，单作模式下，JM 的全生育期储水量较 DM 和 CM 分别高 15.68％、10.48％，间作模式下，JI 的全生育期储水量较 DI 和 CI 分别高 23.08％、6.47％，而同一覆盖方式下单作和间作的土壤储水量差异性不显著，因此秸秆覆盖在整个生育期对提高土壤储水量最为显著。

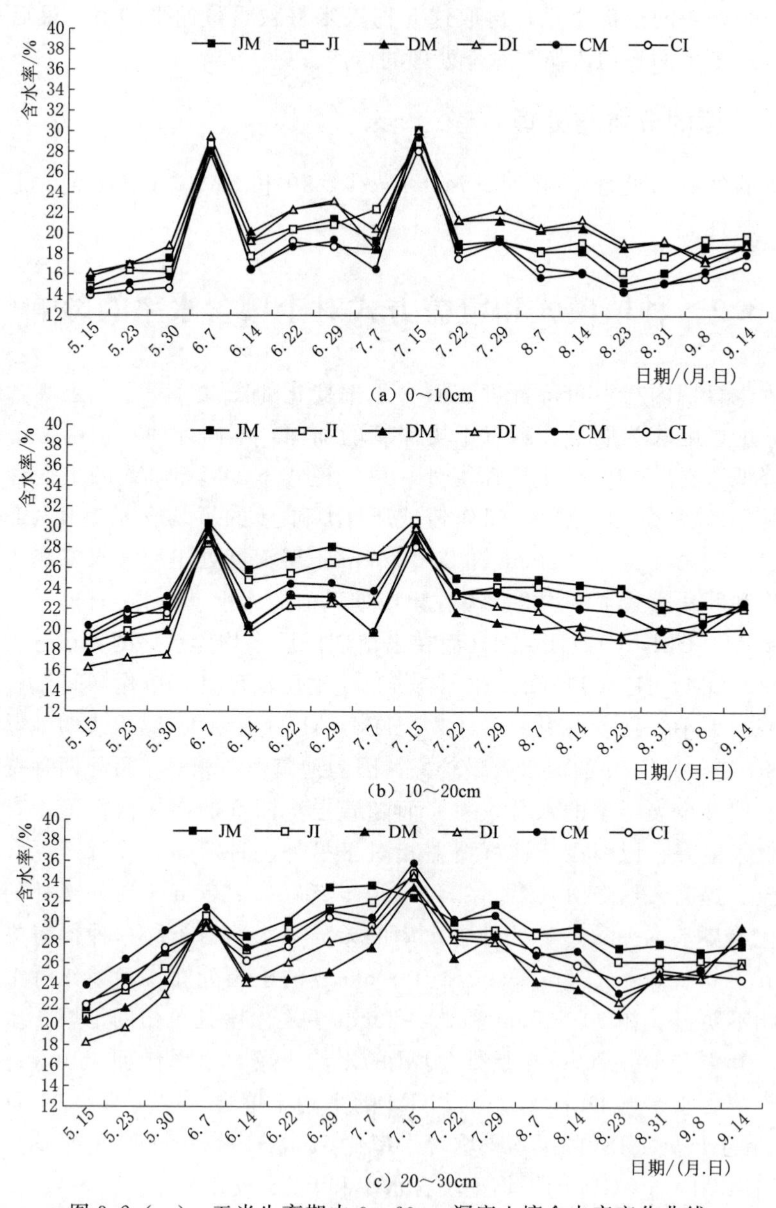

图 3.2（一） 玉米生育期内 0～60cm 深度土壤含水率变化曲线

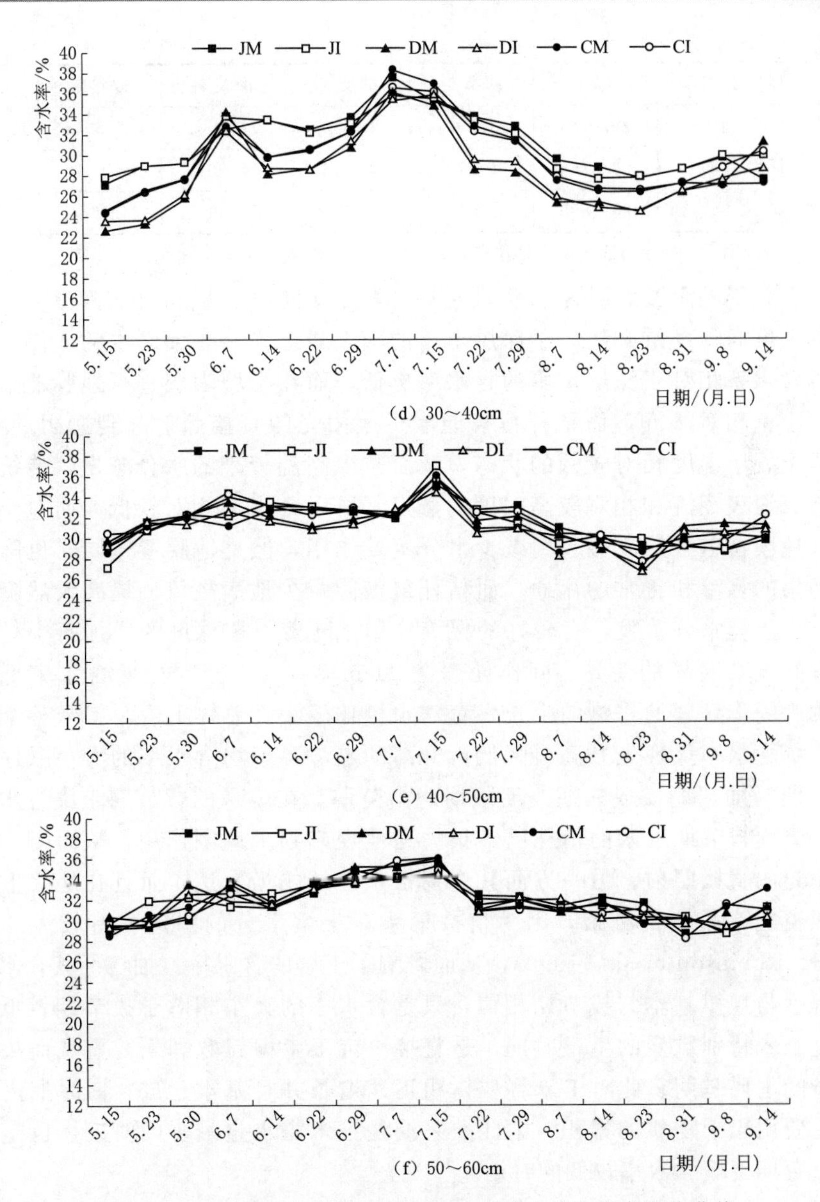

(d) 30～40cm

(e) 40～50cm

(f) 50～60cm

图 3.2（二） 玉米生育期内 0～60cm 深度土壤含水率变化曲线

表 3.2　　玉米各生育阶段土壤含水量（0～60cm）　　单位：mm

模式	处理	出苗期	拔节期	抽穗期	灌浆期	成熟期	储水量
单作	JM	24.667a	31.003a	29.387a	27.165a	25.768a	189.463a
	DM	20.788c	25.571b	24.596c	22.130c	21.486bc	163.788bc
	CM	22.185b	29.104a	26.490b	24.672b	24.102ab	171.488b

续表

模式	处理	出苗期	拔节期	抽穗期	灌浆期	成熟期	储水量
间作	JI	25.323a	31.699a	30.315a	27.360a	25.591a	195.346a
	DI	20.575b	26.171c	26.516c	23.907c	22.631b	170.038b
	CI	23.785b	29.562b	29.421b	25.895b	24.367ab	175.799b

注 同一列数据后不同字母表示所有处理在 0.05 概率水平下差异显著。

综上，影响土壤表层含水率的主要因素是棵间蒸发量和雨水入渗，一方面地表的温度高蒸发量必然大于深层土壤的蒸发量，另一方面雨水的入渗也会使地表的含水率相对于深层土壤的含水率更低，而在土壤表层进行地膜覆盖可以使表层土壤相对湿润，而秸秆覆盖能减少太阳光的直接照射起到遮阴的作用，使表层土处于温度相对较低的状态，从而减少高温带来的水分蒸发，传统耕作容易造成地表径流和相对较高温度的蒸发，所以含水率相对较低。而对于深层土壤，地膜覆盖虽然能够起到减少水分蒸发作用，但是地膜覆盖同时也降低了天然降雨的入渗和正常的流通，而秸秆覆盖能减少地表径流、提高天然降雨入渗、减少土壤水分蒸发，有较好的保墒作用。随着土层深度的增加每个处理的含水率并没有明显的差异。间作处理在 20cm 和 30cm 土层处的含水率低于单作，因为间作处理的作物的生长发育需水量比较大。总体上看，玉米整个生育期内土壤含水率呈现先升高再降低再升高的趋势，平均含水率的大小顺序依次为拔节期＞抽穗期＞成熟期＞灌浆期＞出苗期。在玉米的拔节期土壤含水率最高，一方面拔节期玉米的植株已经很大为地表起到了遮阴作用，从而阻碍了部分太阳光的直接照射；另一方面其作物根系已经相当发达，而且在地表上方已经形成覆盖率较高的植被，因为植被根系对土壤水分的渗透率有较大的影响（Ward，Robinson et al.，1990），从而影响了土壤的含水率。抽穗期其含水率的变化程度与规律基本与拔节期相似，只是含水率的大小相对于拔节期较低。灌浆期是玉米特别重要的生育时期，是直接决定玉米穗粒数和千粒重从而决定玉米产量的主要时期。此时玉米籽粒体积迅速增长并且基本建成，该时期内土壤水分主要用于干物质的累积，因此灌浆期是玉米需水量最多的时期，也是玉米整个生育期土壤含水率较低的时期。

3.3 种植模式和覆盖方式对土壤温度的影响

玉米全生育期内 0～25cm 深度土壤温度（又称地温）变化如图 3.3 所示，覆盖和间作会影响土壤温度变化，但随着土壤深度的增加，不同处理间的差异性减弱。对于各土层深度处土壤温度，单作模式下均表现为 DM＞CM＞JM，间作模式下均表现为 DI＞CI＞JI。结果表明地膜覆盖可以起到保温的作用，因为太阳辐射可以穿越地膜使地温增加，而地面长波辐射和大气辐射却很少能穿越薄膜从而对土壤起到保温的作用，而秸秆覆盖使部分太阳辐射被反射到大气中同时吸收一部分太阳辐射，热量很难向地表及下层土壤传递，进而降低了土壤温度。对于同一种覆盖方式，在5cm、10cm和15cm这3个土层深度处单作的地

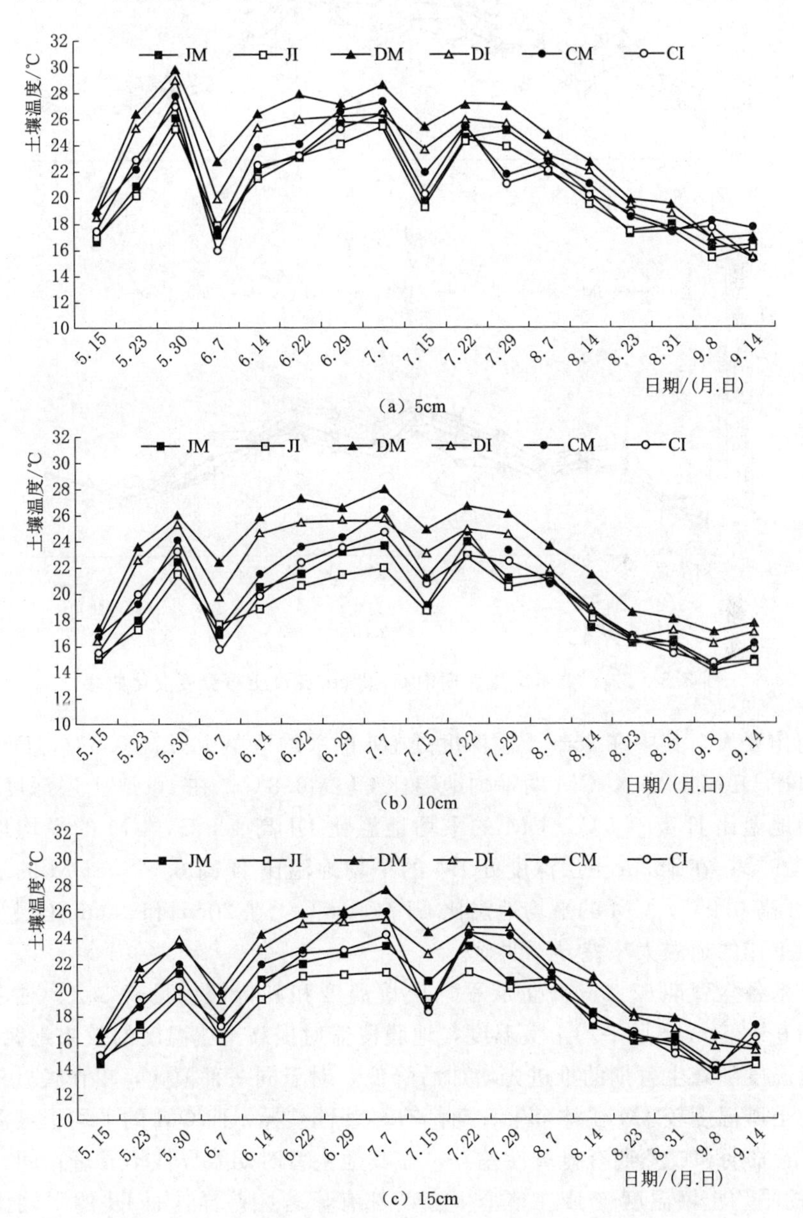

(a) 5cm

(b) 10cm

(c) 15cm

图3.3（一） 玉米全生育期内0～25cm深度土壤温度变化曲线

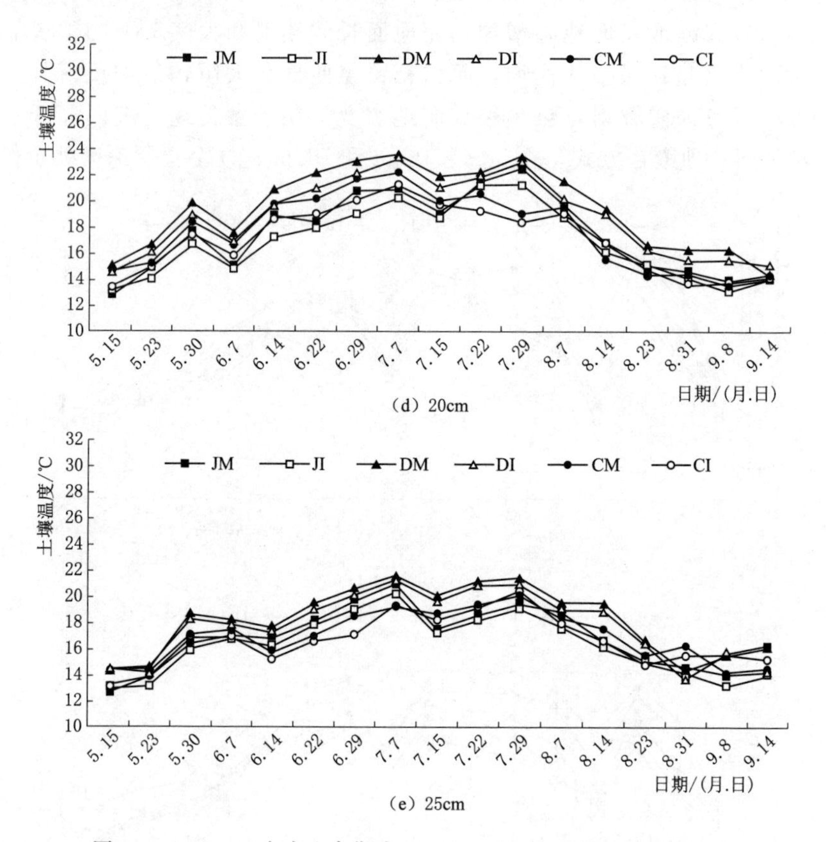

图 3.3（二） 玉米全生育期内 0～25cm 深度土壤温度变化曲线

温较间作要大。其中在 5cm 土层深度处 JM 的平均地温比 JI 高 0.5℃，DM 的平均地温比 DI 高 1.2℃，CM 的平均地温比 CI 高 0.8℃；在 10cm 土层深度处 JM 的平均地温比 JI 高 0.5℃，DM 的平均地温比 DI 高 1.5℃，CM 的平均地温比 CI 高 0.9℃；在 15cm 土层深度处 JM 的平均地温比 JI 高 0.7℃，DM 的平均地温比 DI 高 0.9℃，CM 的平均地温比 CI 高 0.8℃。在 20cm 和 25cm 土层深度处间作和单作的地温大小差异不明显。

玉米各生育期 0～25cm 土层平均土壤温度和其特征值见表 3.3。对于玉米各育期 0～25cm 土层平均土壤温度，地膜覆盖对提高土壤温度的效果最为显著，其土壤温度随着生育期的推进先增加后降低，对于同一种模式，单作模式下 DM 的平均土壤温度较 JM 在整个生育期都有显著性差异，而 CM 的平均土壤温度较 DM 在灌浆期和成熟期有显著性差异，在其他生育时期差异性不显著；间作模式下 DI 的平均土壤温度较 JI 在整个生育期都有显著性差异，而 DI 的平均土壤温度较 CI 在出苗期、拔节期、抽穗期和灌浆期有显著性差异，在其他生育时期差异性不显著；而同一覆盖方式下间作和单作的平均土壤温度差异性不显著。从玉米整个生育期0～25cm土层土壤温度平均值来看，DM处理下的平均土壤温度较JM和CM分别高14.42%、10.22%，DI处理下平均土壤温度较JI和CI分别高12.83%、8.86%。

表3.3　玉米各生育期0～25cm土层平均土壤温度和其特征值

处理	出苗期/℃	拔节期/℃	抽穗期/℃	灌浆期/℃	成熟期/℃	标准差/℃	平均值/℃	变异系数/%
JM	17.22bc	20.42b	21.09b	18.06b	15.10a	2.44	18.38	13.25
DM	20.25a	23.64a	24.30a	20.43a	16.55a	3.10	21.03	14.75
CM	18.61ab	21.39b	21.51b	18.33b	15.55a	2.47	19.08	12.97
JI	16.82bc	19.60b	20.36b	17.87a	14.60a	2.29	17.85	12.82
DI	19.63a	22.46a	23.13a	19.43a	16.05a	2.82	20.14	14.00
CI	18.05ab	20.26b	20.87b	18.03a	15.28a	2.21	18.50	11.93

注　同一列数据后不同字母表示所有处理在0.05概率水平下差异显著。

3.4　种植模式和覆盖方式对玉米拔节期土壤温度日变化的影响

从图3.4可以看出，对于同一种植模式，不同覆盖方式下的土壤温度大小为地膜覆盖>传统耕作>秸秆覆盖，其中单作条件下地膜覆盖处理的平均土壤温度比传统耕作高出2.44℃，而秸秆覆盖处理的平均土壤温度比传统耕作要低1.09℃。间作条件下地膜覆盖处理的平均土壤温度比传统耕作高1.80℃，而秸秆覆盖处理的平均土壤温度比传统耕作要低1.01℃。对于同一覆盖方式，不同种植模式下的土壤温度大小为单作>间作，其中秸秆覆盖条件下单作处理的平均土壤温度比间作高出1.05℃，地膜覆盖条件下单作处理的平均土壤温度比间作高出1.68℃，传统耕作条件下单作处理的平均土壤温度比间作高出1.14℃。

综上，在玉米的全生育期内土壤温度变化趋势基本上一致。5～20cm土层的土壤温度表现为先升高后逐渐降低最后趋于稳定，而在25cm土层处各个处理的土壤温度基本没有差别，变化很平稳。6月7日（出苗期结束的时候）土壤温度达到最高，这是因为在出苗期作物的植株很小，太阳光照射地面时，基本起不到阻挡的作用，所以地表土壤可以最大限度地吸收光和热，使土壤温度迅速升高，但受天气影响较大。在玉米拔节期开始后，随着植株的生长作物冠层的增大，削弱了太阳对土壤的直射，但是此时气温较高，受两者共同作用，土壤温度上升较缓慢。在玉米成熟期后（8月23日以后）气温开始慢慢降低，因为地膜已经开始出现老化、破裂现象，保温作用不是很明显，而且作物叶片部分脱落，地表覆盖度增大，光照不能直接照射至地表，而且随着秸秆的不断腐化，

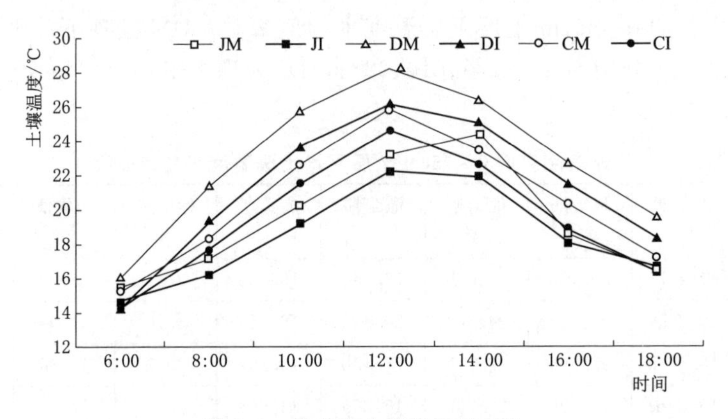

图 3.4 拔节期土壤温度日变化

秸秆与地表的空隙越来越小，遮光能力越来越强，这与李成军等（2010）研究结果一致，所以土壤温度持续降低，所有处理的土壤温度并没有明显差异。土壤温度的大小顺序为地膜覆盖＞传统耕作＞秸秆覆盖，是因为太阳辐射可以穿越薄膜使土壤温度增加，而地面长波辐射和大气辐射却很少能穿越薄膜，这相当于阻止了热对流，对土壤起到了保温的作用。秸秆覆盖处理的温度相对较低是由于秸秆覆盖在地表时拦截了太阳光照，地表获得少量热量。而单作处理的土壤温度要高于间作，因为玉米间作系统中，玉米拔节期，早播作物（如小麦、豌豆等）对玉米带有明显的遮阴作用，从而降低了玉米带的土壤温度；在玉米单作中，拔节期前玉米很难形成地表遮阴，使间作土壤温度低于单作，且效果明显。在玉米拔节期各个处理的土壤温度日变化趋势基本上一致，表现为先升高再下降的单峰曲线形式，都在中午 12:00 达到其最高温度。几种处理的最高平均温度为 25.08℃，其中单作条件下地膜覆盖的温度最高值达到 28.3℃，其次为 DI 和 CM 分别为 26.2℃、25.9℃，再者是 CI 和 JM 分别为 24.6℃、23.2℃，温度最低的为 JI 处理为 22.3℃，而最低温度出现在 6:00，几种处理的最低平均温度为 14.96℃。则全天最高和最低温度的平均值变幅为 10.12℃，处理间的最高和最低温度变幅为 14.1℃。在 12:00 之前温度的增加速度比较快，而在 12:00 以后温度下降的速度相对比较缓慢。

3.5 种植模式和覆盖方式对玉米生长指标和光合特性的影响

3.5.1 对玉米出苗率的影响

对玉米出苗率进行统计，结果如图 3.5 所示，该试验玉米在 5 月 5 日播种，5 月 11 日开始出苗。在整个出苗过程中有 5 月 13 日、5 月 15 日、5 月 21 日和 5

月 25 日这 4 个关键的节点，5 月 13 日地膜覆盖处理首先出苗，其中 DM、DI 的出苗率分别为 8.12%、7.83%；5 月 15 日所有的处理都已经完成出苗，其中 JM、JI、DM、DI、CM、CI 的出苗率分别为 10.13%、9.84%、25.94%、26.77%、13.55%、14.71%；5 月 21 日 JM、JI、DM、DI、CM、CI 的出苗率分别为 72.19 %、74.26%、87.53%、90.76%、64.39%、68.34%；5 月 25 日出苗基本上全部完成，其中 JM、JI、DM、DI、CM、CI 的出苗率分别为 97.24%、97.53%、99.37%、99.54%、97.21%、96.47%。在 5 月 27 日进行补苗，5 月 31 日出苗全部结束。从整体上看，同一种植模式下出苗率表现为地膜覆盖＞秸秆覆盖＞传统耕作。同一覆盖方式下出苗率表现为间作大于单作。由大到小依次为 DI＞DM＞JI＞JM＞CI＞CM。传统耕作的地表裸露且容易结成板块不利于出苗，而地膜覆盖可适当调节地温，秸秆覆盖可以减少地表径流，提高出苗速度和出苗率，说明保护性耕作可以起到促进作物出苗的作用。

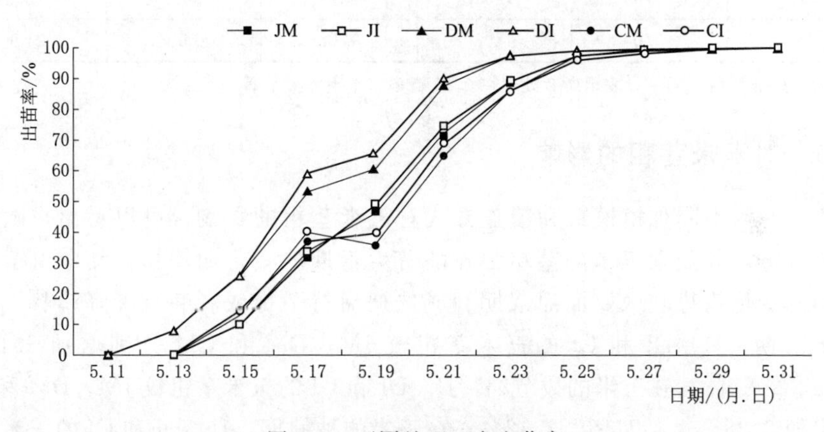

图 3.5 不同处理玉米出苗率

3.5.2 对玉米株高的影响

由表 3.4 可以看出，玉米的株高在出苗期和拔节期的变化趋势较大，而灌浆期和成熟期保持平稳或者略有下降趋势。玉米的拔节期，JI、DI 和 CI 的玉米株高较 JM、DM 和 CM 分别增加 8.00%、14.20%、8.76%；在玉米的抽穗期，JI、DI 和 CI 的玉米株高较 JM、DM 和 CM 分别增加 12.27%、12.32%、10.39%；在玉米的灌浆期，JI、DI 和 CI 的玉米株高较 JM、DM 和 CM 分别增加 3.17%、4.58%、3.00%。在同一种植模式下，各生育期内秸秆覆盖和地膜覆盖的玉米株高整体要好于传统耕作。在拔节期，DM、DI 的玉米株高较 JM、JI 和 CM、CI 分别显著性增加，JM、JI 的玉米株高较 CM、CI 分别显著性增加；在抽穗期，DM、DI的玉米株高较JM、JI和CM、CI分别显著性增加，JM、JI的玉米株高较CM、CI差异性不显著；在灌浆期，DM、DI的玉米株高较JM、JI和CM、CI分别显著性增加，JM的玉米株高较CM显著性增加，JI的玉米株高较CI差异性不显著；在成熟期，DM、DI的玉米株高较JM、JI和CM、CI分别显著性增加，JM的玉米株高较CM差异性不显著，JI的玉米株高较CI有显著性增加。

表3.4　不同处理下玉米的株高　单位：cm

处理	出苗期	拔节期	抽穗期	灌浆期	成熟期
JM	32c	150b	163bc	221b	219b
DM	46a	162a	211a	240a	239a
CM	35bc	137c	154c	200c	208bc
JI	31c	162b	183bc	228b	229b
DI	47a	185a	237a	251a	255a
CI	37b	149c	170c	206bc	210c

注　同一列数据后不同字母表示所有处理在0.05概率水平下差异显著。

3.5.3　对玉米茎粗的影响

表3.5为不同种植模式和覆盖方式对玉米茎粗的影响，可以看出，随着生育期的推进，各处理玉米的茎粗都在随着生育期的变化而增加，其中出苗期和拔节期的变化趋势较大，而灌浆期和成熟期保持平稳或者略有下降趋势。在玉米的出苗期，JI、DI和CI的玉米茎粗较JM、DM和CM分别增加3.17%、4.64%、2.21%；在玉米的拔节期，JI、DI和CI的玉米茎粗较JM、DM和CM分别增加6.28%、4.71%、3.42%；在玉米的抽穗期，JI、DI和CI的玉米株茎粗较JM、DM和CM分别增加1.96%、1.07%、0.56%；在玉米的灌浆期，JI、DI和CI的玉米茎粗较JM、DM和CM分别增加1.71%、2.21%、2.05%；在玉米的成熟期，JI、DI和CI的玉米茎粗较JM、DM和CM分别增加7.21%、6.36%、3.59%。在同一种植模式下，各生育期内秸秆覆盖和地膜覆盖的玉米茎粗整体要好于传统耕作。在出苗期，DM、DI的玉米茎粗较JM、JI和CM、CI分别显著性增加，CM、CI的玉米茎粗较JM、JI分别显著性增加；在拔节期，DM、DI的玉米茎粗较JM、JI和CM、CI分别显著性增加，JM、JI的玉米茎粗较CM、CI差异性不显著；在抽穗期，DM和JM的玉米茎粗较CM分别显著性增加，DM的玉米茎粗较JM差异性不显著，DI的玉米茎粗较JI和CI分别显著性增加，JI的玉米茎粗较CI有显著性增加；在灌浆期，DM、DI和JM、JI的玉米茎粗较CM、CI分别显著性增加，JM、JI的玉米茎粗较DM、DI差异性

不显著；在成熟期，DM、DI的玉米茎粗较JM、JI和CM、CI差异性不显著，JM、JI的玉米茎粗较CM、CI差异性不显著。

表3.5　　不同处理下玉米的茎粗　　单位：cm

处理	出苗期	拔节期	抽穗期	灌浆期	成熟期
JM	1.26c	2.39b	3.57a	3.50a	3.33a
DM	1.51a	2.55a	3.74a	3.62a	3.30a
CM	1.36b	2.34b	3.54b	3.41b	3.34a
JI	1.30c	2.54b	3.64b	3.56a	3.57a
DI	1.58a	2.67a	3.78a	3.70a	3.51a
CI	1.39b	2.42c	3.56c	3.48b	3.46a

注　同一列数据后不同字母表示所有处理在0.05概率水平下差异显著。

3.5.4　对玉米叶面积的影响

表3.6计算了在不同的覆盖方式和种植模式下各个重要生育期玉米叶面积的显著性分析，可以看出，随着生育期的推进，各处理玉米的叶面积都在随着生育期的变化而增加，其中出苗期和拔节期的变化趋势较大，而灌浆期和成熟期保持平稳或者略有下降趋势。在玉米的出苗期，JI、DI和CI的玉米叶面积较JM、DM和CM分别增加21.00%、8.32%、23.34%；在玉米的拔节期，JI、DI和CI的玉米叶面积较JM、DM和CM分别增加6.63%、4.98%、7.40%；在玉米的抽穗期，JI、DI和CI的玉米叶面积较JM、DM和CM分别增加5.60%、3.32%、2.71%；在玉米的灌浆期，JI、DI和CI的玉米叶面积较JM、DM和CM分别增加2.73%、1.17%、2.71%；在玉米的成熟期，JI、DI和CI的玉米叶面积较JM、DM和CM分别增加0.38%、0.27%、0.44%。在同一种植模式下，各生育期内秸秆覆盖和地膜覆盖的玉米的叶面积整体要好于传统耕作。在出苗期，DM、DI和JM、JI的玉米叶面积较CM、CI有显著性增加，DM、DI的玉米叶面积较JM、JI差异性不显著；在拔节期，DM的玉米叶面积较JM和CM有显著性增加，JM的玉米叶面积较CM有显著性增加，DI和JI的玉米叶面积较CI有显著性增加，DM的玉米叶面积较JM差异性不显著；在抽穗期，DM、DI和JM、JI的玉米叶面积较CM、CI有显著性增加，JI的玉米叶面积较CI差异性不显著；在灌浆期，DM、DI和JM、JI的玉米叶面积较CM、CI有显著性增加，JM、JI的玉米叶面积较CM、CI差异性不显著；在成熟期，DM和JM的玉米叶面积较CM有显著性增加，JM的玉米叶面积较DM差异性不显著，DI的玉米叶面积较JI和CI差异性不显著。

表3.6　　不同处理下玉米的叶面积　　单位：cm^2

处理	出苗期	拔节期	抽穗期	灌浆期	成熟期
JM	662a	2291b	4395a	4353a	4433a
DM	865a	2530a	4665a	4521a	4506a
CM	587b	2041c	4247ab	4176ab	4442b
JI	801a	2443a	4641a	4472a	4450a
DI	937a	2656a	4820a	4574a	4518a
CI	724b	2192b	4362ab	4283ab	4462a

注　同一列数据后不同字母表示所有处理在0.05概率水平下差异显著。

3.6　种植模式和覆盖方式对玉米拔节期和灌浆期光合特性的影响

3.6.1　对玉米净光合速率日变化的影响

从图3.6和图3.7可以看出，对于同一种种植模式，在玉米拔节期，DM和JM的日平均净光合速率比CM分别高9.67%、3.08%，DI和JI的日平均净光合速率比CI分别高18.19%、9.35%；在玉米灌浆期，叶片净光合速率和拔节期大小顺序一致，DM和JM的日平均净光合速率比CM分别高7.78%、2.24%，DI和JI的日平均净光合速率比CI分别高13.77%、8.42%。对于同一种覆盖方式，在玉米拔节期，DI的日平均净光合速率比DM高3.25%，JI的日平均净光合速率比JM高1.64%，CI的日平均净光合速率比CM低4.37%；在玉米灌浆期，DI的日平均净光合速率比DM高2.75%，JI的日平均净光合速率比JM高3.18%，CI的日平均净光合速率比CM低2.74%。总体上，玉米在拔节期和灌浆期的叶片净光合速率变化趋势基本一致。其中在玉米的拔节期，各个时段的叶片净光合速率都比灌浆期大。各处理的净光合速率日变化曲线均呈双峰形，在6:00—10:00净光合速率迅速增大，因为在该段时间内气温不断升高，增加了对叶片的光照强度，在10:00形成第一个峰值达到最大值，拔节期此时JM、JI、DM、DI、CM、CI的值分别为32.011μmol/(m^2·s)、31.756μmol/(m^2·s)、34.453μmol/(m^2·s)、34.567μmol/(m^2·s)、29.200μmol/(m^2·s)、27.515μmol/(m^2·s)，最大（DI）值比最小（CI）值高出7.052μmol/(m^2·s)；灌浆期此时JM、JI、DM、DI、CM、CI的值分别为28.152μmol/(m^2·s)、27.889μmol/(m^2·s)、28.596μmol/(m^2·s)、29.679μmol/(m^2·s)、25.312μmol/(m^2·s)、25.646μmol/(m^2·s)，最大（DI）值比最小（CM）值高4.367μmol/(m^2·s)。在10:00—14:00净光合速率开始缓慢下降，在 14：00 形成低谷，拔节期此时 JM、JI、DM、DI、CM、CI 的值分别为 26.602μmol/(m² • s)、25.474μmol/(m² • s)、27.216μmol/(m² • s)、28.367μmol/(m² • s)、26.785μmol/(m² • s)、24.424μmol/(m² • s)，最大（DI）值比最小（CI）值高出 3.943μmol/(m² • s)；灌浆期此时 JM、JI、DM、DI、CM、CI 的值分别为 22.633μmol/(m² • s)、23.497μmol/(m² • s)、23.041μmol/(m² • s)、24.369μmol/(m² • s)、22.787μmol/(m² • s)、21.445μmol/(m² • s)，最大（DI）值比最小（CI）值高 2.924μmol/(m² • s)。在 14:00—16:00 净光合速率又开始缓慢上升，在 16:00 形成第二个峰值。在 16:00—18:00 净光合速率开始迅速下降，在 18:00 达到最小值。

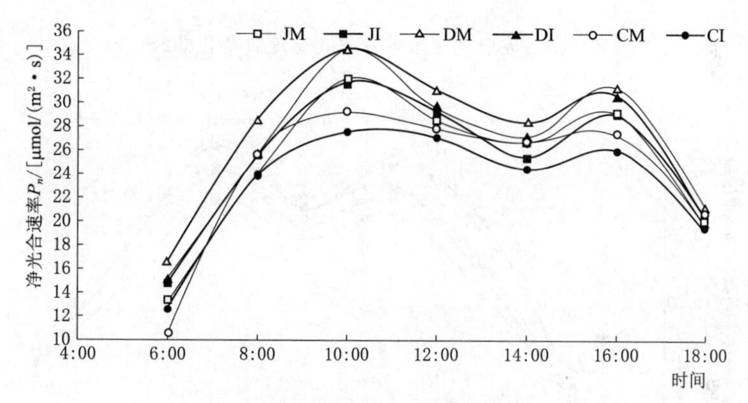

图 3.6　拔节期玉米叶片净光合速率日变化曲线

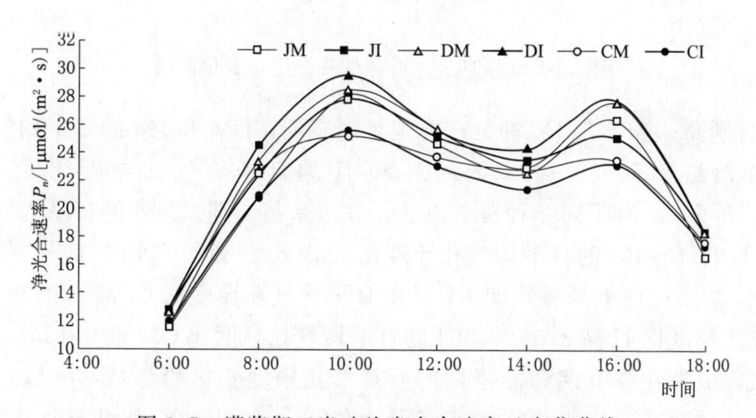

图 3.7　灌浆期玉米叶片净光合速率日变化曲线

3.6.2　对玉米气孔导度日变化的影响

从图 3.8 和图 3.9 可以看出，对于同一种种植模式，在玉米拔节期，DM 和 JM 的日平均气孔导度比 CM 分别高 4.11%、13.22%，DI 和 JI 的日平均气孔导

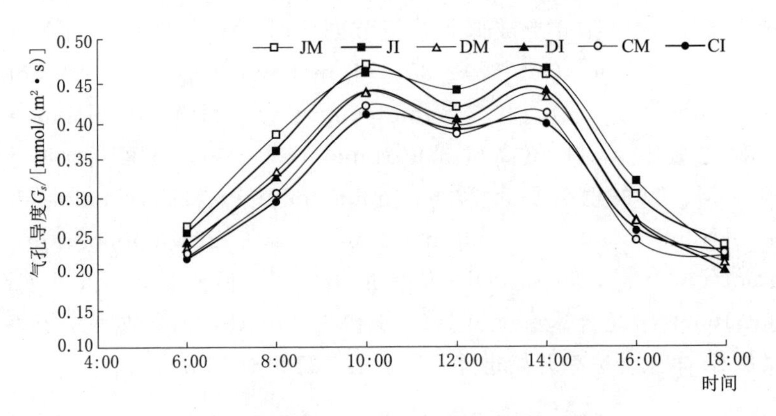

图 3.8 拔节期玉米叶片气孔导度日变化曲线

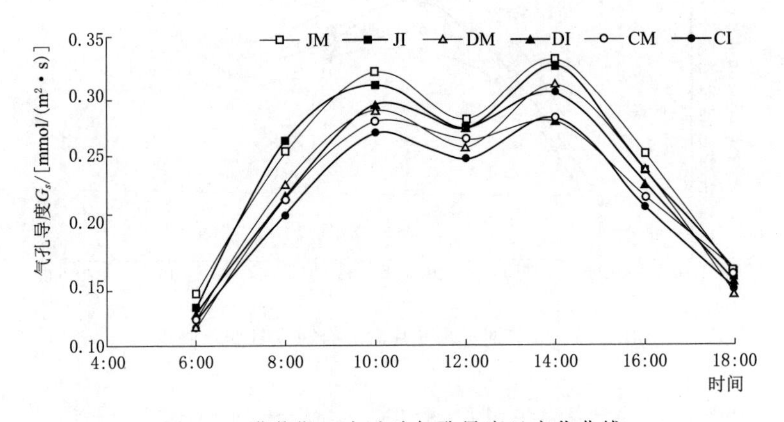

图 3.9 灌浆期玉米叶片气孔导度日变化曲线

度比 CI 分别高 7.55%、15.09%；在玉米灌浆期，DM 和 JM 的日平均气孔导度比 CM 分别高 5.50%、14.24%，DI 和 JI 的日平均气孔导度比 CI 分别高 5.52%、16.5%。对于同一种覆盖方式，在玉米拔节期，DM 的日平均气孔导度比 DI 高 1.03%，JM 的日平均气孔导度比 JI 高 3.27%，CM 的日平均气孔导度比 CI 高 3.30%；在玉米灌浆期，DM 的日平均气孔导度比 DI 高 0.04%，JM 的日平均气孔导度比 JI 高 2.00%，CI 的日平均气孔导度比 CM 低 0.12%。总体上可以看出，玉米在拔节期和灌浆期的叶片气孔导度变化趋势基本一致。各处理的叶片气孔导度日变化曲线均呈双峰形，在 06:00—10:00 气孔导度迅速增大，在 10:00 形成第一个峰值达到最大值，其中拔节期此时 JM、JI、DM、DI、CM、CI 的值分别为 0.457mmol/(m^2·s)、0.467mmol/(m^2·s)、0.433mmol/(m^2·s)、0.431mmol/(m^2·s)、0.413mmol/(m^2·s)、0.401mmol/(m^2·s)，最大（JI）值比最小（CI）值高出 0.066mmol/(m^2·s)。在 10:00—14:00 气孔导度先升高再下降，在 12:00 形成低谷，此时 JM、JI、DM、DI、CM、CI 的值分别为 0.435mmol/(m² · s)、0.413mmol/(m² · s)、0.389mmol/(m² · s)、0.395mmol/(m² · s)、0.377mmol/(m² · s)、0.383mmol/(m² · s)，最大（JM）值比最小（CM）值高出 0.058mmol/(m² · s)。在 14:00—16:00 气孔导度迅速下降，在 14:00 形成第二个峰值，此时 JM、JI、DM、DI、CM、CI 的值为 0.446mmol/(m² · s)、0.444mmol/(m² · s)、0.425mmol/(m² · s)、0.410mmol/(m² · s)、0.420mmol/(m² · s)、0.430mmol/(m² · s)，最大（JM）值比最小（CI）值高出 0.026mmol/(m² · s)。16:00—18:00 这段时间内的气孔导度几乎没有变化。

3.6.3 对玉米蒸腾速率日变化的影响

从图 3.10 和图 3.11 可以看出，对于同一种种植模式，在玉米拔节期，CM 的蒸腾速率比 DM 和 JM 分别高出 7.63%、12.11%，DI 和 JI 的日平均蒸腾速率比 CI 分别低 9.26%、11.78%；在玉米灌浆期，CM 的蒸腾速率比 DM 和 JM 分别高 9.15%、10.43%，DI 和 JI 的日平均蒸腾速率比 CI 分别低 5.59%、11.83%。对于同一种覆盖方式，在玉米拔节期，DI 的日平均蒸腾速率比 DM 高 6.51%，JI 的日平均蒸腾速率比 JM 高 2.28%，CM 的日平均蒸腾速率比 CI 高 3.33%；在玉米灌浆期，DM 的日平均蒸腾速率比 DI 高 1.97%，JM 的日平均蒸腾速率比 JI 高 4.26%，CI 的日平均蒸腾速率比 CM 高 3.80%。总体上看，玉米拔节期的蒸腾速率随覆盖方式和玉米间作大豆的不同而变化。各处理的蒸腾速率日变化曲线均呈单峰形，在 06:00—12:00 蒸腾速率迅速增大并在 12:00 形成峰值达到最大值，此时 JM、JI、DM、DI、CM、CI 的值分别为 6.469mmol/(m² · s)、6.252mmol/(m² · s)、6.694mmol/(m² · s)、6.785mmol/(m² · s)、7.175mmol/(m² · s)、6.887mmol/(m² · s)，最大（CM）值比最小（JM）值高出 0.923mmol/(m² · s)。在 12:00—18:00 蒸腾速率缓慢下降并在 18:00 达到

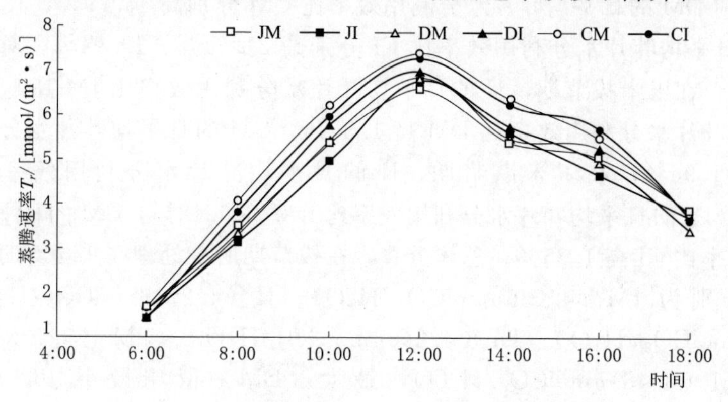

图 3.10 拔节期玉米叶片蒸腾速率日变化曲线

最小值，此时JM、JI、DM、DI、CM、CI的值分别为3.834mmol/(m^2·s)、3.701mmol/(m^2·s)、3.784mmol/(m^2·s)、3.611mmol/(m^2·s)、3.752mmol/(m^2·s)、3.658mmol/(m^2·s)，最大（JM）值比最小（DI）值高出0.223mmol/(m^2·s)。

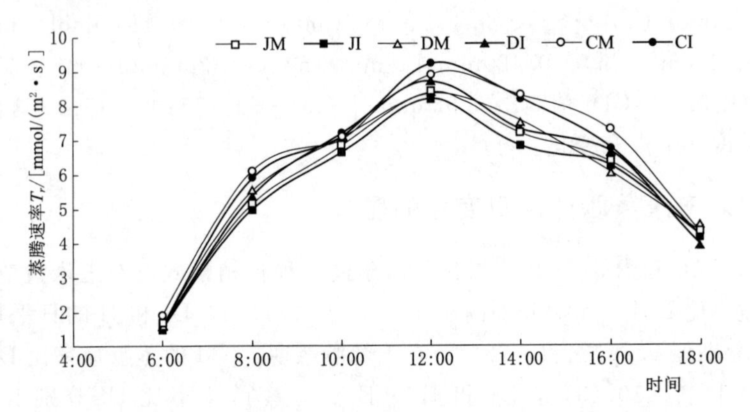

图3.11 灌浆期玉米叶片蒸腾速率日变化曲线

3.6.4 对玉米叶片水分利用效率日变化的影响

叶片水分利用效率（*LWUE*）是指植物消耗单位水量所产生的二氧化碳同化物量，采用光合速率和蒸腾速率的比值来表示，其变化趋势由光合速率和蒸腾速率共同决定。从图3.12和图3.13可以看出，玉米拔节期的叶片水分利用率随覆盖方式和玉米间作大豆的不同而变化。对于同一种种植模式，在玉米拔节期，JM和DM的日平均叶片水分利用效率比CM分别高12.03%、16.63%，JI和DI的日平均叶片水分利用效率比CI分别高11.37%、15.90%；在玉米灌浆期，JM和DM的日平均叶片水分利用效率比CM分别高15.79%、18.61%，JI和DI的日平均叶片水分利用效率比CI分别高21.54%、19.94%。对于同一种覆盖方式，在玉米拔节期，JI的日平均叶片水分利用效率比JM高1.36%，DI的日平均叶片水分利用效率比DM高1.32%，CM的日平均叶片水分利用效率比CI高1.96%；在玉米灌浆期，JI的日平均叶片水分利用效率比JM高10.24%，DI的日平均叶片水分利用效率比DM高6.18%，CM的日平均叶片水分利用效率比CI高1.35%。总体上看，在拔节期所有处理在14:00时刻达到最小值，分别为JM（4.236μmolCO_2/H_2O）、JI（4.279μmolCO_2/H_2O）、DM（4.479μmolCO_2/H_2O）、DI（4.240μmolCO_2/H_2O）、CM（3.735μmolCO_2/H_2O）、CI（3.481μmolCO_2/H_2O），最大（DM）值比最小（CI）值高出0.998μmolCO_2/H_2O；在玉米灌浆期，所有处理在12:00达到最小值，分别为JM（2.922μmolCO_2/H_2O）、JI（3.084μmolCO_2/H_2O）、DM（3.068μmolCO_2/H_2O）、

DI（2.948$\mu molCO_2/H_2O$）、CM（2.656$\mu molCO_2/H_2O$）、CI（2.504$\mu molCO_2/H_2O$），最大（JI）值比最小（CI）值高出 0.58$\mu molCO_2/H_2O$。

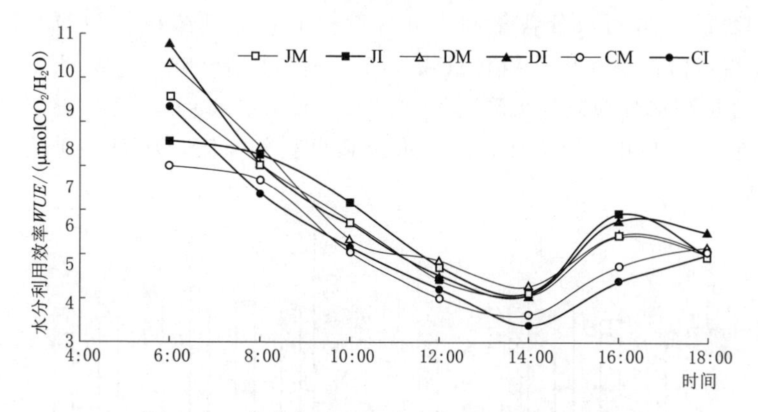

图 3.12　拔节期玉米叶片水分利用效率日变化

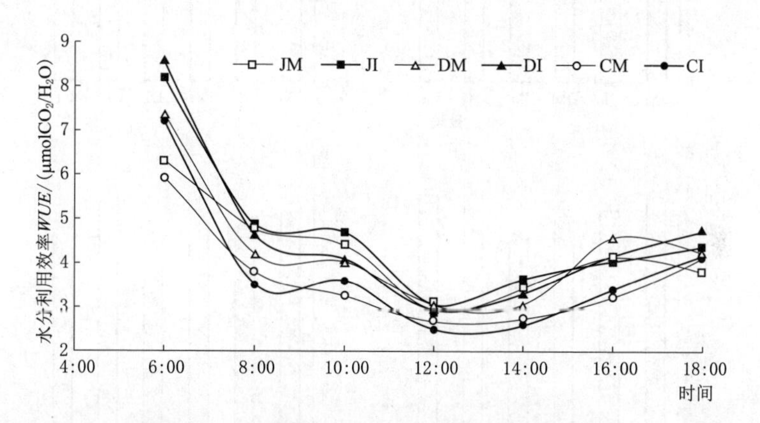

图 3.13　灌浆期玉米叶片水分利用效率日变化

3.7　种植模式和覆盖方式对玉米品质、干物质累积和产量的影响

3.7.1　对玉米品质的影响

由图 3.14 可以看出，间作处理下玉米的粗蛋白和粗淀粉的含量较单作增加，而玉米粗灰分和水分含量较单作减少。玉米粗蛋白和粗淀粉含量的大小顺序都为 DI>DM>JI>JM>CI>CM，玉米粗灰分含量的大小顺序为 CM>CI>JM>JI>DM>DI，玉米水分含量的大小顺序为 CM>CI>DM>JM>JI>DI。其中同一覆盖方式下，JI 的玉米粗蛋白含量和粗淀粉含量较 JM 分别增加

12.54%、3.47%，JI的玉米粗灰分含量和水分含量较JM分别减少5.47%、12.29%；DI的玉米粗蛋白含量和粗淀粉含量较DM分别增加10.11%、2.64%，DI的玉米粗灰分含量和水分含量较DM分别减少7.76%、15.38%；CI的玉米粗蛋白含量和粗淀粉含量较CM分别增加16.89%、2.85%，CI的玉米粗灰分含量和水分含量较CM分别减少5.15%、7.39%。表明覆盖和间作能使玉米的粗蛋白和粗淀粉增加，使含水量和粗灰分降低，从而达到提高玉米品质的作用。

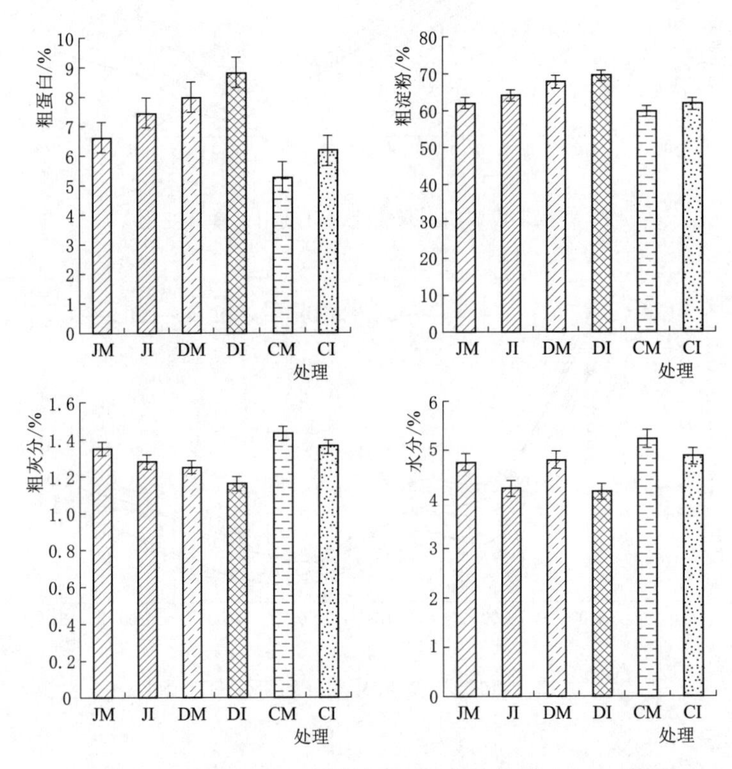

图3.14 不同处理下玉米的品质

3.7.2 对玉米干物质累积和产量的影响

由表3.7可以看出，玉米根、茎和叶的干物质累积的规律相似，同一种植模式下，地膜覆盖处理玉米的干物质累积显著高于传统耕作，而相对于秸秆覆盖不显著。其中DI和JI的玉米根、茎、叶的干重分别比CI增加23.0%和43.0%、20.3%和6.3%、37.4和2.4%。DM和JM的玉米根、茎、叶的干重分别比CM增加23.0%和38.1%、31.3%和43.4%、24.9%和11.5%。不同种植模式处理下玉米干物质的大小为间作小于单作。其中DI的玉米根、茎、叶的干重分别比DM减少75.6%、20.3%、38.6%；JI处理下的玉米根、茎、叶的干重分别比JM减少16.7%、6.9%、17.1%；CI的玉米根、茎、叶的干重分别比CM减少23.6%、31.3%、27.3%。不同覆盖方式配合种植模式下产量的差异性与干物质累积类似。间作和单作模式下地膜覆盖处理玉米的产量显著高于传统耕作，而相对于秸秆覆盖不显著。同一种种植模式下，DM的玉米产量较JM和CM分别高5.2%、19.7%，DI的玉米产量较JI和CI分别高7.1%、19.3%。同一覆盖方式下间作处理玉米的产量相对于单作增加显著，JI的玉米产量较JM增加12.13%，DI的玉米产量较DM增加10.15%，CI的玉米产量较CM增加9.81%。可以看出，所以地膜覆盖耕作玉米/大豆模式（DI）可以增加玉米产量。

表3.7　不同处理玉米的干物质和产量

处理	根/g		茎/g		叶/g		产量/(kg/hm²)
	鲜重	干重	鲜重	干重	鲜重	干重	
JM	338.92	155.21	735.88	304.37	95.34	46.01	11492
DM	347.15	138.24	788.29	306.22	123.45	52.19	12312
CM	268.91	112.37	589.31	233.21	107.20	41.27	10317
JI	394.26	198.55	741.22	325.47	113.42	53.87	12886
DI	412.85	242.69	817.38	368.33	143.22	72.34	13562
CI	311.66	138.81	657.29	306.31	101.23	52.65	11329

注　表中同一种种植模式的同一列不同字母表示在0.05水平差异显著。

3.8　不同种植模式和覆盖方式下各处理的综合效益模式评价

应用综合统计分析，从实验数据的各个方面选取7个有代表性的指标进行因子分析，然后转变为各个指标的权重系数，再根据相关公式计算出不同处理的综合适用性指数（*CAI*），最后通过对不同处理的效益进行综合评价，得出玉米最优种植效益模式。

3.8.1　因子的选取

根据试验结果的分析，土壤的含水率和温度、植株的株高、叶片水分利用率、玉米粗蛋白含量、玉米的产量和纯经济效益存在着一定的差异，因此选取这7个评价指标，对其进行综合适用性指数的评价。

（1）土壤含水率（%）：玉米整个生育期各处理在0～60cm处土壤含水率的平均值。

（2）土壤温度（℃）：玉米全生育期各处理在0～25cm处土壤温度的平

均值。

(3) 叶片水分利用率 ($\mu molCO_2/H_2O$)：各处理灌浆期叶片水分利用率的平均值。

(4) 株高 (cm)：玉米的株高、茎粗、叶面积在一定程度上呈现正相关关系，因此可以选取玉米全生育期的株高平均值作为代表。

(5) 玉米粗蛋白含量 (%)：玉米粗蛋白含量作为效益评价的一项指标。

(6) 产量 (kg/hm^2)：玉米产量作为效益评价的一项指标。

(7) 纯效益 (元/hm^2)。

根据试验地实际情况，对各处理的成本和纯效益进行计算。在计算中，各项费用都以 hm^2 为单位，其中成本费用分为两大部分（材料费和人工费），材料费具体如种子、肥料、农药、地膜等费用，人工费具体如水肥、电费、土地整理、播种、除草、施肥、打农药、管理、收获等费用。其中秸秆覆盖所使用的玉米秸秆由于可以使用上一年的秸秆，故不列为材料成本，而地膜覆盖所使用的地膜应包含在材料费用之中。土地的管理和整理以及农药的使用等应包含在人工费中，其中在人工费用方面间作要高于单作。而农业纯效益为农业毛效益与总支出之差。具体细节见表 3.8。

表 3.8　各处理的成本和纯经济效益的计算

处理	材料费/(元/hm^2)					人工费/(元/hm^2)			产量/(kg/hm^2)		纯效益/(元/hm^2)
	种子		肥料	农药	地膜	管理	工作	其他	玉米(1.01元/kg)	大豆(2.46元/kg)	
	玉米	大豆									
JM	203		2331	131		400	200	100	11492		8241
DM	203		2331	131	550	400	200	100	12321		8529
CM	203		2331	131		400	200	100	10317		7055
JI	203	112	3456	163		800	400	300	12886	2356	13352
DI	203	112	3456	163	550	800	400	300	13562	2518	13857
CI	203	112	3456	163		800	400	300	11329	2032	10956

综上所述，各因子初始值见表 3.9。

表 3.9　各处理的各个因子的初始值

处理	含水率/%	地温/℃	叶片水分利用率/($\mu molCO_2/H_2O$)	株高/cm	粗蛋白/%	产量/(kg/hm^2)	纯效益/(元/hm^2)
JM	28.518	18.4	5.936	157.0	6.62	11492	8241
DM	24.960	21.3	6.141	179.6	8.01	12312	8529
CM	26.686	19.4	5.354	146.6	5.27	10317	7055

续表

处理	含水率/%	地温/℃	叶片水分利用率/($\mu molCO_2/H_2O$)	株高/cm	粗蛋白/%	产量/(kg/hm^2)	纯效益/(元/hm^2)
JI	27.598	18.1	6.105	166.6	7.45	12886	13352
DI	23.911	20.4	6.196	195.0	8.82	13562	13857
CI	25.910	18.7	5.362	154.4	6.16	11329	10956

3.8.2 因子分析结果

对表3.9中各因子的初始值进行因子分析，其中在提取2个公因子后，公因子的累积贡献率可以达到90.966%，即2个公因子可以解释约91%的总方差，故满足要求。由计算结果可知，这7个变量的共性方差（KMO值）全大于0.5，而且都在0.7以上，甚至有的接近于1，说明因子分析的效果很好。巴特利特球度检验值 $P=0.012$ 且小于0.05，故拒绝原假设相关系数矩阵为单位矩阵，说明变量间存在线性相关，即适合做因子分析。由相关系数矩阵、反映像相关矩阵、巴特利特球度检验、KMO检验的分析结果可知大部分因子的相关系数都很高，线性关系较强，则说明适合因子分析，可以提取公因子。故表示提取的2个公因子能够很好地反映原始变量的主要信息，可以将公因子方差折算为权重系数。因子分析应用在评价指标权重确定中，通过主成分分析法得到各指标的公因子方差，其值大小表示该项指标对总体变异的贡献，权重系数等于各个公因子方差占其总和的百分数。公因子方差及权重系数见表3.10。

表3.10　各处理的各个因子的公因子方差和权重系数

项　目	含水率	地温	叶片水分利用率	株高	粗蛋白	产量	纯效益
公因子方差	0.819	0.976	0.761	0.989	0.979	0.999	0.760
权重系数	0.130	0.155	0.121	0.157	0.156	0.159	0.121

3.8.3 各处理的综合适用性指数

首先通过相关系数法将各因子量纲归一化，转换函数如下

$$X^* = \frac{X_i - X_{i\min}}{X_{i\max} - X_{i\min}} \tag{3.1}$$

式中：X^* 为各影响因子指标的隶属度值；X_i 为各影响因子指标的原始值；$X_{i\max}$ 和 $X_{i\min}$ 分别为第 i 项影响因子指标中的最大值和最小值。根据该函数和表3.10计算各影响因子指标的隶属度值，见表3.11。

表3.11 各处理的各个因子的隶属度值

处理	含水率	地温	叶片水分利用率	株高	粗蛋白	产量	纯效益
JM	1.000	0.094	0.619	0.224	0.380	0.362	0.174
DM	0.228	1.000	0.935	0.673	0.772	0.615	0.217
CM	0.602	0.406	0.000	0.000	0.000	0.000	0.000
JI	0.800	0.000	0.892	0.408	0.614	0.792	0.926
DI	0.000	0.719	1.000	1.000	1.000	1.000	1.000
CI	0.434	0.219	0.010	0.163	0.251	0.312	0.573

然后根据因子分析中各影响因子指标的公因子方差值确定其权重系数，最后根据下面公式计算不同农艺措施的综合适用性指数（CAI）

$$CAI=\sum_{i=1}^{n}K_iX^* \tag{3.2}$$

式中：K_i为各影响因子的权重系数；X^*为各影响因子指标的隶属度。

根据该公式计算出各处理的综合适用性指数为表3.12中最后一列。

表3.12 各处理的各个因子的综合适用性指数

处理	含水率	地温	叶片水分利用率	株高	粗蛋白	产量	纯效益	综合适用性指数
公因子方差	0.819	0.976	0.761	0.989	0.979	0.999	0.760	
权重系数	0.130	0.155	0.121	0.157	0.156	0.159	0.121	1.000
JM	0.130	0.015	0.075	0.035	0.059	0.058	0.021	0.393
DM	0.030	0.155	0.113	0.106	0.120	0.098	0.026	0.648
CM	0.078	0.063	0.000	0.000	0.000	0.000	0.000	0.141
JI	0.104	0.000	0.108	0.064	0.096	0.126	0.112	0.610
DI	0.000	0.111	0.121	0.157	0.156	0.159	0.121	0.825
CI	0.056	0.034	0.001	0.026	0.039	0.050	0.069	0.275

由表3.12计算结果可知，CM、CI、JM、JI、DM、DI各处理的综合适用性指数由小到大依次为：0.141、0.275、0.393、0.610、0.648、0.825，表明覆盖和间作都能使其综合适用性指数提高，而地膜覆盖条件下玉米间作大豆（DI）的值最大，即为最优种植效益模式。

3.9 结 论

（1）地膜覆盖对于表层土（0～10cm）的保水效果较好，在40～50cm和

50～60cm 土层深度处的土壤含水率变化趋势基本一致，各处理含水率的差异不大。对于同一种覆盖方式，在不同土层深度处单作和间作对土壤含水率的影响不明显。土壤含水率在 0～60cm 土层深度处，对于同一种种植模式，单作和间作处理在整个生育期的各个土层深度处土壤含水率平均值的大小顺序都为秸秆覆盖＞地膜覆盖＞传统耕作，对于同一种覆盖方式，单作的土壤含水率要大于间作。

（2）对于各土层深度处土壤温度，单作模式下均表现为 DM＞CM＞JM，间作模式下均表现为 DI＞CI＞JI；相同覆盖方式下，在 5cm、10cm、15cm 土层处，单作模式下的平均土壤温度较间作模式高 0.5～1.5℃，在 20cm 和 25cm 土层深度处单作和间作的土壤温度差异性不大。

（3）玉米的株高、茎粗、叶面积在一定程度上呈现着正相关的关系。随着生育期的推进，各处理玉米的株高、茎粗、叶面积都在随着生育期的变化而增加，其中出苗期和拔节期的变化趋势较大，而灌浆期和成熟期保持平稳或者略有下降趋势。对于同一种种植模式，大小为地膜覆盖＞秸秆覆盖＞传统耕作；对于同一种覆盖方式，大小为间作＞单作。传统耕作的地表裸露且容易结成板块不利于出苗，而地膜覆盖可适当调节地温，秸秆覆盖可以减少地表径流，提高出苗速度和出苗率，说明保护性耕作可以起到促进作物出苗的作用。

（4）同一种种植模式下，地膜覆盖处理玉米的干物质累积显著高于传统耕作，而相对于秸秆覆盖不显著。其中 DI 和 JI 的玉米根、茎、叶的干重分别比 CI 增加 23.0%和 43.0%、20.3%和 6.3%、37.4 和 2.4%。DM 和 JM 的玉米根、茎、叶的干重分别比 CM 减少 23.0%和 38.1%、31.3%和 43.4%、24.9%和 11.5%。不同种植模式处理下玉米干物质的大小为间作小于单作。其中 DI 的玉米根、茎、叶的干重分别比 DM 减少 75.6%、20.3%、38.6%。JI 处理下的玉米根、茎、叶的干重分别比 JM 减少 16.7%、6.9%、17.1%。CI 的玉米根、茎、叶的干重分别比 CM 减少 23.6%、31.3%、27.3%。不同覆盖方式配合种植模式下产量的差异性与干物质累积类似。

（5）对于同一种种植模式，叶片光合速率、气孔导度和蒸腾速率规律相似，均表现为地膜覆盖处理最高，传统耕作最低，对于同一种覆盖方式来说，间作大于单作。叶片水分利用率随覆盖方式和种植模式不同而变化，在玉米拔节期，对于同一种种植模式，JM 和 DM 的日平均叶片水分利用率比 CM 分别高 12.03%、16.63%，JI 和 DI 的日平均叶片水分利用率比 CI 分别高 11.37%、15.90%；对于同一种覆盖方式，JI 的日平均叶片水分利用率比 JM 高 1.36%，DI 的日平均叶片水分利用率比 DM 高 1.32%，CM 的日平均叶片水分利用率比 CI 高 1.96%。

（6）间作处理下玉米的粗蛋白和粗淀粉的含量较单作增加，而玉米粗灰分和水分含量较单作减少。玉米粗蛋白和粗淀粉含量的大小顺序都为 DI＞DM＞JI＞JM＞CI＞CM，玉米粗灰分含量的大小顺序为 CM＞CI＞JM＞JI＞DM＞DI，玉米水分含量的大小顺序为 CM＞CI＞DM＞JM＞JI＞DI。其中同一覆盖方式下，JI 的玉米粗蛋白含量和粗淀粉含量较 JM 分别增加 12.54%、3.47%，JI 的玉米粗灰分含量和水分含量较 JM 分别减少 5.47%、12.29%；DI 的玉米粗蛋白含量和粗淀粉含量较 DM 分别增加 10.11%、2.64%，DI 的玉米粗灰分含量和水分含量较 DM 分别减少 7.76%、15.38%；CI 的玉米粗蛋白含量和粗淀粉含量较 CM 分别增加 16.89%、2.85%，CI 的玉米粗灰分含量和水分含量较 CM 分别减少 5.15%、7.39%。表明覆盖和间作能使玉米的粗蛋白和粗淀粉增加，使含水量和粗灰分降低，从而达到提高玉米品质的作用。

（7）玉米产量与其根、茎和叶的干物质累积规律相似，同一种植模式下，由大到小的顺序都为：地膜覆盖＞秸秆覆盖＞传统耕作，相同覆盖方式下，间作相对于单作更有利于干物质的累积。对于玉米产量来说，间作和覆盖均会提高玉米产量。其中单作模式下 DM 和 JM 的玉米产量较 CM 分别高 19.34%、11.39%，间作模式下 DI 的和 JI 玉米产量较 CI 分别高 19.71%、13.74%。同一覆盖方式下间作处理玉米的产量相对于单作增加显著，秸秆覆盖方式下 JI 的玉米产量较 JM 增加 12.13%，地膜覆盖方式下 DI 的玉米产量较 DM 增加 10.15%，传统耕作方式下 CI 的玉米产量较 CM 增加 9.81%。

（8）通过应用综合统计分析显示，CM、CI、JM、JI、DM、DI 各处理的综合适用性指数由小到大依次为：0.141、0.275、0.393、0.610、0.648、0.825，表明覆盖和间作都能使其综合适用性指数提高，而地膜覆盖条件下玉米间作大豆（DI）的值最大，即为最优种植效益模式。

（9）地膜覆盖方式具有良好蓄水保墒作用，并提供适宜水热条件，增加玉米产量，同时玉米间作大豆模式能充分地利用土地、光照、水分和其他资源，所以地膜覆盖耕作玉米/大豆（DI）是本研究最适宜的覆盖种植方式。

第4章　保护性耕作对土壤水热和玉米生长的影响及产量预测研究

4.1　试验设计与方法

4.1.1　试验区概况

4.1.1.1　地理位置

本试验是于2012—2013年在沈阳农业大学水利学院的综合试验基地进行的，该基地位于辽宁省沈阳市沈河区（北纬41°84′，东经123°57′），平均海拔44.7m。属丘陵地带，地面不平，土壤主要为潮棕壤土，土层深厚，保水、保土和保肥效果较好，平均土壤容重为1.37g/cm³。

4.1.1.2　气候特征

该基地属暖温带大陆性季风气候，一年四季分明，温差大，冬长夏短，冬季寒冷干燥，春秋两季气温变化较快，多风少雨，夏季炎热多雨。年平均气温8℃，年平均最高气温13℃，年平均最低气温3℃。全年无霜期155～180d。年降雨量为400～500mm，受到季风的影响，降雨主要集中在8—9月，约占全年降雨总量的75%。

4.1.1.3　农业概况

属旱作农业区，玉米和水稻为主要种植作物。农业用水以天然降水为主要来源，水分利用效率较低，玉米5月初播种，9月末收获。

4.1.2　试验设计

本试验共有5种处理，每种处理4个重复，每个试验小区的规格为长6m、宽3m。供试作物为玉米，品种为联达288，种植密度为0.55m×0.45m，覆盖量为6000kg/hm²。本试验主要采用的保护性耕作措施有两种，即少耕与覆盖相结合、免耕与覆盖相结合。5种处理分别为传统耕作、留茬覆盖、条带覆盖、压实覆盖和浅松覆盖，具体实施方法见表4.1。

表 4.1　　试验处理操作方法

处　理	代码	操　作　方　法
传统耕作	CT	秋收后将茬和秸秆全部去除，翻耕、耙地，春季起垄播种
留茬覆盖	LG	秋收后留茬，将秸秆顺垄沟布置，春季免耕播种
条带覆盖	TG	秋收后去茬，将秸秆顺垄沟布置，春季免耕播种
压实覆盖	YG	秋收后去茬，压实地表，将秸秆顺垄沟布置，春季免耕播种
浅松覆盖	QG	秋收去茬，将秸秆粉碎为 2～3cm 埋入土中并拌匀，春季起垄播种

4.1.3　测定内容和方法

4.1.3.1　土壤含水率的测定

土壤含水率分为 6 个深度进行测量，即 10cm、20cm、30cm、40cm、50cm 和 60cm，应用时域反射仪（TDR）测量。正常条件下每 3d 测量一次，雨前、雨后加测，每个试验小区取 3 个点进行测量。

4.1.3.2　地温的测定

对 5～25cm 土层的地温进行测量，共分为 5 个深度，即每 5cm 测一次，采用定点测量，用直角地温计在每天 7:00 进行测量。

4.1.3.3　棵间蒸发的测定

每天 8:00，采用感量为 0.1g 的电子天平测量棵间蒸发，前后两天蒸发器称重的差值就是前一天的棵间蒸发量。蒸发器采用的是自制微型蒸发器（$d=10cm$，$h=15cm$），分为内筒、外筒和铁圈三部分。内筒、外筒均用铁皮制成，不封底，外筒直径比内筒稍大，它们之间可以相互移动。铁圈直径比内筒稍小，可以卡在内筒中。取土时，将内筒垂直放于地表，然后用锥子和木板将其压入土中，直至筒壁全部在土壤表面以下，之后移开周围的土壤，将内筒反转过来，将底面多余的土壤去掉、修平，用铁圈把滤纸和纱布卡在内筒底部。将外筒放在取土处，回填多余的土壤，直至地表与外筒上边缘平齐，之后将内筒放入外筒中，并保证内筒、外筒上边缘和地表平齐。在垄沟和垄台上各布置三个微型蒸发器用于测定棵间蒸发。为确保数据的真实和准确，将内筒中的土壤每周更换一次。

4.1.3.4　生长指标的测定

（1）玉米的出苗率：将各个试验小区内苗的数量进行记录，之后计算苗的数量占播种总数的比例，每天 7:00 测量一次。

（2）玉米的株高：用卷尺测量玉米整个植株的高度，每个试验小区内选取 5 个植株进行观测，每 14d 测量一次。

（3）玉米的茎粗：用游标卡尺进行测量，每个试验小区内选取 5 个植株进行观测，每 14d 测量一次。

（4）玉米的叶面积：用卷尺量出叶片的长度和宽度，叶片根部到叶尖的距离作为叶片的长度。叶面积的计算应用的是长宽系数法，全部展开的叶片，系数为 0.75；未全部展开的叶片，系数为 0.5。每个试验小区内选取 5 个植株进行观测，每 14d 测量一次。

（5）玉米的干物质：用感量为 0.1g 的电子天平分别测量玉米根、茎和叶的鲜重和干重。

（6）玉米的产量：用感量为 0.1g 的电子天平测定玉米的百粒重，用游标卡尺测量穗粗，用卷尺测量穗长。

4.1.3.5 降雨量的测定

降雨量用雨量计进行测量。

4.1.4 数据分析方法

运用 Excel 统计和分析保护性耕作措施对土壤性质和玉米生长状况、产量的影响，并绘制变化曲线，运用 Matlab 构建数学模型。

4.2 保护性耕作对土壤水分的影响

4.2.1 保护性耕作对生长期内棵间蒸发的影响

土壤中的水分，一部分提供给作物，一部分蒸发到空气中，而蒸发的这部分是无效的，为了给作物的生长提供更充足的水分，减小无效损失是唯一的途径。根据所测得的棵间蒸发量，绘制生育期内各措施的变化趋势图，如图 4.1 所示。对棵间蒸发量的各个数据进行方差分析，得到表 4.2。

表 4.2 棵间蒸发的方差分析

差异源	SS	df	MS	F	P - value	F crit
行	0.671688	4	0.167922	76.99909	3.04×10^{-10}	3.006917
列	1.361378	4	0.340345	156.0619	1.34×10^{-12}	3.006917
误差	0.034893	16	0.002181			
总计	2.06796	24				

4.2.1.1 各生育期棵间蒸发的变化情况

在玉米整个生育期，出苗期的棵间蒸发量最大，拔节期的稍小，抽穗期、灌浆期依次下降，到成熟期稍有上升，这主要受气温和作物生长情况的影响。出苗期的蒸发量最大是因为此时作物尚小，在阳光照射过程中，不会遮挡住阳

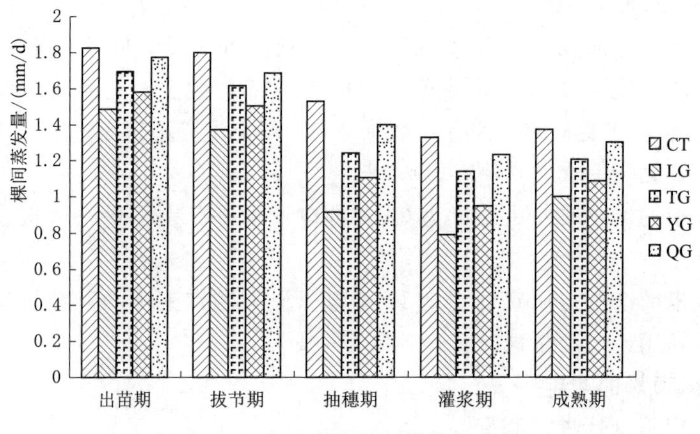

图 4.1 各生育期棵间蒸发变化图

光，可以让土壤最大限度地接收太阳辐射，吸收热量，地表温度升高，促进蒸发。拔节期时玉米的叶片会遮挡住阳光，随着作物的生长，叶片越来越大，遮挡阳光的程度也会越来越严重，也就是说照射到地表的阳光会越来越少，会减小土壤的蒸发量。但在拔节期，气温会快速上升，增大土壤的蒸发量。综合这两个方面，拔节期的蒸发量仅小于出苗期。在抽穗期和灌浆期，作物的叶面积达到最大，阳光都会被叶片所遮挡，基本上没有阳光可以照射到地面，可以减少土壤蒸发，所以蒸发量较小。灌浆期的蒸发量小于抽穗期的，因为在立秋后，早、晚的气温会大幅度下降，从而减小蒸发量。同样，在成熟期，蒸发量会随着气温的降低而逐渐减小。

4.2.1.2 棵间蒸发的影响分析

由图 4.1 可以看出，在玉米各个生育时期，几种保护性耕作措施的棵间蒸发量由小到大排序均为 LG＜YG＜TG＜QG＜CT，可见几种保护性耕作措施都可以不同程度地减小土壤蒸发量。从表 4.2 可以看出，各生育时期和各种保护性耕作措施的土壤蒸发量都有显著性的差异。

从覆盖方式上来分析，QG 的棵间蒸发小于 CT，因为 QG 中的粉碎秸秆可以减少土壤被阳光照射的面积，减少土壤的蒸发面积，起到抑制水分蒸发的作用。LG、YG、TG 的棵间蒸发量小于 QG 和对照，因为覆盖在地表的秸秆是整根的，被覆盖地表的面积更大，即土壤被阳光直射的面积更小，蒸发面积更小，对棵间蒸发的抑制作用更强。LG 除了有秸秆覆盖还有残茬覆盖，进一步加大了覆盖面积，减小了土壤的蒸发面积，更有利于减少土壤水分的蒸发。

从耕作方式的角度来分析，LG 采用的免耕，没有进行翻耕，不会改变土壤的孔隙度、透气性与蒸发面积，所以对土壤水分蒸发的抑制作用大于 TG 和 QG。YG 在免耕的基础上又进行了压实，压实会使土壤的孔隙度变小，透气性变差，与空气接触的面积变小，蒸发面积变小，进一步抑制土壤水分的蒸发。而TG和QG采用的少耕，少耕会翻耕土壤表层的土壤，虽然动土程度小于CT，但仍会使土壤的孔隙度增大，通气性变好，与空气接触的面积增大，蒸发面积增大，对土壤水分蒸发的抑制作用较免耕的弱。

综上所述，覆盖和耕作是影响土壤水分蒸发的两个重要因素，地表秸秆覆盖和少耕、免耕都是行之有效的措施。而且地表覆盖的面积越大，地表动土越少，抑制水分蒸发的作用就越强。

4.2.1.3 不同措施土壤抑制蒸发率的比较

以CT作为对照，分析研究几种保护性耕作措施下的抑制蒸发率。土壤抑制蒸发率计算式为

$$E_v = \frac{E_{ck} - E_i}{E_{ck}} \tag{4.1}$$

式中：E_v 为抑制蒸发率，%；E_{ck} 为对照组蒸发量，mm；E_i 为保护性耕作措施蒸发量，mm。

对各处理的土壤抑制蒸发率进行统计，得到表4.3。由表4.3可以看出，几种处理的抑制蒸发率皆为正数，说明几种处理均可以抑制土壤的蒸发，而且从数值大小看，在生育期上和处理之间都有很大的差异，说明抑制蒸发率受时间和保护性耕作措施的影响。从时间上看，几种处理抑制蒸发率的变化都遵循着统一的规律，出苗期、拔节期不断增大，到抽穗期达到最大值，灌浆期和成熟期持续下降，这主要是因为，出苗期和成熟期作物的叶面积较小，被叶片遮挡住的土壤面积较小，且辐射强，导致蒸发的强度大于蒸散，使得其抑制蒸发率较低。通过各处理间的对比发现，各生育时期的抑制蒸发率均为LG>YG>TG>QG，说明免耕和覆盖结合的方式在抑制土壤水分蒸发上的效果最明显。

表4.3 土壤抑制蒸发率 %

处理	出苗期	拔节期	抽穗期	灌浆期	成熟期
LG	33.91	42.82	61.75	54.18	37.19
TG	13.00	18.19	28.34	19.34	15.78
YG	24.64	29.56	42.95	38.09	28.00
QG	5.21	11.44	12.92	9.61	6.74

整个生育期内，LG、YG、TG、QG、CT处理的平均棵间蒸发量依次为1.11mm/d、1.25mm/d、1.38mm/d、1.48mm/d、1.57mm/d，LG、YG、TG、QG处理抑制水分的蒸发率依次为29.24%、20.77%、12.04%、5.84%。这说明秸秆覆盖和少耕、免耕的方式都可以减少土壤水分的蒸发，而整根秸秆覆盖的效果大于粉碎秸秆覆盖，免耕的效果大于少耕，整根秸秆覆盖和免耕结

合的方式抑制蒸发的效果最明显。

4.2.2 保护性耕作对土壤含水率的影响

土壤含水率是农业生产中一个重要的参数，在一定范围内，含水率越高越有利于作物的生长和发育，所以如何提高土壤含水率就成为农业的热点问题。CT的土壤含水率较低是因为CT的土壤易板结，易产生径流，妨碍了土壤对雨水的吸收，而且蒸发量大。而保护性耕作恰好可以避免这些缺点，有效地增加土壤中水分的含量。根据各处理10cm、20cm、30cm、40cm、50cm、60cm处的土壤含水率，绘制其土壤含水率的变化曲线，如图4.2所示。

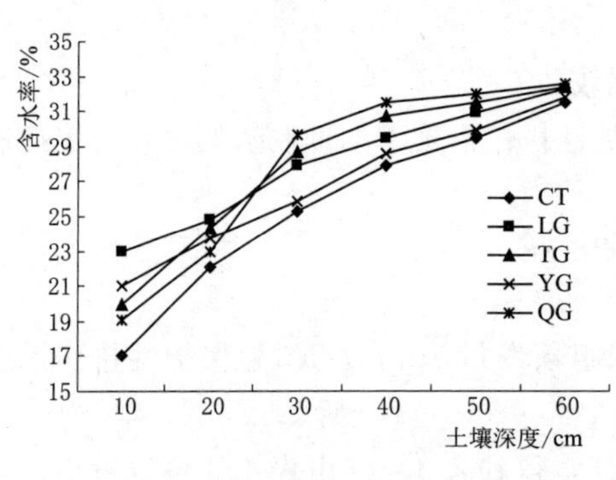

图4.2 土壤10～60cm含水率变化曲线

土壤的含水率主要受到两个方面的影响，分别是土壤水分的蒸发和雨水的入渗。土壤含水率的变化过程主要分为三个阶段：0～20cm、20～30cm和30～60cm。土壤深度为0～20cm时，土壤含水率由小到大排列依次为CT、QG、TG、YG、LG。LG、YG、TG、QG、CT表土的含水率分别为23.19%、21.04%、20.17%、19.05%、17.03%，主要受蒸发的影响，蒸发量越大土壤含水率就越低，深层土壤的含水率分别为30.14%、29.06%、30.81%、31.45%、28.55%，主要受到雨水入渗的影响，入渗的雨水越多，土壤的含水率就越高。影响表层土壤含水率最主要的因素是棵间蒸发，蒸发量越大，含水率越小。土壤深度为20～30cm时，各种保护性耕作措施的土壤含水率发生了巨大的变化。出现这种变化的主要原因是在这个阶段，土壤含水率受蒸发的影响程度越来越小，反而受雨水入渗的影响程度越来越大。雨水入渗的情况越好，含水率增大的速度就越快，含水率增大速度由小到大依次为QG、TG、CT、LG、YG。土壤深度为30～60cm时，土壤含水率由小到大排列依次为CT、YG、LG、TG、QG。此时，随着深度的加大，土壤含水率受外界因素的影响越来越小，主要是受重力的影响。土壤深度越大，土壤含水率越趋于稳定，各处理之间的差距不断减小。

首先从覆盖方式上分析，无论是粉碎秸秆还是整根秸秆都可以在减少蒸发的同时延缓径流产生的时间，让土壤吸收更多的雨水。不同在于，QG将秸秆粉碎并与土壤搅拌在一起，起到疏松土壤、加大土壤孔隙率的作用，为雨水的入渗提供了有利的条件，让雨水入渗的速度增大，与其他措施相比，在同样的时间内，有更多的水分入渗到土壤中。TG、LG、YG三种措施在地表覆盖上整根的秸秆，这样做可以增大土壤表面的蓄水能力，延缓地表的结壳，减小土壤的蒸发量，增大土壤的含水率。但地表的秸秆在降雨过程中会拦截一部分雨水，所以其入渗效果不如QG。以上分析说明，在入渗方面，粉碎秸秆的作用大于整根秸秆。

从耕作方式上分析，QG与TG为少耕，会对土壤的表层进行翻耕，增大土壤孔隙度，可以为入渗提供有利的条件，让雨水更顺利地进入土壤。LG和YG为免耕，土壤未经过翻耕会变得更紧实，雨水的入渗过程会得到很大的阻碍。YG在免耕的基础上又进行了压实，减小了土壤孔隙度，更不利于雨水的入渗，所以它的含水率最小。总之，要提高土壤的含水率，可以用秸秆覆盖地表的方式来减少土壤蒸发量，或者进行少耕来增大土壤孔隙度，两者结合的效果最好。

4.2.3 雨水入渗过程

用Excel软件绘制雨前、雨后各处理的含水率变化图，如图4.3所示。雨水的入渗过程可以从下渗深度和含水率变化情况两方面来看。

（1）下渗深度。当降雨结束时，CT、LG、YG的下渗深度为20cm，TG的下渗深度为30cm，QG的下渗深度为40cm。降雨结束60min后，CT、LG、YG的下渗深度为30cm，TG的下渗深度为40cm，QG的下渗深度为50cm。可以看出QG的下渗速度最大，TG的居中，然后是CT、LG、YG。

（2）含水率变化情况。降雨过程较急，即在降雨过程中，当降雨强度大于土壤入渗率时，土壤含水率的变化不受雨量的限制，也就是说雨水在何种措施下入渗越容易，何种措施的土壤含水率变化就越快。经过雨前雨后的对比分析，深度为10cm处，含水率变化由小到大依次为，YG增大2.10%，LG增大2.23%，CT增大3.60%，TG增大3.60%，QG增大5.25%。深度为20cm处，含水率变化由小到大依次为，CT增大1.00%，YG增大1.40%，LG增大1.53%，TG增大3.11%，QG增大4.40%。这其中只有CT的排序发生了变化，10cm处，CT的含水率变化大于LG和YG，这是因为在降雨强度大于土壤入渗率的情况下，CT的地表较有秸秆覆盖的地表更容易存蓄雨水，所以0～10cm土壤的含水率变化较大。从降雨结束到雨后60min，深度为10cm处，含水率变化由小到大依次为，CT增大1.11%，QG增大1.61%，YG增大1.65%，LG增大1.75%，TG增大2.20%。深度为20cm处，CT增大1.09%，TG增大1.10%，QG增大1.12%，LG增大1.50%，LG增大1.72%。含水率变化基本没规律可言，这种情况是由土壤入渗率、雨水量和径流三方面促成的。

综上所述，在整个雨水入渗过程中，QG的入渗最快，然后是TG，LG排在第三位，接着是YG，最后是CT，但这个过程又受降雨量和径流的影响。

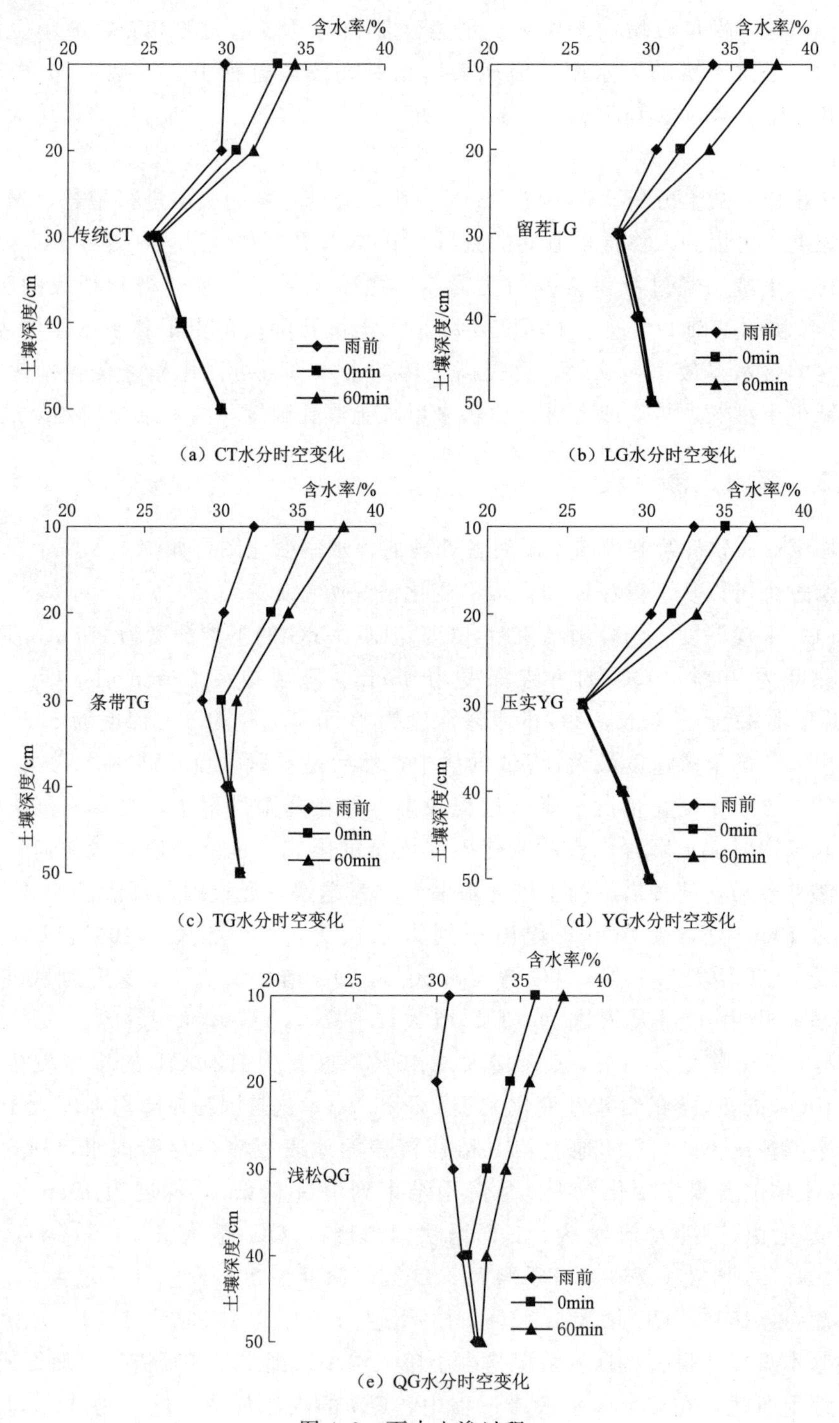

(a) CT水分时空变化

(b) LG水分时空变化

(c) TG水分时空变化

(d) YG水分时空变化

(e) QG水分时空变化

图 4.3 雨水入渗过程

4.3 保护性耕作对地温的影响

4.3.1 保护性耕作对平均地温的影响

地温是土壤的一个重要指标，影响作物的生长和发育。在一定范围内，地温越高，作物生长发育越快，但地温忽高忽低会给农业生产带来危害，所以为了作物更好地生长，要在提高地温的同时提高地温的稳定性。对各处理5cm、10cm、15cm、20cm、25cm处的地温进行计算和分析，得到各深度的平均地温，绘制其地温变化曲线，如图4.4所示。

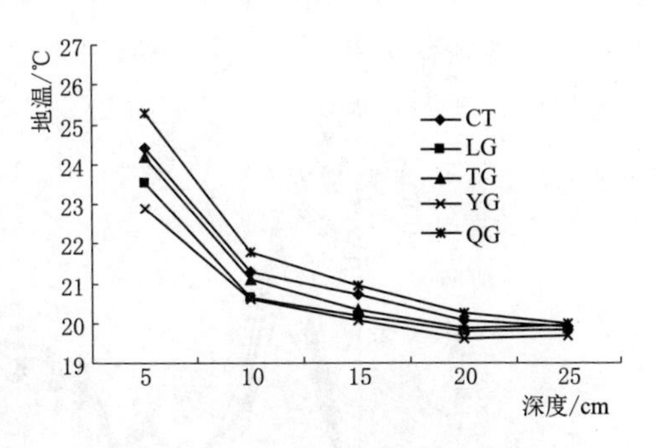

图4.4 平均地温变化曲线

由图4.4可以看出，地温由高到低依次为QG、CT、TG、LG、YG。首先从覆盖方式上分析，QG应用的是粉碎秸秆，并将其与土地的表层土壤搅拌在一起；而TG、LG、YG应用的是整根秸秆，将这些秸秆覆盖在土壤表面，QG的地温高于其他几种措施正是源于这一点。粉碎的秸秆与土壤混合在一起，增大了土壤的孔隙度，这样就有利于土壤和大气之间水热交换的进行；另外，经过秸秆与土壤的搅拌，土壤表面的粗糙度有一定程度的增大，地表面积有所增加，可以吸收更多的太阳能，这两个原因共同促进了QG的高地温。TG、LG、YG地表覆盖的秸秆在一定程度上相当于一道物理隔离层，会阻碍热量在土壤与大气之间的传递，起到降温作用。从耕作方式上分析，QG、TG属于少耕，LG、YG属于免耕。少耕由于翻耕了土壤的表层，会加大土壤的孔隙度，促进空气与土壤的热交换，促进地温的升高。免耕未进行翻耕，不会增大土壤的孔隙度，所以地温较少耕的低。而YG的压实会减小土壤的孔隙度，阻碍热量的传递，进一步降低地温。

4.3.2 保护性耕作对不同深度地温的影响

4.3.2.1 保护性耕作对5cm处地温的影响

对整个生育期内各处理5cm处的地温数据进行统计，绘制其变化曲线，如图4.5所示。土壤深度为5cm时，土壤温度在玉米整个生长期内变化基本一致，随着气温的变化而不断变化。从时间角度来看，出苗期的地温最高，这是因为在这期间作物的植株很小，当阳光照射地面时，基本起不到阻挡的作用，所以地表土壤可以最大限度地吸收光和热，地温迅速升高，但受天气影响较大。拔节期，随着植株的生长，地表被叶片遮盖的面积也越来越大，受阳光直射的面积就不断减小，影响了土壤对光和热的吸收，但气温又快速上升，受两者共同作用，地温上升较缓慢。抽穗期和灌浆期，虽然这两个时期的气温很高，但由于长大的植株基本上可以完全遮盖住地表，阳光不能直接照射到地表，阻碍土壤对热量吸收的同时又减少了蒸发，使土壤表层有很高的含水率，这时气温波动较小，有下降的趋势。到了成熟期，地温有上升趋势，这是由于这个时期植株的叶片逐渐变黄和脱落，阳光照射地表的面积不断增大，土壤就能吸收更多的光和热，地温开始上升。

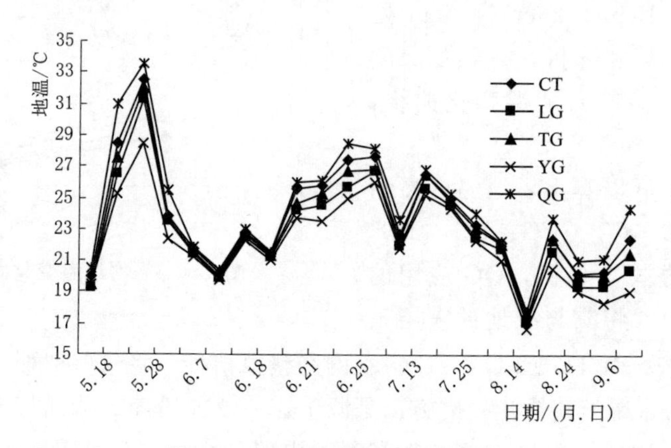

图 4.5 5cm 深度地温变化曲线

不同保护性耕作对各处理的地温有很大的影响，QG 的地温高于 CT，而 TG、LG 与 YG 的地温小于 CT。这种情况主要原因是覆盖方式和耕作方式的不同。由于深度较小，各个处理间的地温受保护性耕作措施影响最大，地温之间的差距也最大。

从变化空间来看，QG 最高地温与最低地温相差 15.7℃，CT 最高地温与最低地温相差 15.1℃，TG 最高地温与最低地温相差 14.7℃，LG 最高地温与最低地温相差 14.2℃，YG 最高地温与最低地温相差 11.8℃。QG 因为其热传递的速度最快，所以地温的变化幅度最大。TG 的热传递速度仅次于 QG，地温变化空间较大，小于 QG。LG 的热传递速度较慢，地温变化较小。YG 的热传递速度最慢，地温情况最稳定。

4.3.2.2 保护性耕作对 10cm 处地温的影响

对整个生育期内各处理 10cm 处的地温数据进行统计，绘制其变化曲线，如图 4.6 所示。深度为 10cm 处的地温与 5cm 处的变化趋势基本一致，且其变化主要受 5cm 处地温的影响。出苗期，地温逐渐升高；拔节期地温上升，但上升速度小于出苗期，并受降雨因素的影响；抽穗期和灌浆期地温下降；成熟期地温有上升的趋势。

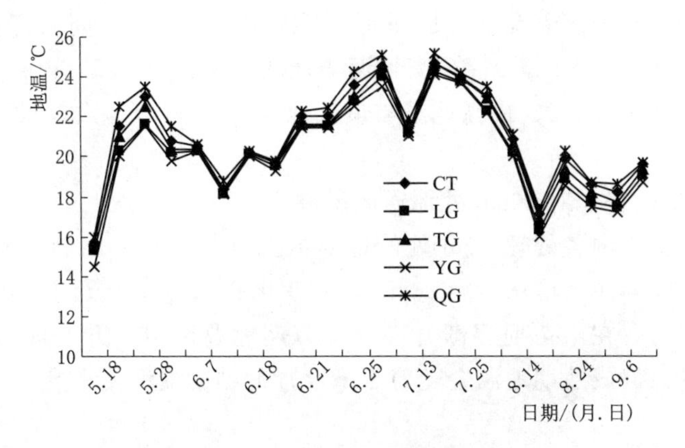

图 4.6 10cm 深度地温变化曲线

各个处理间比较，QG 的地温最高，CT 的地温仅小于 QG，TG 的地温排在第三位，然后是 LG，YG 的地温最低，这主要是覆盖方式和耕作方式这两方面的原因促成的。各处理之间的地温差距小于 5cm 处。受不同保护性耕作措施的影响，各处理变化空间也不同，QG 最高地温与最低地温相差 9.1℃，YG 最高地温与最低地温相差 9℃，CT 最高地温与最低地温相差 8.9℃，TG 最高地温与最低地温相差 8.7℃，LG 最高地温与最低地温相差 8.7℃。

4.3.2.3 保护性耕作对 15cm 处地温的影响

对整个生育期内各处理 15cm 处的地温数据进行统计，绘制其变化曲线，如图 4.7 所示。土壤深度为 15cm 时，地温的变化趋势与 5cm 和 10cm 时相同。在出苗期，土壤的温度随气温的升高而升高。在接下来的拔节期，地温会稍有上升。抽穗期、灌浆期地温开始缓慢下降。最后的成熟期，地温会稍有上升。

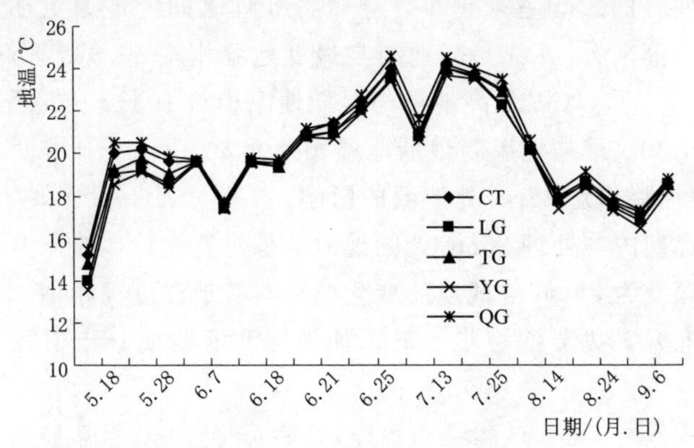

图 4.7 15cm 深度地温变化曲线

保护性耕作会在不同程度影响地温。各处理之间相比较，QG＞CT＞TG＞LG＞YG，而且各处理间的差距比5cm和10cm处小，这是因为覆盖方式和耕作方式对地温的影响会随着深度的加深而不断减小。就变化空间而言，YG最高地温与最低地温相差9.8℃，LG最高地温与最低地温相差9.5℃，CT最高地温与最低地温相差9.2℃，QG最高地温与最低地温相差9.1℃，TG最高地温与最低地温相差8.8℃。

4.3.2.4 保护性耕作对20cm处地温的影响

对整个生育期内各处理20m处的地温数据进行统计，绘制其变化曲线，如图4.8所示。地温在土壤深度为20cm处的变化和5cm、10cm和20cm处大致相同。大致走向为，在出苗期逐渐升高，拔节期地温逐步上升，抽穗期和灌浆期地温逐渐下降，但成熟期地温会随着玉米叶片的枯萎而缓慢上升。

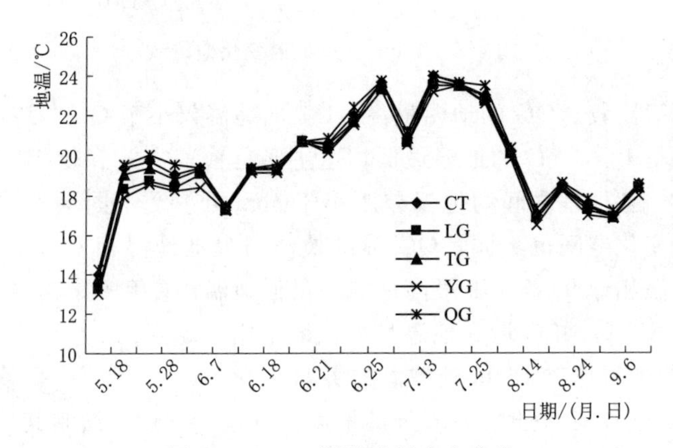

图4.8 20cm深度地温变化曲线

地温排序仍为QG＞CT＞TG＞LG＞YG，而且由于保护性耕作随着土壤深度的增大而对地温的影响越来越小，导致各处理之间的地温更加接近。从地温的最大值和最小值来看，LG最高地温与最低地温相差10.3℃，YG最高地温与最低地温相差10.2℃，CT最高地温与最低地温相差10℃，TG最高地温与最低地温相差10℃，QG最高地温与最低地温相差9.8℃。

4.3.2.5 保护性耕作对25cm处地温的影响

对整个生育期内各处理25cm处的地温数据进行统计，绘制其变化曲线，如图4.9所示。深度为25cm处地温的变化趋势与其他深度很相似。变化趋势大致为出苗期迅速上升，拔节期稳步上升，抽穗期和灌浆期逐步下降，成熟期会稍有上升。

地温排序依然是QG＞CT＞TG＞LG＞YG。此时，地温基本不受保护性耕作措施的影响，所以各处理之间的地温很接近，几乎相同。从空间角度出发，

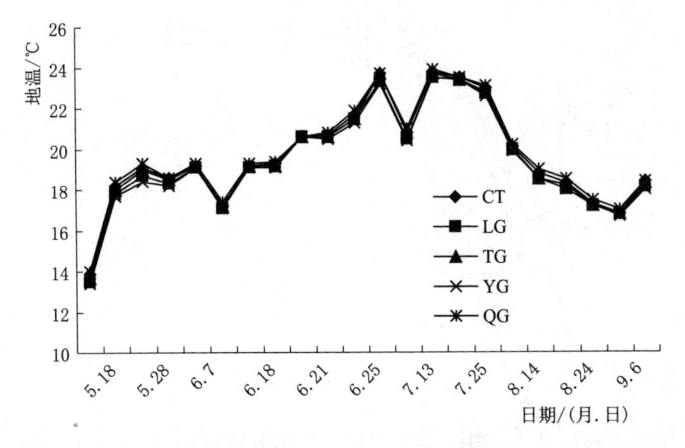

图 4.9　25cm 深度地温变化曲线

YG 最高地温与最低地温相差 10.1℃，LG 最高地温与最低地温相差 10℃，TG 最高地温与最低地温相差 10℃，CT 最高地温与最低地温相差 9.9℃，QG 最高地温与最低地温相差 9.9℃。

综上所述，不同保护性耕作措施对地温的影响程度也是不同的，但影响程度随着土壤深度的增加而减小。QG、CT、TG、LG、YG 的平均地温分别为 21.65℃、21.28℃、21.09℃、20.80℃、20.56℃。QG 具有增温的作用，相反，TG、LG、YG 有降温的作用，且作用依次增强。地温的变化空间越小，地温就越稳定，保温效果越好。QG、TG 的变化空间小，保温效果好，而 LG、YG 的变化空间大，保温效果不好，即少耕的保温效果好于免耕的。

4.4　保护性耕作对玉米生长状况和产量的影响

4.4.1　保护性耕作对玉米出苗率的影响

出苗率与其他的生长指标有所不同，它在很大程度上影响着作物的生长，如果出苗较早，在同一时间，其株高、茎粗、叶面积和干物质等都有很大的优势。出苗率主要受土壤含水率和地温两方面的影响。对玉米出苗率进行统计，结果如图 4.10 所示。

(1) 出苗率时程变化。由图 4.10 可以看出，几种处理开始出苗的时间基本相同。从整体上来看，出苗速度由大到小依次为 LG>YG>TG>QG>CT，说明保护性耕作可以起到促进作物出苗的作用。QG 出苗的速度在整个过程中不断减小，到 5 月 22 日为止达到 96.70%，之后没有变化，进行移栽。CT 的出苗情况与 QG 基本相同，到 5 月 28 日为止达到 94.70%，之后没有继续出苗，进行

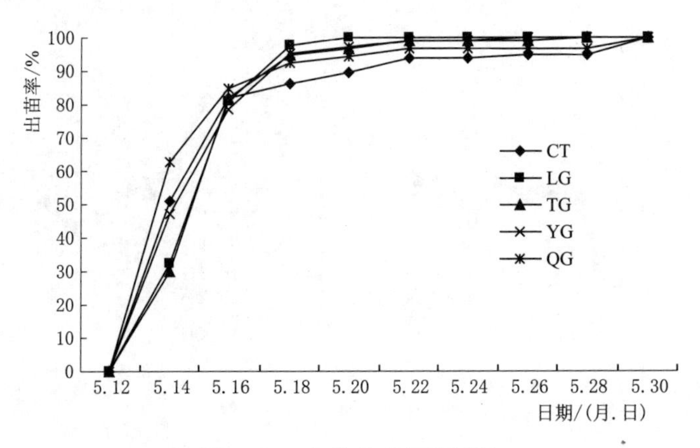

图 4.10　出苗率变化对照图

移栽。TG的出苗率在开始时增长速度小于对照，但出苗中期后，增长速度较快，于5月28日达到100%。LG的出苗率变化较大，于5月20日出苗率最先达到100%。YG的出苗率增长速度较慢但很稳定，于5月26日达到100%。

(2) 出苗率影响分析。从图4.10可以看出，整个过程有两个关键的时间节点，即5月16日和5月18日。5月16日，QG、TG、CT、LG、YG的出苗率分别为84.62%、81.72%、81.91%、80.72%、78.64%，这与之前相比排序发生了变化，这是由于在这个时间每种处理都可以提供足够的水分，地温越高的处理，出苗率越高。5月18日，各种措施的出苗率排序又一次发生了变化，LG、YG、TG、QG、CT的出苗率分别为97.59%、95.15%、94.62%、92.30%、86.17%，这是因为这个时间的地温都很适宜作物的生长，含水率越高，出苗率越高。

4.4.2 保护性耕作对玉米株高的影响

株高是植物形态学调查工作中最基本的指标之一，它可以直接反映作物的生长、发育情况。在一定范围内，含水率越大，温度越高，作物的生长发育情况越好。对玉米株高的数据进行统计，结果如图4.11所示。

(1) 株高时程变化。在玉米的生长发育期，作物的株高变化趋势基本相同。先增大，然后减小，最后在一段时间内保持不变。拔节期是植株生长发育最关键的时期，株高的变化主要集中在这一时期。抽穗期，因为抽穗，株高会稍有增大。灌浆期株高又发生了变化，开始降低，这是因为随着作物的生长玉米穗会慢慢变干，导致株高小幅度降低。成熟期株高会随着作物的枯萎而减小。

(2) 株高影响分析。从图4.11可以看出，几种保护性耕作措施下，玉米的株高有明显的差距。从最大值来看，QG>TG>CT>LG>YG；从变化的速度

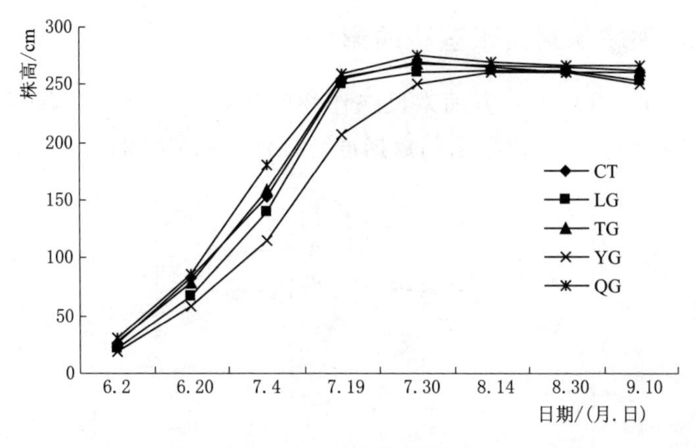

图 4.11　株高变化曲线

来看，QG>TG>CT>LG>YG。从总体趋势上来看依然是 QG>TG>CT>LG>YG，首先这是受作物出苗的影响，但最主要的是受含水率和地温两个方面的影响。

QG，首先它的覆盖方式，秸秆覆盖可以减少蒸发，将秸秆与土壤混合，可以促进雨水的入渗，这就增大了土壤的含水率。同时这样的覆盖方式可以增加地表面积，获得更多的阳光，提高地温。再者，土壤中的粉碎秸秆腐烂之后可以为作物提供更多的肥料，所以 QG 的株高最大。TG 与 QG 一样，都采用了覆盖与少耕结合的方式，整根秸秆的覆盖可以减少蒸发、增大含水率，但效果较 QG 差。但这样的覆盖也会阻碍土壤与大气间的水热交换，降低地温。综合含水率和地温两个因素，TG 的地温仅次于 QG。LG 是免耕与覆盖相结合，覆盖和免耕都可以减少蒸发，提高土壤含水率，但这样做的同时会降低地温，且降低地温的作用较强，所以它的株高较小。YG 经过了免耕、压实和覆盖，这三者都会减少蒸发，提高含水率和降低地温，这就促成了其株高最小。

从株高的变化过程中，有一个地方很特殊。就是在 7 月 19 日，YG 的株高与其他相差较大，这是因为 YG 严重抑制了作物的生长，使作物生长变慢，在其他处理中作物的株高达到最大值时，YG 中的作物仍在生长，直到 7 月 30 日，株高才与其他处理的株高接近。

各个处理间相比较，不同保护性措施对作物株高的影响不同。QG 和 TG 的株高都比 CT 的大，说明少耕与覆盖相结合的方式会增大作物的株高，但是 QG 与 CT 的差距很大，而 TG 与 CT 很接近，说明用粉碎秸秆覆盖的效果好于整根秸秆覆盖。LG 和 YG 的株高都比 CT 的小，说明免耕与覆盖相结合的方式会使作物的株高变小，但是 YG 的株高更小，说明压实对株高的影响远大于留茬覆盖。

4.4.3 保护性耕作对玉米茎粗的影响

作物的茎粗可以从另一方面来反映作物的生长发育情况，茎粗越大，作物抗风雨的能力越强。对玉米茎粗的数据进行统计，结果如图 4.12 所示。

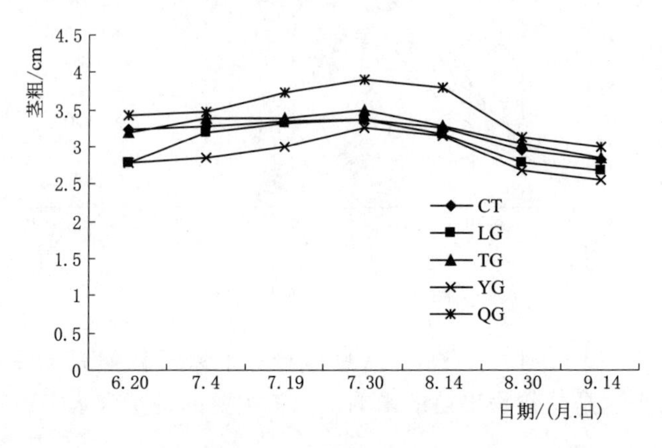

图 4.12 茎粗变化曲线

(1) 茎粗时程变化。如图 4.12 所示，几种措施的变化趋势基本一致，作物的茎粗到拔节期末都在不断增大，抽穗期基本保持不变，灌浆期到成熟期会有所下降。可以看出，在玉米整个生育期，各种措施之间有显著性差异，横向上比较，茎粗由大到小依次为 QG、TG、CT、LG、YG。与株高一样，这都是受地温和含水率的影响。

(2) 茎粗影响分析。首先看 QG，因为无论含水率还是地温，它的条件都最适合作物生长，所以其茎粗最大。TG 的茎粗大于 CT，但与 QG 相比较，从拔节期到灌浆期，QG 与 CT 的差距很大，而 TG 与 CT 更接近。LG 和 YG 茎粗从拔节期开始就小于其他几种措施，这是因为受到出苗期的影响，这两种处理的出苗晚而且苗也相对较弱小。拔节期两者相差较大，主要受土壤含水率和温度的限制。抽穗期、灌浆期和成熟期，茎粗很相近，这是因为在拔节期末茎粗达到了最大值。

图 4.12 中有一处较特殊，就是 QG 茎粗的最大值远比其他处理的大，但到了成熟期，茎粗和其他处理的相差无几，这是因为进入灌浆期以后，作物会逐渐丢失体内的水分，而 QG 的这个过程较快。这也从另一个角度说明了 QG 可以促进作物的生长和发育。

综合以上分析，QG 和 TG 皆是少耕，说明少耕与覆盖相结合可以起到增大茎粗的作用，但受覆盖方式的影响，QG 比 TG 的作用更强。LG 和 YG 皆是免耕，说明免耕与覆盖相结合可以起到减小茎粗的作用，受耕作方式的影响，LG 较 YG 程度更小。

4.4.4 保护性耕作对玉米叶面积指数的影响

叶面积指数与株高和茎粗一样都是作物生长的重要指标，但它对作物的影响远比其他两项大。这是因为作物的叶面积大，遮挡住的阳光就多，就会起到减少蒸发和降低地温的作用；反之，这就作用到了作物上，并且不断循环，所以叶面积指数对作物的影响更大也更复杂。同时，近年来随着科技的发展和研究程度的加深，叶面积指数在产量预测中也起到了一定的作用。图 4.13 所示为玉米叶面积指数在生育期内的变化情况。

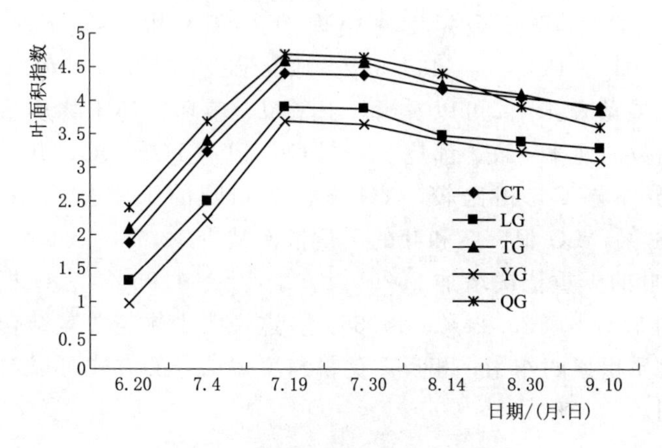

图 4.13 玉米叶面积指数变化曲线

(1) 叶面积指数时程变化。各措施叶面积指数在生育期内变化基本一致，拔节期叶面积指数快速上升，并在拔节期末达到最大值，抽穗期保持稳定，大小基本不变，灌浆期和成熟期开始持续下降。整体上来看，叶面积指数基本为 QG＞TG＞CT＞LG＞YG。

(2) 叶面积指数影响分析。6 月 20 日，叶面积指数之间相差较大，这是因为几种措施的出苗和苗的状况存在差距影响了拔节期的叶面积。与对照组相比，几种处理叶面积指数的变化速度基本保持不变，但在最大值上有很大的不同，为 QG＞TG＞CT＞LG＞YG。QG 的叶面积指数较 CT 大了 6.82%，说明在增大叶面积方面，QG 的效果很好；TG 的叶面积指数较 CT 大了 4.55%，与 CT 更接近，说明在增大叶面积方面，TG 的效果很弱。QG 和 TG 都采取的少耕，出现这种差异的原因与株高、茎粗的原因相同，即两种处理采取的覆盖方式导致了这种差异，粉碎秸秆覆盖的作用大于整根秸秆覆盖。LG 的叶面积指数比 CT 小了 11.36%，说明 LG 可以减小叶面积，而且作用很强；YG 的叶面积指数比 CT 小了 15.90%，比 LG 的叶面积指数更小，说明其减小叶面积的效果较 LG 更强。LG 和 YG 都采用的是整根秸秆覆盖与免耕结合的方式，不同的是 LG

有留茬覆盖，YG经过了压实处理，这就是出现差异的原因，同时这也说明了免耕与覆盖结合的方式可以减小作物的叶面积，并且压实的作用大于留茬覆盖。

图4.13中，QG的叶面积指数从拔节期到灌浆期都最大，但到了成熟期，叶面积指数却比TG和CT都小。形成这种现象的原因是QG中的作物比其他处理中的作物成熟得早，率先失去水分，变黄、变干，所以叶面积变小的较快。这一现象也说明QG除了可以使作物生长得更好之外，还可以使作物生长更快。

4.4.5 保护性耕作对玉米干物质的影响

YG、LG、CT、TG、QG几种处理的玉米干物质量分别为390.70g、395.45g、405.03g、452.29g、466.69g。对玉米根、茎、叶的鲜重和干重数据进行统计，结果见表4.4。可以看出，玉米根、茎和叶的干物质量与株高、茎粗、叶面积指数的规律一致，都是YG<LG<CT<TG<QG，几种措施之间存在较大的差异。与CT相比较，YG根、茎和叶的干重依次减少15.87%、1.61%、12.95%，LG根、茎和叶的干重依次减少12.75%、1.44%、3.79%，TG根、茎和叶的干重依次增加2.29%、13.41%、1.95%，QG根、茎和叶的干重依次增加8.57%、25.44%、14.36%。这说明少耕与覆盖结合的方式可以起到促进干物质积累的作用，相反，免耕与覆盖结合的方式可以起到抑制干物质积累的作用。

表4.4　根、茎、叶的鲜重、干重　单位：g

处理	根		茎		叶	
	鲜重	干重	鲜重	干重	鲜重	干重
CT	117.31	25.33	770.53	342.79	44.00	36.91
LG	98.70	22.10	842.01	337.84	83.21	35.51
TG	123.13	25.91	965.91	388.75	61.23	37.63
YG	91.32	21.31	726.60	337.26	68.11	32.13
QG	146.03	27.5	986.21	429.98	44.13	42.21

YG、LG、CT、TG和QG根的含水率分别为76.66%、77.61%、78.41%、78.96%、81.17%，茎的含水率分别为53.58%、59.88%、55.51%、59.75%、56.40%，叶的含水率分别为52.83%、57.32%、16.11%、38.54%、4.35%。其中，根和茎的含水率都很接近，只有叶的含水率相差较大，QG的仅为4.35%，这是因为在成熟期末时叶片大部分已经枯萎。

4.4.6 保护性耕作对玉米产量的影响

对不同保护性耕作措施中穗长、穗粗、百粒重、出籽率和产量的数据进行整理和分析，结果见表4.5。可以看出，穗长、穗粗的最大值存在于QG中，最小值存在于YG中，这与作物的长势相一致。当玉米穗较大时，穗上会有更多的籽粒，产量更高。百粒重的最大值存在于QG中，最小值存在于YG中，百粒重越大说明玉米籽粒发育的越好。出籽率一般指果实中可用部分（一般是种仁或种子）与全部果实的比例。出籽率的最小值出现在TG，最大值出现在YG中，这是因为当果实发育不好时，棒的质量也小，果实发育好时，棒的质量也会随之增加，而出籽率的大小受籽粒重和棒重共同影响。

表4.5 产量分析

处理	穗长/cm	穗粗/cm	百粒重/g	出籽率/%	产量/(kg/hm^2)
CT	19.5	5.4	52.3	90.32	12683
LG	18.3	5.0	48.8	89.01	11524
TG	19.9	5.5	55.6	88.83	13302
YG	17.9	4.6	47.3	90.55	10525
QG	21.0	6.1	58.1	89.45	14027

对不同处理下玉米的产量进行分析，从整体上来看，不同保护性耕作措施对玉米产量的影响不同，YG的产量最低为10525kg/hm^2，QG的产量最高为14027kg/hm^2，后者较前者大了33.27%。TG和QG有增产的作用，TG的产量比CT大4.88%，QG的产量比CT大10.60%。YG和LG有减产的作用，YG的产量比CT小17.01%，LG的产量比CT小9.14%。从耕作方式来看，少耕的TG和QG有增产的作用，免耕的YG和LG有减产的作用。从覆盖方式来看，粉碎秸秆覆盖的QG有增长的作用，整根秸秆覆盖中，TG有增产的作用，YG和LG有减产的作用。QG的穗长、穗粗、百粒重和产量较CT增加7.69%、12.96%、11.09%、10.60%，TG的穗长、穗粗、百粒重和产量较CT增加2.05%、1.85%、6.31%、4.88%，LG的穗长、穗粗、百粒重和产量较CT减少6.15%、7.41%、6.69%、9.14%，YG的穗长、穗粗、百粒重和产量较CT减少8.21%、14.82%、9.56%、17.02%。综合耕作方式和覆盖方式来看，少耕与覆盖相结合的方式是提高当地玉米产量较合适的保护性耕作方式，其中粉碎秸秆覆盖和少耕相结合的方式增产效果最明显。

4.4.7 水分利用效率和经济效益分析

4.4.7.1 水分利用效率

水分利用效率是用来评价作物的一个综合性生理指标，它可以表示水分利用的经济程度和作物的适宜程度，从本质上来讲就是作物耗水量和产量之间的

关系。水分利用效率在生产上具有一定的意义，如果水分利用效率较高，说明在缺少水分时，作物的产量相对较稳定。其计算公式如下

$$WUE=Y/ET \tag{4.2}$$

式中：WUE 为水分利用效率；Y 为玉米产量，kg/hm^2；ET 为耗水量，mm。

ET 的计算公式如下

$$ET_{1-2}=10\sum_{i=1}^{n}\gamma_i H_i(W_{i1}-W_{i2})+I+P+K-C \tag{4.3}$$

式中：ET_{1-2}为阶段的耗水量，mm；i 为土层的序号；n 为土层的总数；γ_i 为第 i 层土壤的干容重，g/cm^3；H_i 为第 i 层土壤的厚度，cm；W_{i1} 与 W_{i2} 为第 i 层土壤在时段开始和结束的含水率；I 为时段内的灌水量，mm；P 为时段内的降水量，mm；K 为时段内地下水的补给量，mm；C 为时段内的径流量，mm。

将各处理产量、耗水量和水分利用效率的数据进行汇总，结果见表 4.6。TG 和 QG 的水分利用效率分别较 CT 增大 11.67%和 11.33%，LG 和 YG 分别较 CT 减小 1.33%和 6.00%。在经济效益方面，LG、TG 和 QG 的产投比分别较 CT 增大 15.43%、6.52%和 0.47%，YG 的产投比较 CT 减小 10.01%。几种处理的水分利用效率为 TG>QG>CT>LG>YG。水分利用效率是玉米产量和含水量的比值，受两者共同影响。TG 的产量和 CT 的很接近，但其耗水量较 CT 小 24.4mm，所以水分利用效率最大。QG 的产量较高，耗水量和 CT 接近，致使其水分利用效率比 CT 大。LG 和 YG，虽然耗水量很少，但减产较严重，所以水分利用效率比对照的小。以上分析说明，TG 与 QG 是提高水分利用效率的有效方法。

表 4.6　各处理产量、耗水量和水分利用效率汇总表

处理	产量/(kg/hm^2)	耗水量/mm	水分利用效率/(kg/m^3)
CT	12683	421.49	3.00
LG	11524	389.42	2.96
TG	13302	397.09	3.35
YG	10525	373.45	2.82
QG	14027	420.51	3.34

4.4.7.2 经济效益

不同处理下玉米的经济效益情况见表 4.7。

从表 4.7 可知，总投入为 QG>CT>TG>YG>LG，几种措施的肥料投入、种子投入均相同，总投入存在差异主要是农药投入、用功投入不同，其中用功投入起到最为关键的作用。QG 中因为杂草较少，所以农药的用量也就相对较少，但是其耕作过程复杂、工作量大，所以用功投入多，综合两个因素它的总

表 4.7 各处理经济效益情况表

处理	肥料投入/(元/hm²)	种子投入/(元/hm²)	农药投入/(元/hm²)	用功投入/(元/hm²)	总投入/(元/hm²)	产量收益/(元/hm²)	纯收益/(元/hm²)	产投比
CT	2623.7	187.4	149.9	4497.8	7458.8	30439.2	22980.4	3.08
LG	2623.7	187.4	151.2	3109.2	6071.5	27657.6	21586.1	3.56
TG	2623.7	187.4	145.1	4501.3	7457.5	31924.8	24467.3	3.28
YG	2623.7	187.4	170.0	3716.0	6697.1	25260.0	18562.9	2.77
QG	2623.7	187.4	141.0	5270.1	8222.2	33664.8	25442.6	3.09

投入最大。TG 的总投入比 CT 的略小，这是由于它的用功投入与 CT 的非常接近，仅是农药的用量稍小一些。YG 和 LG 都是免耕，所以用功投入都很少，导致它们的总投入小于其他几种处理。但是 YG 要对土壤进行压实，用功投入较大，同时 YG 的土壤环境非常适合杂草的生存，杂草量非常大，在农药上的费用最大，所以 YG 的总投入大于 LG。

纯收益是产量收益和总投入两者的差值，排序为 QG＞TG＞CT＞LG＞YG。产投比是纯收益和总投入的比值，是衡量经济效益的静态指标，它对经济计划的编制、经济结构的分析、经济的预测、经济政策、产品价格和一些社会问题有着特定的作用。产投比越大，说明投入的回报就越大，经济效果就越好。产投比的排序为 LG＞TG＞QG＞CT＞YG，说明不是纯收益越大，产投比就越大。LG 的产投比最大，说明它的经济效益最好，是这四种保护性耕作方法中提高玉米经济效益最有效的方法。

4.5 玉米产量预测

在产量预测方面，世界各国专家都做了大量的工作，同时也取得了很好的成果。但就目前的研究来看，国内外的侧重点不同，国外把 3S 和统计方面的预测模型作为重点研究对象，国内则把应用数学模型来预测产量变化作为重点研究对象，主要应用灰色系统、BP 神经网络等。

4.5.1 径向基神经网络

多变量插值的径向基函数是由 Powell 在 1985 年提出的，在这个基础上，Moody 和 Darken 通过不懈的研究和探索，在 1988 年提出了径向基（radial basis function，RBF）神经网络。

本节的研究是基于 RBF 神经网络的，RBF 神经网络中应用的插值方法对目前绝大部分的系统都可以进行辨识以及建模。RBF 与其他神经网络不同，除了共有的优点外，其算法更简便，速度更快。建立一个 RBF 网络，如果隐含层内的节点数足够多，那么经过反复学习，就能够以任意的精度来逼近函数，此外，它的收敛速度非常快，抗噪以及修复能力很强。理论上，虽然 RBF 网络与 BP 网络都是可以以任意的精度来逼近函数的，但是它们所应用的激励函数不同，使得逼近性能也不尽相同。国外现有的研究已经证明，RBF 网络在逼近连续函数的效果上是最好的。BP 网络使用的是 Sigmoid 函数，这个函数有全局性，输出值会受到与输入值接近节点的影响，而且激励函数会出现相互影响和相互重叠的状况，所以 BP 网络的训练过程相对较长。同时，BP 网络的算法不够灵活，不可能从根源上解决局部极小的难题，并且其隐含层的节点数是根据经验和试凑的方法得出的，所以不能够轻易获得最优的网络。而 RBF 网络采用的局部激励函数可以很好地解决这个难题，RBF 除了很好的泛化能力外，对输入的每个数据，只有少数几个节点会出现非零激励值，所以在计算过程中改变极少数的节点和权值即可。因此 RBF 网络的学习速度比一般的 BP 算法要快很多，对新数据的适应性好，尤其是隐含层的节点数是通过训练来确定的，收敛更容易，最优解也更容易得到。

4.5.1.1 神经元模型

图 4.14 是一个径向基的神经元模型，是由 m 个输入组成的。神经元的传递函数多种多样，但是高斯函数是最常用的函数。输入向量 x 和权值向量 w 两者之间的距离与阈值 b 的乘积为神经元 radbas 的输入。其传递函数可表示形式为

$$\text{radbas}\ (n)\ =\mathrm{e}^{-n^2} \tag{4.4}$$

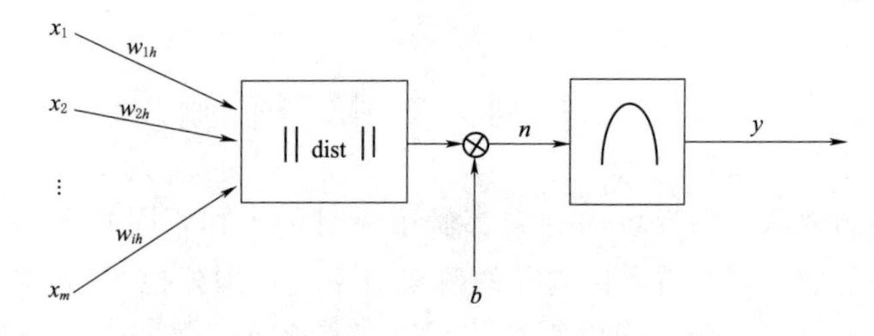

图 4.14 神经元模型

从图 4.14 中可以看出，对于径向基函数，如果输入的值为 0，那么此时径向基函数就会得到其最大值 1。也就是说，如果权值向量 w 与输出向量 p 的距离变小，输出就会逐渐增大。所以，当输入 p 和权值 w 相同时，神经元的输出正好为 1。这就意味着，当函数的输入信号越接近函数的中心，隐含层节点产生的输出就会越大。通过上述分析，可知 RBF 神经网络可以在局部进行逼近，这就是 RBF 神经网络又称局部感知场网络的原因，其中阈值 b 起到调节径向基神经元灵敏度的作用。

4.5.1.2 网络结构

图 4.15 是神经网络的结构图。RBF 神经网络属于前馈网络，共有三层，分别是输入层、隐含层和输出层，每一层都由若干个神经元组成。其中，输入层由信号源结点构成，它可以把网络和外界环境紧密联系起来，而结点数是由输入的维数来决定。隐含层中隐单元数是根据具体问题的情况确定的。最后为输入层，即对输入做出相应的反应。RBF 网络经过输入层、隐含层和输出层之间的变化，最终达到从非线性输入空间向输出空间映射的目的。

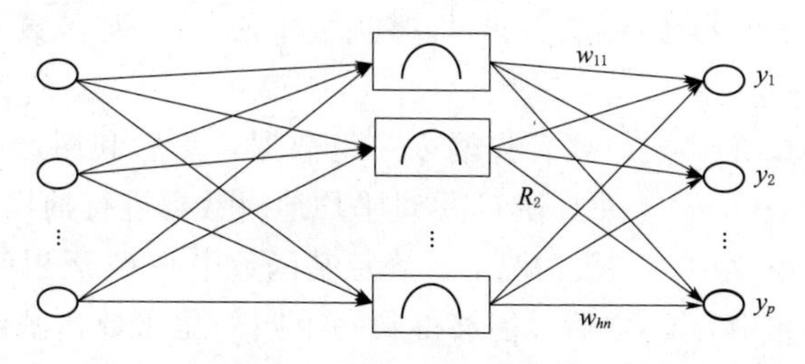

图 4.15 神经网络结构图

在 RBF 神经网络中，假设输入 $X=[x_1,x_2,\cdots,x_n]$，实际输出 $Y=[y_1,y_2,\cdots,y_n]$。输入层则实现了从 X 到 $R_i(X)$ 的非线性映射，而输出层则实现了 $R_i(X)$ 到 y_k 的线性映射。此时，输出层的输出结果为

$$y_k=\sum_{i=1}^{h}w_{ik}R_i(X),\ k=1,2,\cdots,p \tag{4.5}$$

式中：p 为输出层的节点数；w_{ik} 为隐含层第 i 个神经元和输出层第 k 个神经元的连接权值；$R_i(X)$ 为隐含层第 i 个神经元的作用函数。

其中

$$R_i(X)=\exp-(\|X-C_i\|^2/2\sigma_i^2),\ i=1,2,\cdots,m \tag{4.6}$$

式中：X 为 n 维的输入向量；C_i 为第 i 个基函数的中心，是和 X 具有同样维数的向量；σ_i 为第 i 个基函数的宽度；m 为感知单元的个数，即隐含层的节点数；$\|X-C_i\|$ 为向量 $X-C_i$ 的范数，通常表示 X 和 C_i 两者之间的距离。$R_i(X)$ 的值在 C_i 处最大而且仅有一处，当 $\|X-C_i\|$ 不断增加时，$R_i(X)$ 的值逐渐减小，并且直到 0。

4.5.1.3 原理

把输入向量加入到网络的输入端，此时径向基层中的每个神经元就会给出相应的输出，这个值所代表的就是输入向量和神经元权值两者间接近的程度。假如输入向量和权值向量之间的差距很大，那么径向基层中的输出则很接近 0，并且经过下一层中的线性神经元，其输出也近似等于 0。假如输入向量和权值向量之间的差距很小，那么径向基层中的输出很接近 1，并且经过下一层中的线性

神经元，其输出值就会与第二层的权值更接近。

在上述过程中，假如有且仅有一个径向基的神经元，其输出为1，同时其余神经元的输出都为0，或者与0很接近，那么此时该层的输出就可以看作某神经元输出为1时，与之相对应的下一层权值的数值。就普遍情况而言，输出为1的RBF神经元不止一个，因此其输出的结果就会有所差异。

4.5.1.4 学习方法

RBF网络中，隐含层执行的变换是非线性的，而且是一成不变的。在整个过程中，需要求解的参数共有三个，即基函数中心 C_i、基函数宽度 σ_i 和隐含层到输出层的权值 w_{ik}。

基函数中心 C_i 的确定，要首先输入一组数据，然后利用这组数据来计算出 m 个 C_i（$i=1,2,\cdots,m$），并且使 C_i 尽量平均地对数据进行抽样，这样在数据点集中的地方，C_i 也集中。一般情况下，确定基函数中心 C_i 运用的是 K 均值聚类法。在训练基函数中心 C_i 之后，能够得到一个归一化参数，基函数宽度 σ_i 就是表示和每个中心相互联系的子样本集中样本散布的测度。确定基函数宽度 σ_i 最常用的是将其看作基函数中心和子样本集当中样本模式之间平均的距离。连接权值 w_{ik} 在RBF中可以运用最小均方差的误差测度准则来修正。

4.5.2 产量预测模型

4.5.2.1 数据预处理

为了使预测的结果更加准确，首先要对数据进行处理，把数据转换成为能够适合于RBF网络的形式，即将数据进行规格化处理，公式如下

$$t'=\frac{2(t-t_{\min})}{t_{\max}-t_{\min}}-1 \tag{4.7}$$

式中：t 为规格化前的变量；$t_{\min}$ 为 t 的最小值；$t_{\max}$ 为 t 的最大值；t' 为规格化后的变量。

4.5.2.2 模型建立

本研究是借助MATLAB语言来进行的，MATLAB经过几十年的研究和改进，已成为一个非常受欢迎的计算软件。它是一个包含多种学科和工程计算的系统，囊括了到目前为止的大部分较完善的神经网络的设计方法，使人们远离了复杂而烦琐的编程工作，工作效率得到了大幅度的提高。

将土壤0～25cm地温、0～30cm含水率、株高、茎粗、叶面积指数作为预测因子。利用RBF神经网络来建立玉米产量的预测模型，用三年的数据来训练网络，之后对2013年的产量进行预测。预测因子为输入，产量为输出，输入层的节点数为预测因子数，输出层的节点数为1。首先利用工具箱来学习已有的样本，能够得到样本训练后的拟合结果。之后利用这个已经训练好的神经网络，

对 2013 年的产量进行验证，并对预测的结果进行分析。

4.5.2.3 模型的预测与结果分析

应用 newrb 函数来构建神经网络，训练样本见表 4.8。

表 4.8 训 练 样 本

序号	5cm处地温/℃	10cm处地温/℃	15cm处地温/℃	20cm处地温/℃	25cm处地温/℃	5cm处含水率/%	10cm处含水率/%	株高/cm	径粗/cm	叶面积指数	产量/(kg/hm²)
CT1	24.5	22.0	20.9	20.5	20.1	16.7	23	275	3.4	4.43	12467
CT2	26.0	24.3	21.1	20.3	19.9	16.3	21	279	3.5	4.47	12136
CT3	23.9	20.9	20.4	20.0	19.5	17.1	23	265	3.3	4.20	12345
LG1	23.9	20.8	20.2	20.0	19.9	22.7	25	263	3.4	4.01	11345
LG2	24.1	21.1	20.5	20.2	20.0	21.7	24	265	3.4	4.07	11188
LG3	23.1	20.2	19.9	19.6	19.5	24.3	26	258	3.3	3.76	11267
TG1	24.5	22.0	20.9	20.5	20.1	16.7	23	275	3.4	4.43	12467
TG2	26.0	24.3	21.1	20.3	19.9	16.3	21	279	3.5	4.47	12136
TG3	23.9	20.9	20.4	20.0	19.5	17.1	23	265	3.3	4.20	12345
YG1	22.9	20.7	20.1	19.7	19.8	20.7	23	253	3.3	3.76	10330
YG2	23.3	20.9	20.4	20.1	19.9	19.9	23	255	3.4	3.80	10146
YG3	22.3	20.1	19.7	19.3	19.4	21.9	24	247	3.2	3.63	10297
QG1	25.5	21.9	21.1	20.4	20.1	18.9	23	273	3.8	4.71	13900
QG2	25.8	22.2	21.3	20.6	20.1	19.0	23	276	4.0	4.76	13694
QG3	24.7	21.2	20.6	20.0	19.6	19.7	24	267	3.8	4.63	13879

完成训练后应用 sim 函数来实现仿真和预测。做出实测值和预测值的拟合曲线，如图 4.16 所示。计算实测值和预测值的相对误差，结果见表 4.9。

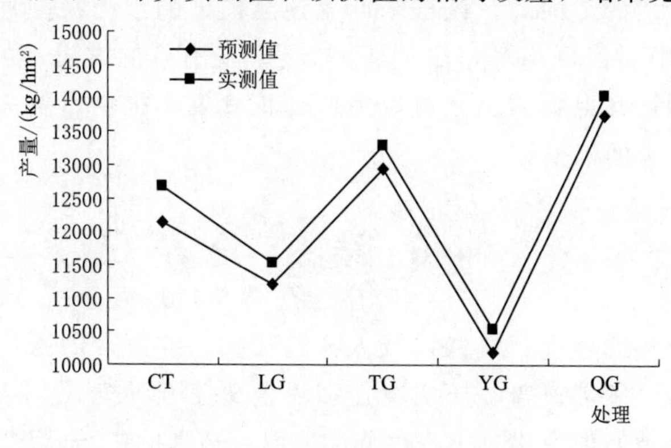

图 4.16 RBF 网络预测拟合曲线

表 4.9 RBF网络预测拟合结果

处理	预测值/(kg/hm^2)	实测值/(kg/hm^2)	相对误差/%
CT	12143	12683	4.26
LG	11198	11524	2.83
TG	12947	13302	2.67
YG	10196	10525	3.13
QG	13741	14027	2.04

图4.16给出的是产量预测模型的拟合结果，可以看出利用RBF网络求得的预测值和实测值很接近，效果较好。大致上可以反映出几种处理产量的变化趋势，为QG>TG>CT>LG>YG，与实测值的大小变化相一致，基本上可以准确地预测出玉米的产量。

对2013年的玉米产量进行检验，其结果见表4.9，可以发现几种处理样本的预测精度都达到了较高的要求。五组预测中，相对误差最大值为4.26%，平均值为2.99%，说明该网络的泛化能力较好、预测准确度较高。其中几种措施的相对误差，在一定程度上反映了产量受外界因素影响的情况。CT的相对误差最大，说明其产量更容易受环境和气象因素的影响，产量不够稳定，不利于保证粮食安全。相比较而言，四种保护性耕作方法可以为粮食安全提供可靠的保证，得到更大的社会和经济效益，应适当推广。

本研究运用RBF网络把土壤的水热情况、玉米生长情况和玉米的产量情况紧密地联系起来，结合数学建模和网络，使复杂和非线性的数据可以更好地适应产量预测模型。通过对预测产量大小、变化和相对误差这几个重要方面的分析，RBF网络处理各个生长指标和对产量预测时，其良好的学习能力、训练能力以及应用价值都得到了很好的体现。研究结果表明，该玉米产量预测模型的收敛速度和预测精度都是非常理想的，说明利用RBF网络对玉米产量进行预测，其结果是非常可信的。同时，该玉米产量预测模型的预测精度理想，具有很强的实用性，与BP神经网络等相比，是一个更新更有效的方法，可以推广到其他作物的产量预测，其得到的结果可以为保证粮食安全提供重要的信息，为政策的制定提供强有力的依据。

4.6 结　论

本研究综合考虑环境、气候以及人文、社会、经济等因素，共选取了传统耕作、留茬覆盖、条带覆盖、压实覆盖和浅松覆盖五种模式。结合田间试验的研究，分析这几种处理模式对土壤水分、地温、玉米的生长状况和产量的影响，并对玉米的产量进行预测。

（1）保护性耕作在减少棵间蒸发、提高土壤含水率和改善雨水的入渗三个方面都起到了很大的作用。试验中，四种保护性耕作措施的蒸发量变化趋势相同，从出苗期到灌浆期持续减小，到成熟期有所增加，而且几种措施都可以减少土壤的蒸发量。整个生育期内，LG、YG、TG、QG、CT的平均棵间蒸发量依次为1.11mm/d、1.25mm/d、1.38mm/d、1.48mm/d、1.57mm/d，LG、YG、TG、QG的抑制水分的蒸发率依次为29.24％、20.77％、12.04％、5.84％。这说明秸秆覆盖和少耕、免耕的方式都可以减少土壤水分的蒸发，而整根秸秆覆盖的效果大于粉碎秸秆覆盖，免耕的效果大于少耕，整根秸秆覆盖和免耕结合的方式抑制蒸发的效果最明显。

在土壤含水率方面，四种保护性耕作措施均可以不同程度地提高土壤的含水率，0～50cm的较为明显，而且从总体上看，随着深度的增加，影响程度逐渐变弱，到深度60cm处几种处理的含水率基本相同。LG、YG、TG、QG、CT的表土含水率分别为23.19％、21.04％、20.17％、19.05％、17.03％，主要受蒸发的影响，蒸发量越大土壤含水率就越低，深层土壤的含水率分别为30.14％、29.06％、30.81％、31.45％、28.55％，主要受到雨水入渗的影响，入渗的雨水越多，土壤的含水率就越高。

与对照相比较，四种保护性耕作措施都可以不同程度地影响雨水的入渗，从入渗深度和含水率变化来看，入渗最好的是QG，然后是TG，紧接着是LG和YG，最后是CT。这是由于覆盖在地面的秸秆可以延迟径流的产生，而且可以存蓄更多的雨水，同时地表粉碎的秸秆可以加快雨水入渗的速度，少耕可以使土壤变得疏松，有利于入渗，但免耕会减缓雨水的入渗。综合来看，几种措施都会提高雨水的入渗量，但粉碎秸秆覆盖优于整根秸秆覆盖，少耕优于免耕，其中粉碎秸秆覆盖和少耕相结合的方式入渗效果最好。

（2）保护性耕作对地温的影响显著。地温的变化受阳光照射和气温两者的共同影响。阳光照射的面积越大地温就越高，同样，气温越高地温就越高。随着土壤深度的增加，各深度的地温逐渐降低，且各深度之间的差距逐渐减小。在玉米生育期，各深度的地温变化几乎相同，先升高，然后下降，最后又会稍有回升，QG、CT、TG、LG、YG的平均地温分别为21.65℃、21.28℃、21.09℃、20.80℃、20.56℃。可以看出几种措施都对地温的变化起到了一定的作用，QG可以起到提高地温的作用，TG、LG、YG三种措施可以起到降低地温的作用，说明粉碎秸秆可以使土壤获得更多的热量，相反，整根秸秆会使土壤失去部分热量。

（3）各个保护性耕作措施都可以不同程度地影响玉米的生长和产量。玉米的出苗速度主要受地温和土壤含水率的影响，出苗的速度为LG＞YG＞TG＞

QG＞CT，说明试验中四种保护性耕作措施均可以不同程度地促进玉米的出苗。玉米的株高、茎粗和叶面积指数均为QG＞TG＞CT＞LG＞YG，说明QG和TG有益于玉米的生长，而LG和YG有碍于玉米的生长。主要有两个原因，一是土壤的含水率越高，作物的生长情况就越好；二是地温越高，作物生长发育的越快。其中，QG的各项生长指标都大于其他处理，除了上述原因之外，还因为经过一段时间，在土壤中的粉碎秸秆会腐烂，为玉米提供更多的养分和肥料。同时在生长期的后半段，QG的茎粗和叶面积指数都下降的较快，说明QG可以使玉米提早成熟，为农民增收提供有利条件。YG、LG、CT、TG、QG几种处理的玉米干物质量分别为390.70g、395.45g、405.03g、452.29g、499.69g，说明就YG和LG会减少玉米的干物质积累量，TG和QG会增加玉米的干物质积累量。QG的含水率情况最为特殊，也从另一个方面说明QG的作物成熟的更早。

QG的穗长、穗粗、百粒重和产量较CT增加7.69％、12.96％、11.09％、10.60％，TG的穗长、穗粗、百粒重和产量较CT增加2.05％、1.85％、6.31％、4.88％，LG的穗长、穗粗、百粒重和产量较CT减少6.15％、7.41％、6.69％、9.14％，YG的穗长、穗粗、百粒重和产量较CT减少8.21％、14.82％、9.56％、17.01％。QG、TG、CT、LG、YG的出籽率分别为89.45％、88.83％、90.32％、89.01％、90.55％。综上，说明QG和TG可以增产，而LG和YG可以减产，即秸秆覆盖和少耕结合的方式有增产作用，其中粉碎秸秆和少耕结合的增产效果最好，秸秆覆盖和免耕结合的方式有减产的作用。总体而言，同样覆盖的情况下，少耕比免耕在增产方面更有作用。

(4) 保护性耕作对水分利用效率和经济效益都有很大的影响。在水分利用效率方面，TG和QG的水分利用效率分别较CT增大11.67％和11.33％，LG和YG分别较CT减小1.33％和6.00％。在经济效益方面，LG、TG和QG的产投比分别较CT增大15.43％、6.52％和0.47％，YG的产投比较CT减小10.01％。

(5) 构建玉米产量预测模型，运用RBF神经网络对玉米的产量进行预测，其预测结果较为理想，几种措施预测值的变化趋势与实测值相一致，且预测误差均小于5％，说明基于保护性耕作的产量预测模型具有可行性。

第5章 不同秸秆翻埋还田量对土壤节水保肥和玉米产量的影响

5.1 试验设计与方法

5.1.1 试验区概况

5.1.1.1 地理位置

本试验是于2013—2014年在沈阳农业大学水利学院的综合试验基地进行的，该基地位于辽宁省沈阳市沈河区（北纬41°84′，东经123°57′），平均海拔44.7m，属丘陵地带，地面不平，土壤主要为潮棕壤土，土层深厚，保水、保土和保肥效果较好，平均土壤容重为1.37g/cm³。

5.1.1.2 气候特征

该试验基地属于暖温带大陆性季风气候，一年四季分明，温差大，冬长夏短，冬季寒冷干燥，春秋两季气温变化较快，多风少雨，夏季炎热多雨。年平均气温8℃，年平均最高气温13℃，年平均最低气温3℃。全年无霜期155～180d。年降雨量为500～600mm，受到季风的影响，降雨主要集中在7—8月，约占全年降雨总量的75％。

5.1.1.3 农业概况

属旱作农业区，玉米和水稻为主要种植作物。农业用水以天然降水为主要来源，水分利用效率较低，玉米5月初播种，9月末收获。

5.1.2 试验设计

本试验共有6种处理，每种处理3个重复，每个试验小区的规格长6m、宽3m，供试作物为玉米，品种为沈农15号，种植密度为0.55m×0.45m，秸秆传统翻埋量分别为3680kg/hm²、4907kg/hm²、6133kg/hm²、7360kg/hm²和8567kg/hm²。土壤的基本性质见表5.1，试验处理操作方法见表5.2。

表5.1 土壤的基本性质

指标	C/(g/kg)	N/(g/kg)	P/(g/kg)	有效磷/(mg/kg)	pH值	C∶N
含量	6.8	0.96	0.28	8.4	7.7	9.3

表 5.2 试验处理操作方法

处理	代码	操作方法
传统耕作	CT	秋收后去玉米茬，并移走秸秆，翻耕耙地，次年春季起垄播种玉米
秸秆翻埋覆盖1	JF30	秋收后去玉米茬，秸秆粉碎成3～5cm碎段，然后拌入10～20cm浅松土壤耕作层内，拌入量为3680kg/hm²，次年春季起垄播种玉米
秸秆翻埋覆盖2	JF40	秋收后去玉米茬，秸秆粉碎成3～5cm碎段，然后拌入10～20cm浅松土壤耕作层内，拌入量为4907kg/hm²，次年春季起垄播种玉米
秸秆翻埋覆盖3	JF50	秋收后去玉米茬，秸秆粉碎成3～5cm碎段，然后拌入10～20cm浅松土壤耕作层内，拌入量为6133kg/hm²，次年春季起垄播种玉米
秸秆翻埋覆盖4	JF60	秋收后去玉米茬，秸秆粉碎成3～5cm碎段，然后拌入10～20cm浅松土壤耕作层内，拌入量为7360kg/hm²，次年春季起垄播种玉米
秸秆翻埋覆盖5	JF70	秋收后去玉米茬，秸秆粉碎成3～5cm碎段，然后拌入10～20cm浅松土壤耕作层内，拌入量为8567kg/hm²，次年春季起垄播种玉米

5.1.3 测定内容和方法

5.1.3.1 土壤含水率的测定

土壤含水率分为6个深度进行测量，即10cm、20cm、30cm、40cm、50cm和60cm，应用时域反射仪（TDR）测量。正常条件下每5d测量一次，雨前、雨后加测一次，每个试验小区取3个点进行测量。

5.1.3.2 地温的测定

对5～25cm土层的地温进行测量，共分5个深度，即每5cm测一次，采用定点测量，用直角地温计在每天16:00进行测量。

5.1.3.3 棵间蒸发的测定

每天早上8:00，采用感量为0.1g的电子天平测量棵间蒸发，前后两天蒸发器称量的差值就是前一天的棵间蒸发量。蒸发器采用自制微型蒸发器（$d=10$cm，$h=15$cm），分为内筒、外筒和铁圈三部分。内筒、外筒均由铁皮制成，不封底，外筒直径比内筒稍大，它们之间可以相互移动。铁圈直径比内筒稍小，可以卡在内筒中。取土时，将内筒垂直放于地表，然后用锥子和木板将其压入土中，直至筒壁全部在土壤表面以下，之后移开周围的土壤，将内筒反转过来，将底面多余的土壤去掉、修平，用铁圈把滤纸和纱布卡在内筒底部，将外筒放在取土处，回填多余的土壤，直至地表与外筒上边缘平齐，之后将内筒放在外筒中，并保证内筒、外筒上边缘和地表平齐。在垄沟和垄台上各布置三个微型蒸发器用于测定棵间蒸发。为确保数据真实准确，内筒中土壤每周更换一次。

5.1.3.4 土壤养分的测定

土壤的取样分别于玉米生长的不同阶段进行分层取样，运用五点梅花状布点进行取样。取 0～30cm 土层的土壤进行风干制样，备室内分析之用。

土壤养分指标采用传统方法进行测定，有机质用重铬酸钾容量法；全氮用 Foss KjeltecTM 2300 全自动凯氏定氮仪测定；土壤碱解氮采用碱解扩散法；全磷采用钼蓝比色法测定；全钾的测定采用碱熔融火焰光度法；有效磷测定用 $NaHCO_3$（Olsen）法；速效钾用 NH_4AC 火焰光度法。

5.1.3.5 玉米产量的测定

玉米产量的测定，采取每个处理单独每垄随机测定 10 穗玉米籽粒的干重(若玉米的含水率较高，可以放烘箱里烘干后称重)。用直尺量出玉米株高、茎粗、穗长、秃尖长及玉米根须长度。数出玉米的穗行数和行粒数。玉米叶面积的测定是用叶长度乘以宽度，再乘以叶面积系数。植株均是随机抽取。

5.2 不同秸秆翻埋还田量对土壤水热效应的影响

5.2.1 不同秸秆翻埋还田量对生长期内玉米棵间蒸发的影响

土壤中的水分，一部分提供给了作物，一部分蒸发到空气中，而蒸发的这一部分是无效的，为了给作物的生长提供充足的水分，减小无效损失是唯一的途径。根据所测得的棵间蒸发量，绘制生育期内各措施的变化趋势，如图 5.1 所示。

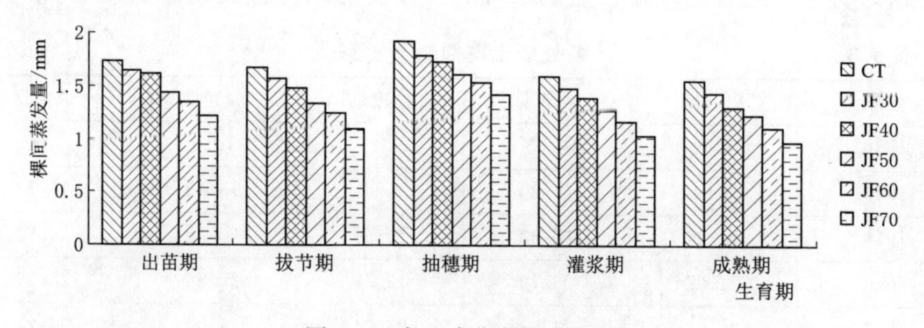

图 5.1 各生育期棵间蒸发量

5.2.1.1 各生育期棵间蒸发的变化及影响因素

在玉米整个生育期内，抽穗期棵间蒸发最大，出苗期略小，拔节期和灌浆期依次下降，到了成熟期，蒸发量降至最低，这主要是受到作物生长情况的影响。抽穗期，尽管玉米的生长会阻碍阳光对地表的直射，但是这一时期气温偏高，土壤蒸发量大；而出苗期气温较低，但是这一时期经常出现南风天气，地表几乎没有玉米叶子的遮挡；随着玉米的生长和气温的降低，到了灌浆期，土壤的蒸发量降低；等到成熟期，玉米的叶面积达到最大，这时已经过了中秋，早、晚的温差会大幅下降，所以蒸发量最小。

5.2.1.2 不同秸秆还田量棵间蒸发的大小分析

在整个生育期蒸发量的大小一直都是CT＞JF30＞JF40＞JF50＞JF60＞JF70。在玉米成熟期JF70与CT的蒸发量差距最大，CT比JF70高出43%。而到了玉米成熟期，CT比JF70高12.3%，此时各处理的差异最小。出现此种情况的原因是在出苗期，阳光和风直接作用于地表，秸秆翻埋处理抑制蒸发明显，随着玉米长高，玉米叶面积增大，玉米叶子能够阻碍外界因素影响玉米棵间蒸发。

5.2.1.3 不同措施土壤抑制蒸发率的比较

以CT作为对照，分析研究几种不同覆盖措施下抑制蒸发率。土壤抑制蒸发率计算式见式（4.1）。

对各处理土壤抑制蒸发率进行统计，得到表5.3。可以看出，几种处理的抑制蒸发率均为正数，说明几种处理均能够抑制蒸发。从数值大小来看，在生育期上和处理之间都有很大的差异，说明抑制蒸发率受时间和不同秸秆翻埋还田量的影响。从时间上来看，几种处理抑制蒸发率的变化都遵循着统一的规律，在出苗期和拔节期抑制蒸发率变大，秸秆翻埋处理上升得并不明显。到了抽穗期，秸秆翻埋的降低明显，其中JF60和JF70下降较为明显，下降幅度达到8.5个百分点。到了灌浆期和成熟期，秸秆翻埋有所上升，上升幅度较为明显。秸秆翻埋还田随着埋入土壤时间的增长，秸秆有一部分被微生物分解，抑制土壤蒸发越为明显；随着翻埋还田量的增加，抑制土壤水分蒸发也越为明显。

表5.3 各处理土壤抑制蒸发率 %

处理	出苗期	拔节期	抽穗期	灌浆期	成熟期
JF30	4.60	6.55	6.25	7.60	7.10
JF40	6.94	11.90	9.90	13.13	16.13
JF50	17.34	20.83	15.63	20.00	20.65
JF60	21.97	26.19	19.79	26.88	28.39
JF70	30.06	34.52	26.04	35.00	36.77

5.2.1.4 不同秸秆翻埋还田量对不同含水量土体累计蒸发的影响

将土样风干过2mm筛，取两份试验基地土样，加入不同量的水，使土壤含水量分别为90g/kg和180g/kg。用内径32cm、高32cm封底自制铝桶作为容器，分别装入干重3000g的两种含水量的土壤，控制土壤容重为1.24g/cm^3，拌入玉米秸秆，放入温度为27～30℃的3m×5m电控恒温室内，室内空气相对湿度维持在30%～40%。将秸秆切成3～5cm的碎段，拌入土壤中。每种含水量土壤设6种处理：①对照（不覆秸秆）；②拌入秸秆25g；③拌入秸秆33g；④拌入秸秆42g；⑤拌入秸秆50g；⑥拌入秸秆58g。实验结束后，3h、16h、25h、

35h、50h、60h、75h、85h、100h、150h、155h、200h 和 300h，对铝桶进行称量，测定土壤水分损失量。不同秸秆翻埋还田量下土壤水分累计蒸发量与时间的关系曲线如图 5.2 所示。

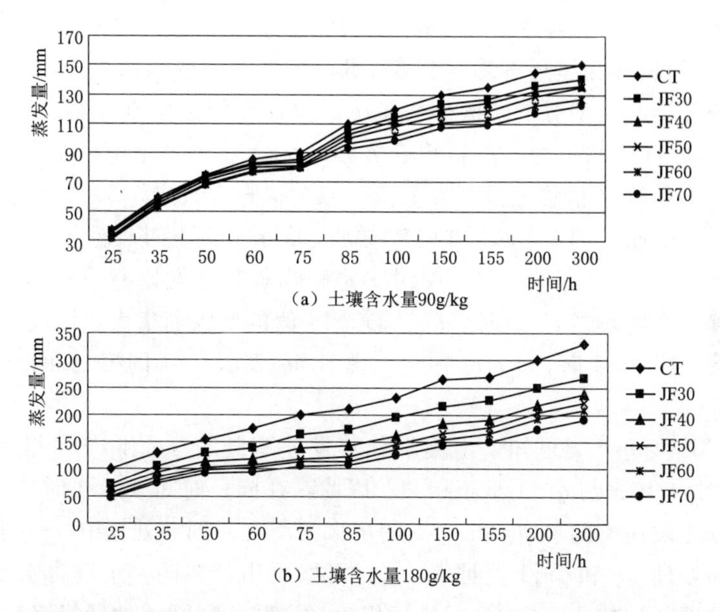

图 5.2　不同秸秆翻埋还田量在土壤含水量 90g/kg 和 180g/kg 的情况下蒸发动力曲线

由图分析可知，对两组不同土壤含水量的土壤采用相同秸秆翻埋处理后，累计蒸发速率与传统耕作相比均有所降低，并且在前半段时间效果并不是很明显。说明秸秆翻埋还田能够降低土壤蒸发速率，提高土壤持水性。这是因为秸秆翻埋还田给土壤表面设置了一层物理阻隔，切断了下层土壤与蒸发面的毛管联系，减弱了土壤空气与大气之间的乱流交换强度，土壤水分蒸发被有效抑制，从而达到保水的目的。由图 5.2 还可看出，当土壤初始含水量较小（90g/kg）时，秸秆不同还田量对土壤水分蒸发量的抑制作用相差不明显。因为土壤含水量较小时，土壤中的毛管水呈断裂状态，水分子从下层向上层移动较慢，弥补不了上层土壤水分的蒸发损失，土壤水分蒸发速率便被限制。为了保水，首先得抑制上层土壤水分的蒸发。秸秆翻埋还田后，增强了土壤水分蒸发的阻力，土壤水分表面蒸发转为扩散蒸发，从而抑制蒸发速率，使得蒸发速率差异不显著。随着时间变化，对照处理上层土壤变干，水分散失速率减缓，促使秸秆翻埋处理与传统耕作的蒸发速率差异变小。随着土体内初始含水量的增加，秸秆翻埋还田处理抑制土壤水分蒸发量的作用更加明显，秸秆翻埋还田量越大，土壤水分蒸发量越小。当土壤含水量达 180g/kg（接近土壤田间持水量）时，秸秆不同还田量对土壤水分蒸发量的抑制作用相差很明显。这是由于此时的土壤毛管水处于连续运动状态，由下层向上运移的水分子速度快，能够及时补充土体上层水分的蒸发损失量。采用秸秆翻埋还田可以在地表和大气之间设置一层阻滞层，并且该阻滞层越厚，越能抑制土壤水分蒸发。因此，秸秆翻埋还田量越大，土壤水分损失量就越小。

5.2.1.5 不同秸秆翻埋还田量下土壤水分蒸发动力学曲线拟合

采用统计学的模型对不同秸秆翻埋还田量处理的土壤水分蒸发积累量S(g)与时间t(h)进行回归拟合，所得拟合方程$S=pt^q$，$W=p+q\ln t$和$S=p+qt$拟合所得相关系数R值均达显著水平。在三个拟合方程中，$S=pt^q$与试验数据相关性更强，因此采用$S=pt^q$方程来描述土壤水分蒸发过程更符合实际。土壤水分蒸发速率$\mathrm{d}S/\mathrm{d}t=pqt^{(q-1)}$，说明$q$是影响水分蒸发速率的参数。经拟合$q$值均在0和1之间，当$t>1$时，$t^{(q-1)}$随着$q$值的增大而增大，因此$\mathrm{d}S/\mathrm{d}t$与$q$值呈正相关；当$t=1$时，$\mathrm{d}S/\mathrm{d}t=pq$，说明$pq$表示$t=1$即第1h的土壤水分蒸发速率。

由$\mathrm{d}S/\mathrm{d}t=pqt^{(q-1)}$可知，土壤水分蒸发速率随着$pq$和$t^{(q-1)}$增大而增大，而当$t>1$时，$t^{(q-1)}$与$q-1$呈正相关。因此，在同一时间（$t>1$时），不同处理的土壤水分蒸发速率随着$pq$和$t^{(q-1)}$的增大而增大。同一处理中，$pq$和$q-1$为常数。不同处理$pq$和$q-1$值见表5.4。可以看出，在同一土壤含水量处理中，所有秸秆翻埋处理的pq值均远远小于传统，说明秸秆翻埋处理能够有效降低土壤水分的蒸发速率。

表5.4　不同处理pq值与$q-1$值

土壤含水量/(g/kg)	秸秆重/g	pq	$q-1$
90	0	3.527	−0.374
	25	1.832	−0.172
	33	1.264	−0.103
	42	1.012	−0.069
	50	0.936	−0.028
	58	0.823	−0.024
180	0	7.374	−0.425
	25	2.875	−0.264

尽管在同一土壤含水量处理中，所有秸秆翻埋处理的pq值均远远小于传统处理，然而另一项影响水分蒸发速率$\mathrm{d}S/\mathrm{d}t$的因子$t^{(q-1)}$（当$t>1$时），却是所有秸秆翻埋处理大于对照处理，而且随着时间的增加，增长量越大。所以在同一土壤含水量处理中，一定存在着秸秆翻埋处理的土壤水分蒸发速率与对照处理相同的时刻，称这一时刻为土壤水分蒸发速率时间转点t，也就是在此时间点

前，秸秆翻埋处理土壤水分蒸发速率小于对照处理，而过了这一时间点，秸秆翻埋处理土壤水分蒸发速率便大于对照处理，这一情况与图 5.2 显示的结果相同。说明秸秆处理与对照处理相比，由直接蒸发变为土壤水分蒸发时间转变幅度越大，越能够提高抑制土壤水分蒸发的效果。

土壤水分蒸发速率与土壤水分通量及土壤水分含量有密切关系，有效的秸秆翻埋还田量可以充分降低土体内的水分通量，而且随着时间的推移，对照处理表层土壤水分充分减少后，土体内水分子运动机理与翻埋处理相同，也变为薄膜扩散机制，水分蒸发速率大幅下降；另外，由于试验初期蒸发速率都已经大幅下降，而且只要蒸发速率保持这种态势，两种方式之间的土壤水分绝对差值就会越变越大。

5.2.2 雨水入渗过程

本次入渗试验选在 2013 年 6 月 9 日进行，降雨时间为 7:00—10:40，降雨量为 8mm。雨前 6:00 用 TDR 测一次土壤含水率，雨后 1h、2h 和 5h 分别测一次各处理的土壤含水率。

用 Excel 软件绘制雨前、雨后各处理的含水率变化图，如图 5.3 所示，雨水的入渗过程可以从不同的时段对下渗深度和土壤含水率的变化进行分析。

雨前，0～40cm 处的土壤含水率差异明显。在地表以下 0～40cm，秸秆翻埋还田处理要比对照处理土壤含水率平均高 2.4%，可以看出秸秆翻埋有助于提高 0～40cm 的土壤含水率，而对 50～60cm 的影响不显著。随着秸秆翻埋还田量的增加，土壤含水率也随之增加。

雨后 1h，CT 的土壤 10cm 含水率上升 10.5%，而 20cm 的含水率上升 5.7%，上升的速度较 10cm 缓慢。秸秆还田地表以下 30～60cm 含水率变化并不明显。这说明秸秆翻埋还田明显减缓了雨水的入渗，随着还田量的增大，抑制更明显。

雨后 2h，雨水继续入渗，CT 地表下 10cm 处含水率略微下降，20～40cm 含水率均上升。本次降雨后 2h，对照处理雨水已经下渗到地表以下 40cm，还田处理刚刚下渗到 30cm。

雨后 5h，土壤含水率变化明显，地表以下 10cm 土壤含水率均下降，20cm 处的含水率 JF70＞JF60＞JF50＞JF40＞JF30＞CT，30cm 处的含水率变化趋势和 20cm 处的一样，JF 的含水率上升较明显，上升了 2.6%，大于对照 4.8%。40cm 处的含水率，JF 均有下降，CT 有所上升。50～60cm 的土壤含水率 CT 最高。这说明降雨 5h 后，无还田传统处理的雨水已经下渗到地表以下 50～60cm，而有覆盖处理土壤含水率能够影响到地表以下 50cm。

综上所述，在整个雨水入渗过程中，CT 入渗最快，随着秸秆覆盖量的增

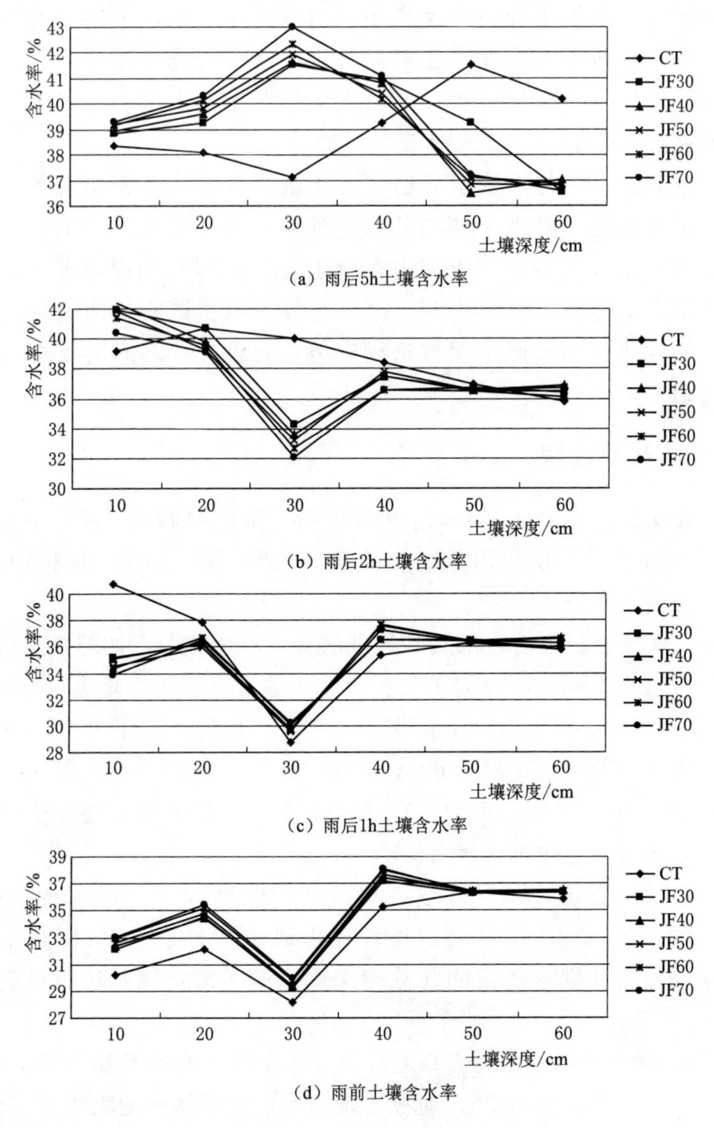

(a) 雨后5h土壤含水率

(b) 雨后2h土壤含水率

(c) 雨后1h土壤含水率

(d) 雨前土壤含水率

图 5.3 雨水入渗过程

大，入渗速度变慢。秸秆覆盖能够有效减少雨水的入渗。

5.2.3 不同秸秆翻埋还田量对土壤温度的影响

地温是土壤的一个重要指标，影响作物的生长和发育。在一定范围内，地温越高越有利于作物的根系发育。秸秆翻埋还田不仅有显著的蓄水保墒作用，而且有增温作用，特别是夜间增温显著。

为了研究不同秸秆翻埋还田量对土壤温度日变化规律，本试验将 0～25cm 土壤划分为 5cm、10cm、15cm、20cm 和 25cm 共 5 个层次，通过数据处理得到各深度的平均地温，如图 5.4 所示。

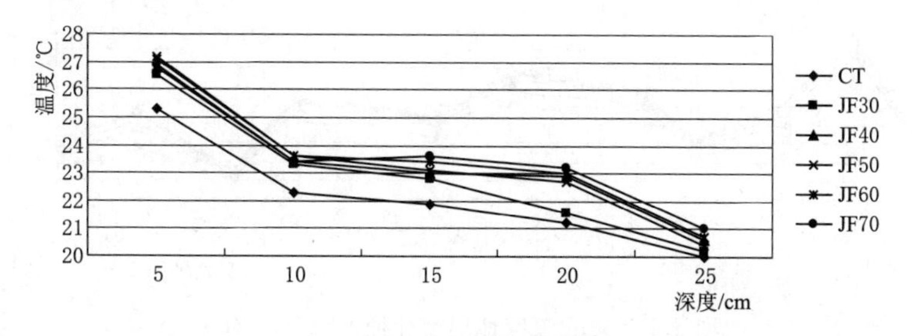

图 5.4 平均地温变化曲线

由图 5.4 可以看出，地温随着土壤深度的增加而减小，整体上 JF40＞JF30＞CT。这是由于 JF40 和 JF30 是秸秆粉碎后拌入土壤当中，拌入秸秆的量相对而言较小，增加了土壤的孔隙率，这样就有利于土壤和大气的水热交换，导热性较好；另外，经过搅拌秸秆与土壤，使土壤表面的粗糙度有一定程度的增大，地表面积有所增大，可以吸收更多的太阳能，这两个原因共同促使秸秆翻埋的地温明显高于传统处理的地温。

JF50 在 5～15cm 处的地温要高于 JF40，而 20～25cm 处的地温要低于 JF40 处理 0.2℃，此处温度略有波动，属于正常现象。

JF60 和 JF70 在 5cm 处的地温要低于 JF50，而 15～25cm 处的地温要明显高于其他处理。这是由于过多的秸秆翻埋阻碍了大气对土壤表层的热传递，而大量的秸秆使土壤深处的温度上升得较为明显，秸秆翻埋就像棉被一样对深层土壤起到了保温的作用。

5.2.4 不同秸秆翻埋还田量对不同深度地温的影响

5.2.4.1 不同秸秆翻埋还田量对 5cm 处地温的影响

对整个生育期内各处理 5cm 处的地温数据进行统计，绘制其变化曲线，如图 5.5 所示。土壤深度为 5cm 时，土壤温度在玉米整个生长期内变化基本一致，随着气温的变化不断变化。从时间角度来看，出苗期的地温最高，这是因为在这期间作物的植株很小，当阳光照射地面时，基本起不到阻挡的作用，所以地表土壤可以最大限度地吸收光和热，地温迅速升高，但受天气影响较大。拔节期，随着植株的生长，地表被叶片遮盖的面积也越来越大，受阳光直射的面积就不断减小，影响了土壤对光和热的吸收，但气温又快速上升，受两者共同作用，地温上升较缓慢。抽穗期和灌浆期的温度虽然很高，但是长高的植株已经完全遮住了地表，阻碍阳光照射到地面，使地温下降，有效降低了土壤水分蒸发率。到了成熟期，地温有上升趋势，这是由于这个时期植株的叶片开始逐渐变黄和脱落，阳光照射地表的面积不断增大，土壤就能吸收更多的光和热，地温开始上升。

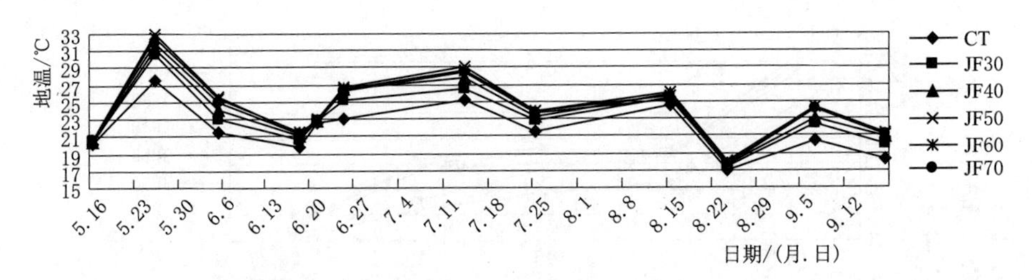

图 5.5　5cm 深度地温变化曲线（2014 年）

拌入土内不同秸秆量对各处理地温有很大的影响，碎秸秆拌土处理的地温要明显地高于对照处理，其中从 JF30 到 JF50，随着秸秆拌入土体内的量不断增加，土体表层孔隙度增大，有利于热量的传导。而随着秸秆的量不断增大，达到 7360kg/hm² 和 8567kg/hm² 时，土壤表面的秸秆量明显增大，阻碍了阳光直接照射土壤，从而略微对此深度土壤的温度有抑制作用。

从变化空间来看，JF50 最高地温与最低地温相差 15.7℃，CT 最高地温与最低地温相差 8.4℃，JF30 最高地温与最低地温相差 13.3℃，JF40 最高地温与最低地温相差 13.6℃，JF60 最高地温与最低地温相差 14.7℃，JF70 最高地温与最低地温相差 14.3℃。JF50 因其导热速度最快，所以地温变化幅度最大。JF60 和 JF70 因为地表的秸秆量略多，减小了热传递，所以温差变化仅次于 JF50。CT 地温变化速度最慢，地温情况最稳定。

5.2.4.2　不同秸秆翻埋还田量对 10cm 处地温的影响

对整个生育期内各处理 10cm 处的地温数据进行统计，绘制其变化曲线，如图 5.6 所示。深度为 10cm 处土壤的温度与 5cm 处的变化趋势基本一致，且其变化主要受 5cm 处地温的影响。出苗期，地温逐渐升高；拔节期地温上升，但上升速度小于出苗期，并受降雨因素的影响；抽穗期和灌浆期地温下降；成熟期地温有上升的趋势。

各个处理之间相互比较，JF70 的地温最高，随着秸秆翻埋还田量的减小，地温依次减小。JF30 的地温要明显高于 CT 的地温，平均高出 1.2℃。受不同覆盖量的影响，各处理变化空间也不同，CT 最高地温与最低地温相差 8.8℃，JF30 最高地温与最低地温相差 8.8℃，JF40 最高地温与最低地温相差 7.6℃，JF50 最高地温与最低地温相差 7.3℃，JF60 最高地温与最低地温相差 9.5℃，JF70 最高地温与最低地温相差 9.7℃。

5.2.4.3　不同秸秆翻埋还田量对 15cm 处地温的影响

对整个生育期内各处理 15cm 处的地温数据进行统计，绘制其变化曲线，如

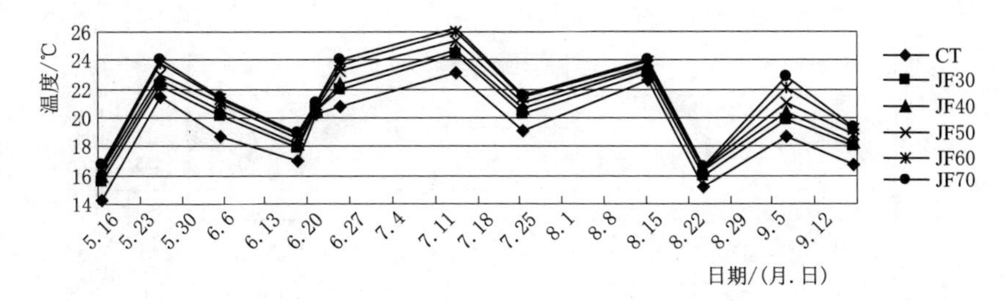

图 5.6 10cm 深度地温变化曲线（2014 年）

图 5.7 所示。土壤深度为 15cm 时，地温的变化趋势与 5cm 和 10cm 时相同。在出苗期，土壤的温度随气温的升高而升高。在接下来的拔节期，地温会稍有上升。抽穗期、灌浆期地温开始缓慢下降。最后的成熟期，地温会稍有上升。秸秆翻埋会在不同程度上影响地温。各处理之间相比较，JF70＞JF60＞JF50＞JF40＞JF30＞CT，而且各处理之间的差距比 5cm 和 10cm 小，这是因为不同的翻埋还田量随着深度的增加，对地温的影响不断减小。就变化空间而言，CT 最高地温与最低地温相差 8.6℃，JF30 最高地温与最低地温相差 8.2℃，JF40 最高地温与最低地温相差 8.7℃，JF50 最高地温与最低地温相差 8.6℃，JF60 最高地温与最低地温相差 8.4℃，JF70 最高地温与最低地温相差 7.6℃。可见随着深度的增加，各处理最大温差与最小温差差异并不明显。

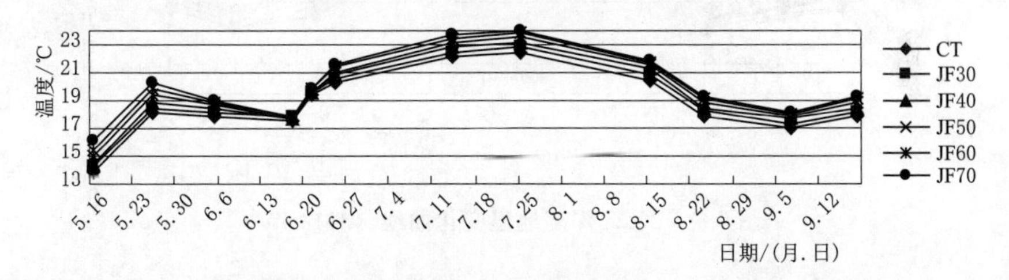

图 5.7 15cm 深度地温变化曲线（2014 年）

5.2.4.4 不同秸秆翻埋还田量对 20cm 处地温的影响

对整个生育期内各处理 20cm 处的地温数据进行统计，绘制其变化曲线，如图 5.8 所示。地温在土壤深度 20cm 处的变化和 5cm、10cm 和 15cm 处大致相同。大致走向为：出苗期逐渐升高，拔节期地温逐步上升，抽穗期和灌浆期地温逐渐下降，但成熟期，地温会随着玉米叶片的枯萎而缓慢上升。

地温的排序仍为 JF70＞JF60＞JF50＞JF40＞JF30＞CT，秸秆翻埋使得各处理的地温随着土壤深度的增加更加接近。所有处理 20cm 处的地温平均要低于 10cm 处 1℃左右。从地温的最大值和最小值来看，CT 最高地温和最低地温相差 8.6℃，JF30 最高地温和最低地温相差 8.7℃，JF40 最高地温和最低地温相差

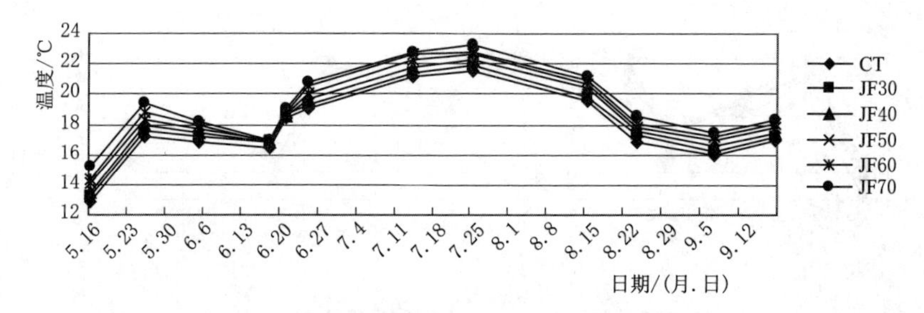

图 5.8 20cm 深度地温变化曲线（2014 年）

8.8℃，JF50 最高地温与最低地温相差 8.5℃，JF60 最高地温与最低地温相差 8.4℃，JF70 最高地温与最低地温相差 8.1℃。这与 15cm 处的温度差变化不大。

5.2.4.5 不同秸秆翻埋还田量对 25cm 处地温的影响

对整个生育期内各处理 25cm 处的地温数据进行统计，绘制其变化曲线，如图 5.9 所示。深度为 25cm 处，地温的变化趋势与其他深度很相似。变化趋势大致为出苗期迅速上升，拔节期稳步上升，抽穗期和灌浆期逐步下降，成熟期会稍有上升。

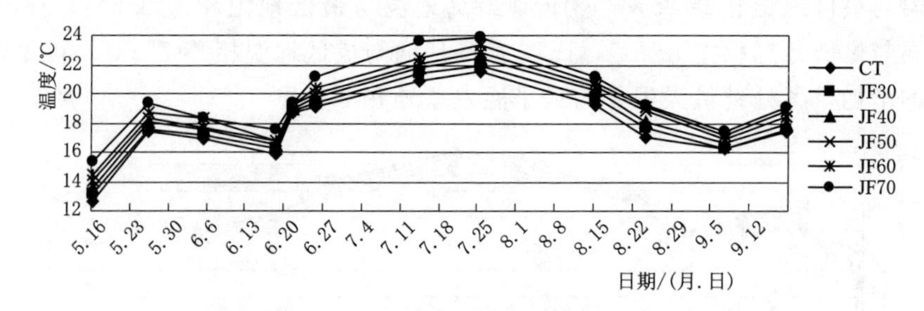

图 5.9 25cm 深度地温变化曲线（2014 年）

25cm 处地温排序依旧是 JF70＞JF60＞JF50＞JF40＞JF30＞CT，秸秆还田量越大，地温越高，地温差异明显。JF70 比 CT 平均高出 1.7℃左右。从空间角度来看，CT 最高地温与最低地温相差 8℃，JF30 最高地温与最低地温相差 8.7℃，JF40 最高地温与最低地温相差 9℃，JF50 最高地温与最低地温相差 8.7℃，JF60 最高地温与最低地温相差 8℃，JF70 最高地温与最低地温相差 8.6℃。

5.3 不同秸秆翻埋还田量对土壤化学性质及微生物量的影响

5.3.1 土壤有机质的动态变化

土壤有机质能够有效地衡量土体的肥力状况，有机质具有养分全面、肥效稳定而持久的作用。因此，培肥地力，提高土壤有机质含量对提高作物产量具有很重要的意义。

秸秆翻埋不同处理耕层土壤有机质变化如图 5.10 和图 5.11 所示，可以看出，在玉米的整个生育过程中，各处理有机质的变化过程基本都呈“下降—上升—轻微下降”的总趋势。玉米生长过程中，在玉米越冬时期有机质含量出现下降趋势，各处理下降的差不多，在秋收—越冬—出苗期，各处理的土壤有机质含量差不多。土壤有机质含量在冬季达降到了最低，但是到了玉米的出苗期，随着地温回升，秸秆腐解速度变快，玉米此时生长较缓慢，需要的有机质含量相对较少，出现了有机质上升的趋势。在玉米的拔节期有机质上升明显，在抽穗期有机质含量达到最高值，随着玉米加速生长以及结果实的需要，土壤中有机质含量出现了不同程度的下降。在 0～15cm 土层，在玉米生长期，随着秸秆量的升高，有机质含量上升，JF70＞JF60＞JF50＞JF40＞JF30＞CT。15～30cm 处的土壤有机质变化趋势和 0～15cm 处的相同，每个处理的有机质含量比 0～15cm 处小 1g/kg 左右。

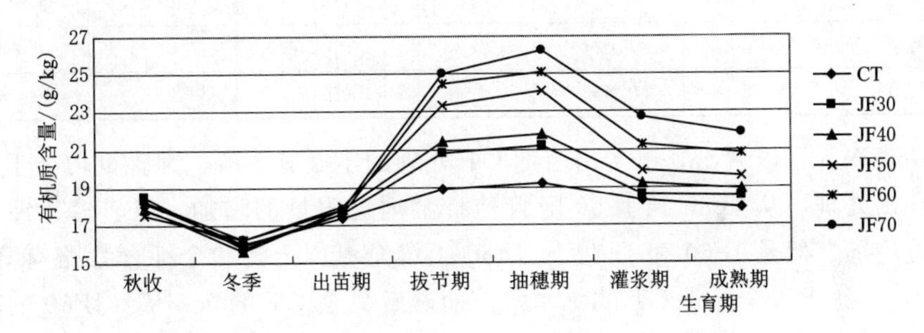

图 5.10 玉米不同生育期土壤 0～15cm 有机质含量

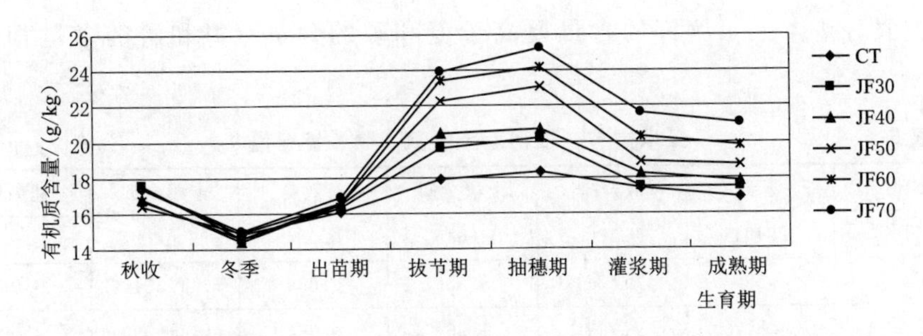

图 5.11 玉米不同生育期土壤 15～30cm 有机质含量

这说明土壤有机质在玉米休闲期内变化并不大，随着气温和地温的升高，土壤内秸秆开始被微生物分解，土壤有机质含量变大。随着作物的生长，在玉米生长的中后期，略有减小的趋势。整体上，在玉米整个生育期，随着秸秆还田量的增大，有机质含量增大。随着土壤深度的增加，有机质含量略微减少。

5.3.2 玉米生育期不同阶段土壤氮、磷、钾的变化

植物体内的氮、磷、钾均从土壤中吸收，而土壤中氮、磷、钾的含量受耕作模式和时期的变化较大。秸秆翻埋还田覆盖，能够直接有效地影响土体内氮、磷、钾含量，从而影响玉米的生长和产量。而土体中的氮、磷、钾含量在玉米的不同发育期有所不同。玉米生长发育各个时期的氮、磷、钾含量分别见表5.5～表5.7。

表5.5　玉米出苗期土壤氮、磷、钾含量　单位：g/kg

处理	土壤全氮	碱解氮	土壤全磷	有效磷	土壤全钾	速效钾
CT	2.772	0.116	3.544	0.031	9.385	0.063
JF30	3.934	0.423	4.225	0.048	10.824	0.075
JF40	4.219	0.624	4.526	0.053	11.136	0.078
JF50	4.826	0.964	4.823	0.057	11.484	0.081
JF60	4.730	1.021	4.737	0.062	11.253	0.084
JF70	4.657	0.832	4.663	0.059	11.165	0.082

从表5.5可以看出，玉米出苗期CT处理的土壤氮、磷、钾含量均小于秸秆翻埋还田处理，从JF30到JF50随着秸秆翻埋还田量的增加，氮、磷、钾含量也随着增加。但是JF60和JF70比JF50土壤全氮、全磷和全钾含量略有降低。其中JF30的土壤全氮是CT的1.4倍，而碱解氮是CT的3.6倍。JF60的碱解氮是CT的8.8倍，差异尤为显著。土壤全磷，有秸秆拌入土体内要明显高于CT。有效磷的变化趋势跟土壤全磷相似。土壤全钾和速效钾的含量与全磷、有效磷类似。整体上土壤钾的含量要高于氮和磷的含量（氮和磷的含量相差不大）。

表5.6　玉米拔节—抽穗期土壤氮、磷、钾含量　单位：g/kg

处理	土壤全氮	碱解氮	土壤全磷	有效磷	土壤全钾	速效钾
CT	2.491	0.104	3.645	0.034	9.030	0.057
JF30	4.530	0.531	5.636	0.059	11.531	0.084
JF40	4.817	0.712	5.961	0.064	11.959	0.089
JF50	5.104	0.859	6.489	0.069	12.680	0.095
JF60	5.325	1.050	6.967	0.073	13.024	0.105
JF70	5.653	1.232	7.227	0.077	13.457	0.112

从表5.6可以看出，在玉米拔节和抽穗期CT土壤氮、磷、钾含量照比出苗期略有下降，下降幅度并不大，下降的原因是作物的生长需要这些元素，而CT

处理在消耗，未能得到补充。在这一时期，整体上土壤全氮、碱解氮、全磷、有效磷、全钾、速效钾含量整体的变化是 JF70＞JF60＞JF50＞JF40＞JF30＞CT。这能反映在这一时期随着气温和地温的升高，土体内微生物活力明显增强，随着碎秸秆拌入土体内的量的增加，土体内的氮、磷、钾各项指标都有所增加。

其中，各秸秆处理拔节—抽穗期照比出苗期的土壤全氮平均增加 0.6g/kg 左右，碱解氮平均增加 0.1g/kg 左右。土壤全磷含量上升明显，其中 JF70 上升最多上升了 2.564g/kg，其他处理也略有上升，但是上升的并不明显，CT 处理上升的最小，上升了 0.101g/kg。有效磷的变化趋势与全磷相同。土壤全钾含量除了 CT 比出苗期减小 0.355g/kg 以外，JF30 比出苗期增加 0.707g/kg，JF40 增加 0.823g/kg，JF50 增加 1.196g/kg，JF60 增加 1.771g/kg，JF70 增加 2.292g/kg。很明显随着土壤秸秆拌入土体内量的增加，土壤全钾增加明显。速效钾的趋势与全钾相同。

表 5.7　玉米灌浆—成熟期土壤氮、磷、钾含量　单位：g/kg

处理	土壤全氮	碱解氮	土壤全磷	有效磷	土壤全钾	速效钾
CT	2.031	0.084	2.916	0.027	7.575	0.049
JF30	4.239	0.462	5.315	0.053	10.320	0.078
JF40	4.576	0.603	5.426	0.060	10.860	0.083
JF50	4.933	0.740	5.920	0.064	11.586	0.090
JF60	5.151	0.944	6.439	0.069	12.113	0.097
JF70	5.358	1.232	6.857	0.073	12.594	0.103

由表 5.7 可以看出，在玉米灌浆期和成熟期土体内氮、磷、钾的含量有所降低，这是由于玉米在这一时期生长的较快。玉米的生长消耗了土体内的氮、磷、钾，但土体内的营养元素没有得到补充，玉米秸秆在玉米拔节期和抽穗期就已经分解得差不多，CT 处理下降得最严重，恰恰能够说明这一点。整体的趋势仍然是 JF70＞JF60＞JF50＞JF40＞JF30＞CT，随着秸秆拌入土体内量有规律的增加，土壤营养元素的增加也比较均匀，这能够充分地说明秸秆翻埋还田的优越性。土壤氮、磷、钾在玉米整个生育期呈现增—降的趋势，在玉米拔节—抽穗期达到峰值。

5.3.3　秸秆翻埋还田对土壤微生物的影响

土壤微生物参与土壤的发生、发育及土壤肥力的形成，是土壤养分转化和循环的动力，在促进植物生长、净化土壤环境和维护生态平衡方面均有重要作用，因此土壤工作者已渐渐将土壤微生物作为衡量土壤肥力的活指标。微生物是生态系统中的分解者或还原者，它们直接参与土壤中养分的转化，释放无机养分，促进养分循环，对植物的生长发育起着重要的作用，土壤微生物量可以直接反映土壤的肥力状况。

5.3.3.1 秸秆切碎翻埋还田对土壤内微生物量碳的影响

土壤内微生物利用秸秆中的碳源物质进行复杂的自身繁殖，将秸秆中的碳转化为微生物量碳。

根据图5.12可知，在玉米整个生育期，土壤微生物量碳含量起浮明显。在玉米出苗期微生物量碳含量略有升高，到了拔节期升高较为明显，到了抽穗期略有下降趋势，而后在灌浆期达到了最大值，在成熟期略有下降，说明土壤微生物量碳伴随着生育期的变化而变化。

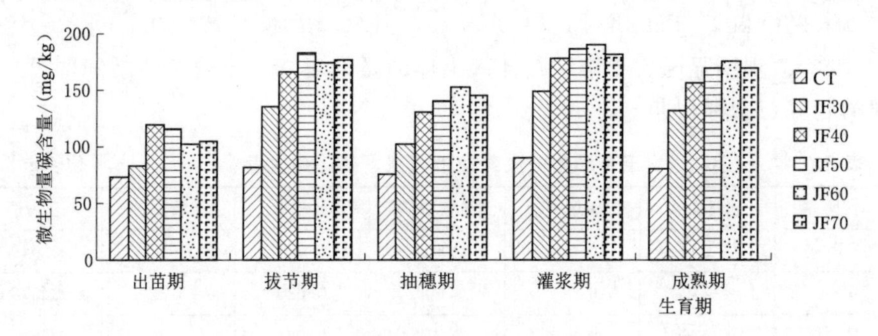

图5.12 玉米生育期内土壤微生物量碳含量

在出苗期微生物量碳含量大小为JF40>JF50>JF70>JF60>JF30>CT；拔节期为JF50>JF70>JF60>JF40>JF30>CT；抽穗期为JF60>JF70>JF50>JF40>JF30>CT；灌浆期为JF60>JF50>JF70>JF40>JF30>CT；成熟期为JF60>JF50>JF70>JF40>JF30>CT。可以看出，秸秆切碎翻埋还田处理的微生物量碳要明显高于对照；随着气温的升高，土体内微生物的活力增强，在出苗期，随着秸秆还田量增大，微生物量碳反而减小。在拔节期，JF50为最高，在抽穗—成熟期，JF60为最大值，JF70为秸秆还田量最高的处理，但是由于秸秆量过大，土壤孔隙度最大，地温略有降低，不利于微生物的繁殖生长。而在玉米抽穗期微生物量碳明显减小的原因是这一时期降水量减少，天气比较干旱，严重影响微生物的生长与繁殖。而在玉米的成熟期，由于玉米生长得较快，结果实需要消耗土体内大量的有机质，土体内有机质减少了，微生物量碳也明显减少。

5.3.3.2 秸秆切碎翻埋还田对土壤内微生物量氮的影响

土壤内微生物量氮正常占土壤全氮含量的1.0%～5.0%，与土壤有机质的碳氮比（10.0～12.0）相比较低。根据微生物量碳氮比特性，在秸秆还田的同时配施氮肥，以缩小碳氮比，使微生物可以从土壤中吸收无机氮，防止微生物与植物争夺氮素养分，提高土壤内肥料的利用效率。

由图 5.13 可以看出，土壤微生物量氮是随着玉米生育期的变化而变化的，出苗期，各处理的微生物量氮相差不大，在拔节期除了 CT 处理以外各处理微生物量氮增加明显，到了抽穗期略有波动，而在灌浆期达到了最大值，到了成熟期，微生物量氮出现了明显的下降趋势。

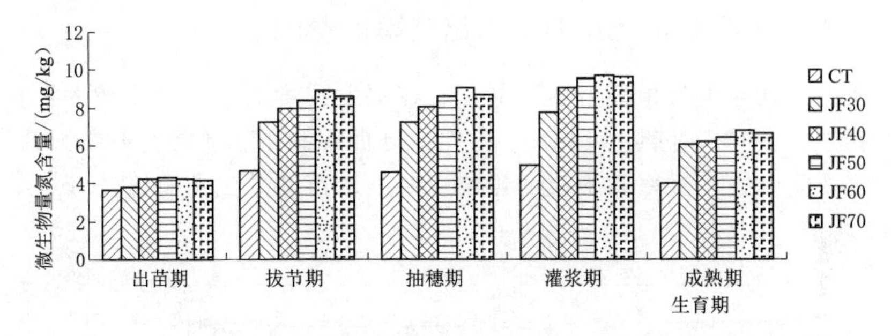

图 5.13　玉米生育期内土壤微生物量氮含量

出苗期土体内微生物量氮最低，这是由于在出苗期，地温受气温的影响较大，地温较低，影响微生物的活性，其中 CT 处理最低，为 3.67mg/kg。到了拔节期受地温升高和降雨量增大的影响，土体内环境有利于微生物的生长繁殖，土体内微生物量氮急剧升高。到了抽穗期，由于降雨量较小，土体内微生物量氮略有波动。到了灌浆期，由于玉米的生长遮盖了阳光对地表的直接照射，地表处地温略有降低，但是蒸发量减少，土体内含水率增大，环境适合固氮细菌的生长繁殖，使得土体内微生物量氮达到最大值 9.76mg/kg。玉米成熟期时，土壤微生物量氮升至最大值后再下降，意味着微生物在分解秸秆过程中对氮素由原来的净固持阶段转入净释放阶段。

出苗期，秸秆翻埋还田比对照微生物量氮多 30.8%，拔节期平均比对照高 75.94%，抽穗期平均比对照高 81.17%，灌浆期平均比对照高 84.88%，成熟期平均比对照高 58.62%。可以看出在整个玉米生育期秸秆翻埋还田覆盖的土壤微生物量氮要明显高于对照。各处理微生物量氮的大小为 JF60＞JF70＞JF50＞JF40＞JF30＞CT。

5.3.3.3　影响土壤内微生物量的主要因素

微生物量碳和氮能够反映出土体内小于 $5\times10^3\mu m^3$ 的生物总量，也是重要的碳库和氮库。土体内微生物量碳和氮受季节和土体内翻埋秸秆量的影响显著。在草甸土中，土体温度 26℃，土体含水率在 38%（为玉米灌浆期的平均值），最适合土体内微生物的生长，微生物量碳和氮都达到了最大值，也是土体内微生物量的最大值。

土体内微生物量碳和氮可以反映土体内有机质转化的过程，调控养分循环，也是评价土体内有机质含量和土壤肥力状况的重要依据，可以指导实际生产中施肥，为提高玉米产量和不同耕作制度的选择提供了充足的理论依据。

5.4 秸秆翻埋还田对玉米生长状况和产量的影响

5.4.1 不同秸秆翻埋还田对玉米出苗率的影响

出苗率与其他生长指标有所不同，它在很大程度上影响着作物的生长。如果出苗较早，在同一时期，其株高、茎粗、叶面积和干物质等都有很大的优势。出苗率主要受土壤含水率和地温的影响。对玉米苗期的出苗进行统计，结果如图5.14所示。

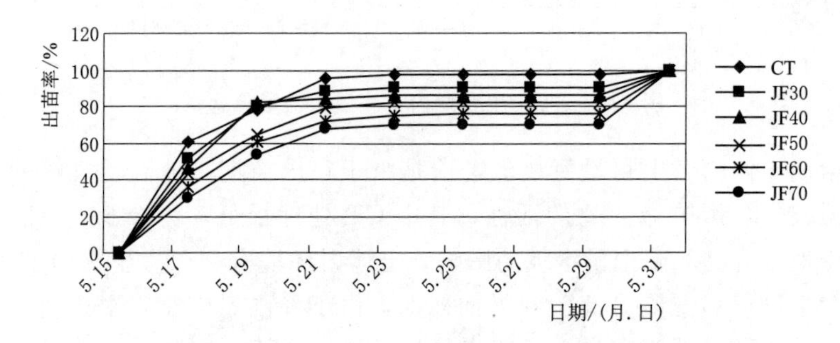

图5.14 不同处理出苗率变化曲线（2014年）

（1）出苗率时程变化。从图5.14可以看出，几种处理开始出苗的时间基本相同。从整体上来看，出苗率由大到小依次为CT>JF30>JF40>JF50>JF60>JF70，说明秸秆切碎还田覆盖对玉米的出苗率有抑制作用。CT处理在5月17日时达到60.35%，为所有处理最高，随后到了5月19日，出苗率放缓，在5月21—29日一直处于最大值97.36%。JF30和JF40在5月17日和5月19日增长的较快，几乎是处于直线增长，在5月21—29日没有新苗长出。JF50、JF60和JF70在整个出苗阶段的出苗率一直处于较低水平，在5月17日和5月19日出苗率增速较其他处理缓慢，到了5月21日有个别幼苗长出，5月23—29日出苗率并没有变化。各处理在5月31日进行移苗，出苗率均达到100%。

（2）出苗率影响分析。从图5.14可以看出，整个过程有两个关键时间点，分别是5月17日和5月19日。在5月17日，CT、JF30、JF40、JF50、JF60和JF70的出苗率分别为60.35%、51.42%、46.06%、42.86%、35.53%和29.86%，这个数值的变化趋势是正常的，出苗率和土壤的孔隙比有直接的关系，土壤孔隙比越大，出苗率越低。5月19日，各种处理的出苗率排序发生了变化，CT、JF30、JF40、JF50、JF60和JF70的出苗率分别是77.85%、

80.33%、82.21%、65.02%、60.65%和53.19%，JF30和JF40的出苗率这时高于传统，这是由于在这两天出现大风天气，没有秸秆切碎还田的，土体内5cm左右蒸发量较大，而此处正是玉米播种深度。秸秆切碎还田的蒸发量减少，土体含水率较高，地温也较高。到了5月21日随着天气恢复正常，出苗率变回原来的趋势CT>JF30>JF40>JF50>JF60>JF70。

5.4.2 秸秆切碎翻埋还田对玉米株高的影响

株高是植物形态学调查工作中最基本的指标之一，它可以直接反映作物的生长、发育情况。在一定范围内，含水率越大，温度越高，作物的生长发育情况就越好。对玉米株高数据进行统计，结果如图5.15所示。

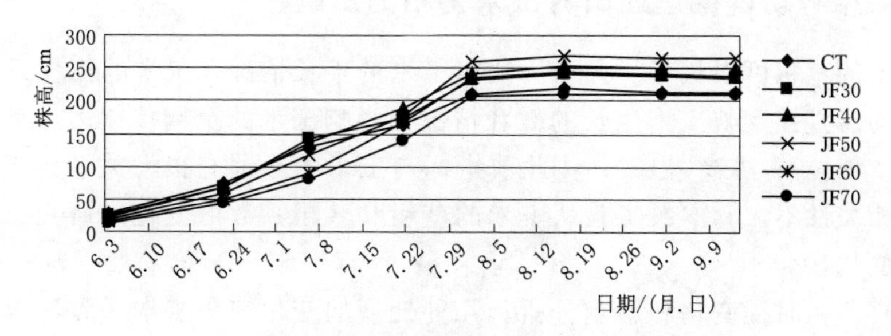

图5.15 株高变化曲线（2014年）

(1) 株高时程变化。在玉米的生长发育期，作物的株高变化趋势基本相同。先增大，后减小，最后在一段时间内保持不变。拔节期是植物生长的最关键时期，株高的变化主要集中在这一时期。抽穗期株高增大的并没有拔节期明显。到了灌浆期，玉米株高又发生了变化，株高略有降低，这是因为随着作物的生长玉米穗会慢慢变干，导致株高小幅度降低。成熟期，株高会随着作物枯萎而减小。

(2) 株高影响分析。从图5.15可以看出，几种不同的秸秆切碎还田量情况下，各处理之间的株高有明显的差距。从最大值来看，JF50>JF40>JF60>JF30>JF70>CT，整体上的趋势也是如此，这主要是受地温、土壤含水率和土壤养分含量三个方面的影响。

在玉米出苗期，CT处理植株生长最高为29cm，在6月3日玉米株高大小为CT>JF30>JF40>JF50>JF60>JF70。这是由于在玉米出苗期土体内切碎的秸秆没有完全分解，还不能够被植物体所利用。到了拔节期，玉米生长很快，在7月6日玉米株高大小为JF30>JF40>CT>JF50>JF60>JF70，在7月21日为JF40>JF50>JF30>JF60>CT>JF70，随着气温的升高和降雨量的增加，土体内微生物活性增强，土体内秸秆一部分被微生物分解，为玉米的生长提供了养分。在7月21日JF40为最高189.8cm，JF70为最低138.6cm。到了8月1日JF50为所有处理最高259.8cm，这时玉米株高大小为JF50>JF40>JF60>JF30>CT>JF70。到了8月16日各处理的株高都略有增加，但增加得并不明显。到了9月1日和9月13日各处理株高略有降低，降低2cm左右。

影响玉米株高的因素主要是光照、地温、土壤含水率和土壤养分。不同的处理只能影响地温、土壤含水率和土壤养分。在玉米的出苗期，随着秸秆量的增加，玉米的株高减小；随着时间的变化，随着覆盖量的增加，株高增大。而过高的秸秆还田量反而抑制了玉米的生长，整个生育期JF70的株高一直是最低的，这最能说明这一点。

5.4.3 秸秆切碎翻埋还田对玉米茎粗的影响

玉米的茎粗可以从另一方面反映出玉米的生长情况。玉米的穗位系数和茎粗系数均能直接反映玉米生长的健壮情况，影响玉米的抗倒伏能力。玉米的穗位系数=穗位高/株高×100%，此项指标与玉米的品种有很大关系，与各处理的不同相关性不大。本次实验从玉米的茎粗和茎粗系数的变化来研究玉米生长发育的变化。

(1) 茎粗时程变化和影响分析。几种处理的变化趋势基本一致，玉米的茎粗在整个生育期的变化是，在出苗期，茎粗略有上升；在拔节期、抽穗期和灌浆期的前期，茎粗迅速增长，增长幅度较大；而到了灌浆期的后期，玉米茎粗略有增大，等到了成熟期，茎粗略有下降，下降的量很小，几乎可以忽略不计。可以看出，玉米整个生育期，各处理之间的差异显著，在玉米出苗期玉米茎粗大小为CT>JF30>JF40>JF50>JF60>JF70。在拔节期，茎粗迅速增长，玉米茎粗大小为JF50>JF40>JF60>JF30>CT>JF70，其中JF50处理照比出苗期增长了4.73倍。抽穗期、灌浆期和成熟期均是JF50>JF40>JF30>JF60>CT>JF70，此时，各处理之间的差异已经较为显著，不同相邻处理之间平均相差0.11cm。

在玉米的出苗期和拔节期初期，有秸秆还田的茎粗反而低于对照，而7月6日—8月1日有一个过渡的过程，7月6日时JF30>JF40>CT>JF50>JF60>JF70，但是到了7月21日茎粗变为JF40>JF50>JF30>JF60>CT>JF70，在8月1日则是JF50>JF40>JF60>JF30>CT>JF70。这说明，秸秆翻埋还田有益于作物的生长，效果较慢，而过大的秸秆还田量不利于作物的生长。这是由于秸秆被土体内微生物分解成有机质是个缓慢的过程，适量的秸秆还田有助于提高土体内土壤含水率。过多的秸秆还田量，使土体孔隙率增大，虽然土体内含水率增大，但是降低了土体内10～25cm处的地温，另外孔隙率过大抑制微生物的生长繁殖，所以JF70在整个生育期都是生长最不良的一个处理。

(2) 秸秆还田对茎粗系数的影响。玉米的茎粗系数等于茎秆中茎节宽除以茎节长，茎粗系数大，证明茎秆粗壮，玉米植株就有较强的抗倒伏能力。茎粗系数见表5.8，可知此项指标各处理之间差异并不显著，而随着不同的生育阶段变化显著，出苗期茎粗系数相对较高，拔节期时下降的比较明显，抽穗期继续下降，到了灌浆期有所回升，成熟期则有略微的下降。可得知玉米在出苗期和灌浆期抗倒伏能力最强，玉米生育初期CT处理较壮，到了后期JF50处理最壮，抗倒伏能力最强。同一时期不同处理茎粗系数的变化规律与茎粗相同。可见适量的秸秆翻埋还田能使玉米生长更加强壮，抗倒伏能力更强。

表5.8　　玉米的茎粗系数

处理	出苗期	拔节期	抽穗期	灌浆期	成熟期
CT	0.263	0.235	0.195	0.210	0.203
JF30	0.250	0.233	0.214	0.231	0.223
JF40	0.246	0.230	0.218	0.240	0.232
JF50	0.243	0.226	0.206	0.236	0.231
JF60	0.240	0.221	0.196	0.234	0.215
JF70	0.238	0.210	0.188	0.214	0.200

5.4.4　秸秆切碎翻埋还田对玉米叶面积指数的影响

叶面积指数与株高和茎粗一样都是作物生长的重要指标，是指单位面积上总的叶面积与单位土体面积的比值。但它对作物的影响远比其他两项大。这是因为作物的叶面积大，遮挡住的阳光就多，就会起到减少蒸发和降低地温的作用。同时，随着科技的发展和研究程度的加深，叶面积指数在参量预测中也起到了一定的作用。图5.16所示为玉米叶面积指数在生育期内的变化情况。

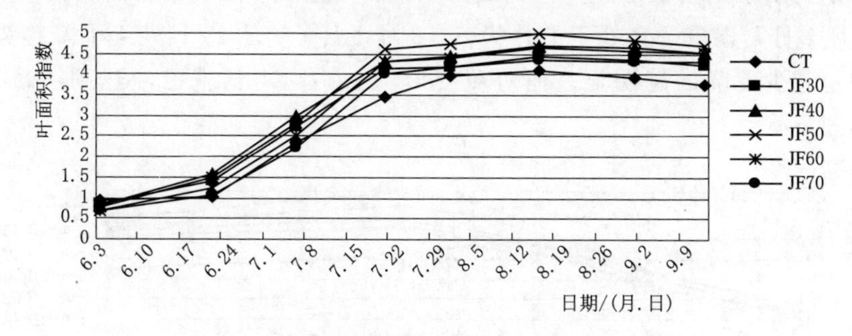

图5.16　玉米叶面积指数变化曲线（2014年）

各处理叶面积指数在生育期内变化基本一致，拔节期叶面积指数快速上升，并在抽穗期达到最大值，灌浆先期保持稳定，大小基本不变，灌浆后期和成熟期略有下降。6月3日，叶面积指数相差最小，这是因为在玉米出苗期叶面积太小，尽管几种不同处理对出苗率和苗期生长情况的影响差异显著，但是各处理出苗期的叶面积指数相差最小，其中CT最大，这是由于在出苗期CT处理玉米生长的最好。与对照组相比，几种处理叶面积指数的变化速率基本保持一致，但是在最大值上有很大的不同，为JF50＞JF40＞JF60＞JF30＞JF70＞CT。JF50的叶面积指数较CT大了17.5%，这说明在增大叶面积方面JF50的效果很好；而JF70的叶面积指数较CT大6.1%，与CT接近，说明在增大叶面积方面，JF70的效果很弱。这说明，适当的秸秆还田有益玉米叶片的生长，过多或者过少的秸秆还田量增大叶面积的效果并不明显。

从曲线的变化趋势来看，曲线总体上的趋势与株高、茎粗类似，6月3日至8月16日一直是上升趋势，上升的速率为“慢—快—慢”，从8月16日—9月13日处于下降趋势，下降幅度很小。在出苗期CT＞JF30＞JF40＞JF50＞JF60＞JF70，随着后期气温的升高，秸秆还田的叶面积指数明显高于CT处理。在7月6日为JF40＞JF50＞JF30＞JF60＞CT＞JF70，7月21日为JF50＞JF60＞JF40＞JF30＞JF70＞CT，一直到成熟期JF60和JF40的大小都时高时低，但是均小于JF50，大于JF30。这是由于秸秆分解为植物的生长提供了养料，促进了玉米的生长。在玉米生育后期玉米的叶面积指数变小，在这一时期玉米叶子失去水分，叶子变干变黄，尤其是CT处理的变化最为明显。JF70处理的变化最不明显，叶面积指数降低幅度较小，这是因为土体里的秸秆尚有一小部分尚未分解，能够起到蓄水保地温的作用。

5.4.5 秸秆切碎翻埋还田对玉米根的表面积、鲜重和长度的影响

如图5.17所示玉米根系鲜重在生育期内呈单峰变化，在出苗期增长缓慢，从拔节期到灌浆期增长迅速并达到最大值，然后逐渐下降。秸秆还田处理6月3日—8月1日，根重一直处于上升状态，8月1日—9月13日处于下降趋势，秸秆还田量越少下降的越明显。而对照CT，在7月21日就已经达到了最大值，之后迅速下降。

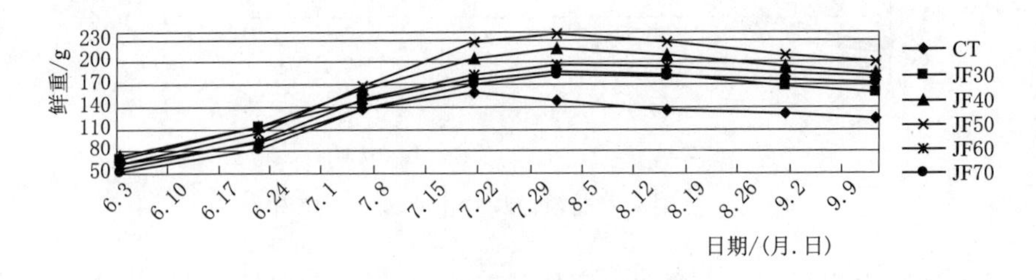

图5.17 玉米根鲜重的变化曲线（2014年）

在8月1日JF50达到最大值238.8g，此时JF50和JF40、JF60差异显著，相差21g，而JF30、JF60和JF70差异并不显著。从7月21日起，秸秆还田处理与对照差异变得显著，CT处理在7月21日之后下降的很明显，并且下降的幅度照比其他处理幅度大。在9月13日根系最发达的JF50比CT高37.8%。从整体上看，在7月6日之前，各处理的差异并不显著，7月6日以后差异显著。都达到最大值时，JF50＞JF40＞JF60＞JF30＞JF70＞CT。玉米在秸秆切碎翻埋还田处理的根系较为粗壮，有一部分根须已经伸入切碎的秸秆内部空隙中，在玉米生育的中后期，有一部分土壤随着根系的生长进入翻埋的秸秆内部，玉米可以在切碎秸秆内部吸收充足的养分。

不仅在重量方面，在根系的表面积和根系的长度方面JF50也要高于其他处理，而根系的表面积和长度的变化趋势与根系重量的变化规律类似。在最高值JF50的表面积达到1630cm^2，而根的长度达到了19.60cm（此为单株玉米根系的平均值），照比CT处理高出34.6%。

5.4.6 秸秆切碎还田对玉米产量的影响

表5.9所示是不同处理对玉米穗长、秃尖长、穗粗、穗行数、行粒数、百粒重、空秆率和籽粒产量的相关数据进行整理和分析。可以看出，穗长和穗粗最大值处在JF70当中，最小值存在于CT，这与长势一致。而行粒数与穗粗成正比，也是JF50最多。而穗行数和行粒数能够反映玉米单穗的籽粒数量，其中穗行数的多少依次为JF40＞JF50＞JF60＞JF30＞JF70＞CT，行粒数大小依次为JF50＞JF70＞JF30＞CT＞JF40＞JF60。玉米的秃尖可以致使玉米减产，单颗玉米的粒数减小，玉米的秃尖长各处理之间没有明显的规律。玉米的穗长，秸秆还田处理要比对照明显的长，其中JF50比CT穗长要长出21.53%，秸秆还田处理中最长的JF50要比最短的JF30长1.57cm。玉米的百粒质量JF50＞JF60＞JF40＞JF70＞JF30＞CT，这和穗长的变化趋势相同，其中JF50要比CT处理高出11.13%，JF50要比JF30高5.46%，百粒重是体现玉米种子和充实程度的一

表5.9 不同处理对玉米产量影响

处理	穗长/cm	秃尖长/cm	穗粗/cm	穗行数	行粒数	百粒重/g	空秆率/%	籽粒产量/(kg/hm^2)
CT	18.95	1.68	5.20	16.04	34.25	29.38	13.2	6539
JF30	21.46	2.16	5.41	16.35	34.27	30.96	14.8	7426
JF40	22.54	3.24	5.53	16.85	33.14	31.25	15.2	8150
JF50	23.03	2.29	5.57	16.70	35.21	32.65	16	8831
JF60	22.72	2.81	5.60	16.52	31.26	31.49	16.3	8442
JF70	21.48	2.36	5.64	16.12	34.87	31.06	16.5	7848

项指标，最能体现玉米的品质。玉米的空秆有两种情况，一种是先天性不育空秆，另一种是稳定性空秆。造成空秆的原因很多，有种植过密、通风透光不良以及营养物质跟不上等。而玉米的空秆率直接影响玉米的产量，本次试验玉米的空秆率随着秸秆还田量的增大而增加，秸秆处理要高于对照。对不同处理下玉米的产量进行分析，从整体上来看，不同处理方式对玉米产量的影响不同，CT 的产量最低为 6539kg/hm²，JF50 的产量最高为 8831kg/hm²，后者比前者大 35.05%。产量大小从高到低为 JF50＞JF60＞JF40＞JF70＞JF30＞CT。JF50 比 JF60 高 4.61%，JF60 比 JF40 高 3.58%，JF40 比 JF70 高 3.85%，JF70 比 JF30 高 5.68%，JF30 比 CT 高 13.56%。可以看出秸秆切碎翻埋还田有助于玉米产量的增加，但是秸秆还田量并不是越多越好，应该适量。试验表明，秸秆切碎翻埋量在 6133kg/hm²，也就是 JF50，对玉米产量提高的效果最为明显。

5.5 玉米产量预测

本节的研究基于 RBF 神经网络，具体内容见 4.5 节。

5.5.1 模型建立

本研究是借助 Matlab 来进行的，Matlab 经过几十年的研究和改进，已成为一个非常受欢迎的计算软件。它是一个包含多种学科和工程计算的系统，囊括了目前为止的大部分较完善的神经网络的设计方法，使人们远离了复杂而烦琐的编程工作，工作效率得到了大幅度的提高。

将土壤 5～25cm 地温，10cm、20cm 含水率，土壤氮、磷、钾含量，株高、茎粗、叶面积指数作为预测因子。利用 RBF 神经网络来建立玉米产量的预测模型，用 3 年的数据来训练网络，之后对 2014 年的产量进行预测。预测因子为输入，产量为输出，输入层的节点数为预测因子数，输出层的节点数为 1。首先利用工具箱来学习已有的样本，得到样本训练后的拟合结果。之后利用这个已经训练好的神经网络对 2014 年的产量进行验证，并对预测的结果进行分析。

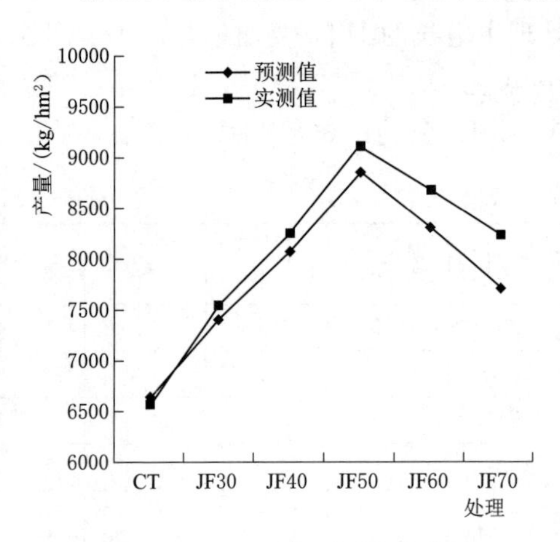

图 5.18 RBF 网络预测拟合曲线

5.5.2 模型的预测与结果分析

图 5.18 给出的是产量预测模型的

拟合结果，可以看出利用 RBF 网络求得的预测值和实测值很相近，效果较好。大体上可以反映出几种处理产量的变化趋势，为 JF50＞JF60＞JF40＞JF70＞JF30＞CT，与实测值的大小变化一致，基本上可以准确预测玉米的产量。

对 2014 年的玉米产量进行检验，其结果见表 5.10，可以发现几种处理样本的预测精度都达到了较高要求。六组预测中，相对误差最大值为 6.56%，平均为 2.55%，说明网络的泛化能力较好、预测精度较高。其中几种处理的相对误差，在一定程度上反映了产量受外界因素影响情况。其中随着秸秆还田量的增加，相对误差增大的越明显，其产量更容易受外界环境因素和气象因素的影响，产量不够稳定。

表 5.10　RBF 网络预测拟合结果

处理	预测值/(kg/hm^2)	实测值/(kg/hm^2)	相对误差/%
CT	6.62×10^3	6544	−1.23
JF30	7.42×10^3	7523	1.42
JF40	8.05×10^3	8211	1.91
JF50	8.86×10^3	9104	2.66
JF60	8.33×10^3	8679	3.99
JF70	7.72×10^3	8264	6.56

本研究运用 RBF 网络把土壤水热情况和土壤的养分情况结合起来，结合数学建模和网络，使复杂和非线性的数据可以更好地适应产量预测模型。通过对预测产量大小、变化和相对误差这几个重要方面分析来看，RBF 网络处理各个生长指标和对玉米产量预测，其良好的学习能力和训练能力以及应用价值都得到了很好的体现。研究结果表明，该玉米产量预测模型的收敛速度和预测精度都是非常理想的，说明利用 RBF 网络对玉米产量进行预测，其结果是非常可信的。同时，该玉米产量的预测模型的预测精度理想，具有很强的实用性，与 BP 神经网络相比，是一个更新更有效的方法，可以推广到其他作物的产量预测，其得到的结果可以为保证粮食安全提供重要的信息，为政策的制定提供强有力的依据。

5.6　结　论

本研究综合考虑到沈阳地区的气候及土壤的理化性质，共设置秸秆翻埋还田量为 3680kg/hm^2、4907kg/hm^2、6133kg/hm^2、7360kg/hm^2、8567kg/hm^2 和对照 6 个处理，共设置 3 个重复。结合田间试验的研究，分析这几种处理模式对土壤水分及养分、地温、玉米的生长状况和产量的影响，并对玉米的产量进行预测。

(1) 秸秆翻埋还田能有效抑制土壤水分的蒸发，减缓雨水入渗。土壤中水分的蒸发随着季节的改变而大有不同，其中，在玉米生长的出苗期和拔节期抑制蒸发率变大，各秸秆还田处理上升得并不明显。到了抽穗期，秸秆处理抑制蒸发率数值降低明显，其中JF60和JF70下降较为明显，下降幅度达到8.5个百分点。到了灌浆期和成熟期，秸秆还田处理的抑制蒸发数值有所上升，上升幅度较为明显。

在土壤含水率分别为90g/kg和180g/kg的时候做蒸发动力曲线，当土壤初始含水量较小（90g/kg）时，秸秆不同还田量对土壤水分蒸发量的抑制作用相差不明显，随着土壤初始含水量的增加，秸秆翻埋还田量对土壤水分蒸发量的抑制作用变得明显。秸秆翻埋还田量与土壤水分蒸发量成反比。当土壤含水量达180g/kg时，不同秸秆翻埋还田量处理间的土壤水分累积蒸发量的差异变化明显。并拟合出土壤水分蒸发积累量$S(g)$与时间t(h)的方程，$S=pt^q$。

对雨前，雨后1h、2h和5h对土壤含水率进行测量，在整个雨水入渗过程中，CT入渗最快，随着秸秆还田量的增大，入渗速度变慢。秸秆翻埋还田能够有效减少雨水的入渗。

(2) 秸秆翻埋还田能够起到保持地温的作用。地温随着土壤深度的增加而减小，整体上JF40＞JF30＞CT。JF50在5～15cm处的地温要高于JF40，而20～25cm处的地温要低于JF40处理0.2℃，此处温度略有波动，属于正常现象。JF60和JF70在5cm处的地温要低于JF50，而15～25cm处的地温要明显高于其他处理。这是由于过多的秸秆翻埋还田量阻碍了大气对土壤表层的热传递，而大量的秸秆使土壤深处的温度上升的较为明显，秸秆翻埋就像“棉被”对深层土壤起到了保温的作用。5～10cm处土体内温度变化趋势大致相同，主要受太阳光的直射作用。15～25cm处地温变化趋势大致相同。随着土体的变深，各个处理温差越不显著。

(3) 秸秆翻埋还田对土体内氮、磷、钾及土体内微生物的影响。土体内全氮、碱解氮、全磷、有效磷、全钾和速效钾随着玉米不同生育期的变化而变化。各指标从出苗期到拔节期均有大量的提升，拔节期达到最大值，到了灌浆成熟期略有下降。在出苗期土体内氮、磷、钾含量JF50＞JF60＞JF70＞JF40＞JF30＞CT，拔节期和灌浆期、成熟期为JF70＞JF60＞JF50＞JF40＞JF30＞CT。

微生物量碳和微生物量氮能够直接反映出土壤内微生物的数量。秸秆切碎翻埋还田处理的微生物量碳要明显高于对照；随着气温的升高，土体内微生物的活力增强，在出苗期，随着秸秆还田量增大，微生物量碳反而减少。在拔节期，JF50为最高，在抽穗期、灌浆期和成熟期，JF60为最大值，JF70为秸秆还田量最高的处理，但是由于秸秆量过大，土壤孔隙度最大，地温略有降低，不利于微生物的繁殖生长。各处理微生物量氮的大小为 JF60＞JF70＞JF50＞JF40＞JF30＞CT。

(4) 秸秆翻埋还田对玉米产量的影响。对不同处理下玉米的产量进行分析，从整体上看，不同处理方式对玉米产量的影响不同，CT 的产量最低为 6539kg/hm^2，JF50 的产量最高为 8831kg/hm^2，后者比前者大 35.05%。产量大小从高到低为 JF50＞JF60＞JF40＞JF70＞JF30＞CT。可以看出秸秆切碎翻埋还田有助于玉米产量的增加，但是秸秆还田量并不是越多越好，应该适量。试验表明秸秆切碎翻埋处理秸秆量在 6133kg/hm^2，也就是 JF50，对玉米产量的提高效果最为明显。

(5) 玉米产量预测。构建玉米产量预测模型，运用 RBF 神经网络对玉米产量进行预测，其预测结果较为理想，几种处理预测值的变化趋势与实测值相一致，且预测误差均小于 7%，说明基于保护性耕作的产量预测模型具有可行性。

综上所述，沈阳地区草甸土的玉米秸秆最优翻埋还田量为 6133kg/hm^2。

第6章　秸秆覆盖和生物炭对土壤水热和玉米产量的影响

6.1　试验设计与方法

6.1.1　试验区概况

试验于2017年和2018年5—9月在沈阳农业大学水利学院综合试验基地进行。试验基地位于沈阳市东部，北纬41°84′，东经123°57′，平均海拔44.7m，属于暖温带大陆性季风气候。根据多年气象观测数据，该地区多年平均降雨量为703.4mm，主要集中在玉米生育期内（5—9月），玉米生育期内降雨量占全年降水量的79%，2017年降雨量为463.9mm，本试验玉米生育期内（5—9月）降雨量仅为335mm，5—9月月平均最高温为33.4℃；2018年降雨量为665mm，生育期内降雨量为557mm。试验区土质为潮棕壤土，土质分布均匀，在该地区具有典型代表意义。土壤理化性质为全氮3.04g/kg，全磷3.62g/kg，全钾23.19g/kg，有机质33.93g/kg。0～100cm土层平均土壤容重为1.41g/cm^3，田间持水率为0.38cm^3/cm^3，凋萎系数为0.18cm^3/cm^3。平均地下水位埋深为4.5m，其中，最小地下水埋深4.1m，最大地下水埋深5.0m，水位变幅不大。

6.1.2　试验设计

试验采用传统的大垄双行种植方式（垄台宽60cm，沟宽40cm），玉米品种为良玉777，播种量为6.7万株/hm^2。试验设秸秆覆盖和生物炭两个因素，采用裂区设计，主区为秸秆覆盖，设无秸秆覆盖（F_0）和8t/hm^{2}整株秸秆覆盖（F_1）2个水平；副区为生物炭施用量，设置0（C_0）、4t/hm^2（C_1）和12t/hm^2（C_2）3个水平，将生物炭施于土壤表层，使用旋耕机将生物炭与20cm土壤均匀混合。试验共6个处理组合（表6.1），每个组合重复3次，共18个试验小区，每个试验小区面积为18m^2（3m×6m）。生物炭购自辽宁金和福农业开发有限公司，其基本理化性质为有机碳515g/kg，全氮10.2g/kg，全磷8.1g/kg，全钾15.7g/kg。在试验期间，不进行人工灌溉，降雨是唯一的补充水源。播种时一次性施复合肥1000kg/hm^2（氮、磷和钾的含量分别占27%、13%和15%）作为底肥，生育期内不追肥。除秸秆覆盖和生物炭施用量水平不同外，其他田间管理措施均相同。

表 6.1 各试验处理

处理编号	覆盖方式	生物炭施用量/(t/hm^2)
F_0C_0	不覆盖	0
F_0C_1	不覆盖	4
F_0C_2	不覆盖	12
F_1C_0	秸秆覆盖	0
F_1C_1	秸秆覆盖	4
F_1C_2	秸秆覆盖	12

6.1.3 测定项目与方法

6.1.3.1 气象因素观测

降水资料主要使用试验基地附近牤牛河水文站观测资料。

6.1.3.2 土壤含水率测定

使用 TDR 时域反射仪测量 10cm、20cm、30cm、40cm、50cm 及 60cm 深度土壤含水量，并用烘干法进行仪器校准。每隔 7d 观测一次，雨前和雨后加测。

6.1.3.3 土壤温度测定

使用套组曲管地温计对各小区 5cm、10cm、15cm、20cm 和 25cm 土层深处的土壤进行定点地温观测，每 3～4d 观测 8:00、14:00、18:00 时地温。

6.1.3.4 玉米株高、茎粗和叶面积测定

每个小区选取 3 棵长势有代表性的植株进行挂牌标记，玉米株高、茎粗和全部展开叶面积每隔 10d 观测一次，其中株高用米尺测量，玉米的最上部叶片自然伸长的位置为刻度读数，单位为 m；茎粗用游标卡尺测定，在距离地表 10cm 处测量茎粗，单位为 mm；单叶的叶长和叶宽用直尺测定，叶宽选取叶片中间最宽的位置，伸展放平来测量，其中单叶叶面积(m^2)＝长(cm)×宽(cm)×0.75/10000，叶面积指数＝单株叶面积×单位土地面积内株数/单位土地面积。

6.1.3.5 玉米干物质测定

玉米每个生育期内，每个小区选取长势有代表性的 3 株玉米，取样后按根、茎、叶、穗进行分解，然后将干物质放入烘箱在 105℃下杀青 30min，75℃恒温烘干至恒重，用电子天平称重并记录（精度为 0.01g）。

6.1.3.6 耗水量

玉米耗水量采用水量平衡方程进行计算

$$ET = W_0 - W_t - W_T + P_0 + K + M \tag{6.1}$$

$$W_T = 667\ (H_2 - H_1)\ \gamma\ (\theta_f - \theta) \tag{6.2}$$

$$P_0 = \sigma P \tag{6.3}$$

式中：ET 为阶段耗水量，mm；W_0、W_t 分别为时段初和时段末的土壤计划湿润层内的储水量，mm；W_T 为由于土壤计划湿润层增加而增加的水量，mm；H_1 为计算时段初土壤计划湿润层深度，mm；H_2 为计算时段末土壤计划湿润层深度，mm；θ_f 为田间持水率；θ 为计划湿润层平均含水率；γ 为土壤容重；P_0 为时段内有效降雨量，mm；P 为次降雨量，mm；σ 为降雨有效利用系数，$P \leqslant 5$mm 时 $\sigma = 0$，$P = 5 \sim 50$mm 时 $\sigma = 1$，$P \geqslant 50$mm 时 $\sigma = 0.75$；K 为时段内地下水补给量，mm；M 为时段内灌水量，mm。

试验区平均地下水位埋深 4.5m，最小地下水位埋深为 4.1m，故不考虑地下水补给，$K=0$；本试验期间不进行灌溉，来水仅靠降雨，故无灌水量，$M=0$。

6.1.3.7 玉米产量、产量构成及经济系数测定

在玉米成熟后，各小区选取 5 株有代表性的植株测定其穗长、穗粗、穗行数、行粒数和百粒重，再对各小区所有玉米进行脱粒测产，用水分仪测定其水分，并按 14%含水量折合成公顷产量，通过计算玉米籽粒产量与干物质量算出经济系数。

6.1.3.8 水分利用效率

水分利用效率是指作物利用单位耗水量生产的经济产量，单位为 kg/m^3，根据玉米产量、耗水量，水分利用效率计算公式如下

$$WUE = Y/ET \tag{6.4}$$

式中：WUE 为水分利用效率，kg/m^3；Y 为玉米经济产量，kg；ET 为耗水量，m^3。

6.1.4 数据统计分析

采用 Microsoft Excel 2010、DPS 以及 OriginPro 8.5 对试验数据进行处理、分析和作图。主因子和交互因子事后均值差异检测采用 Duncan 新复极差法，显著性水平为 $P<0.05$。

6.2 秸秆覆盖和生物炭对土壤水热的影响

6.2.1 秸秆覆盖和生物炭对土壤水分的影响

6.2.1.1 秸秆覆盖和生物炭对全生育期 0～60cm 土壤含水率的影响

秸秆覆盖和生物炭对全生育期 0～60cm 各土层含水率的影响如图 6.1 所示。

由图可知，2017 年和 2018 年秸秆覆盖和生物炭对全生育期 0～60cm 土壤含水率的影响趋势基本一致，不同处理的 0～60cm 土壤含水率均随着土层深度的增加而提高。秸秆覆盖对全生育期 0～60cm 土壤含水率有明显的影响，2018 年 F_1 处理的含水率较 F_0 增幅高于 2017 年，保墒效果好；随着土层深度的增加，F_1 处理的含水率与 F_0 差异逐渐缩小，F_1 处理对 0～20cm 土壤含水率影响最大，F_1 处理的 0～20cm 土壤含水率较 F_0 分别提高 7.42%～8.14%（2017 年）和 11.02%～13.91%（2018 年）；在 20～40cm 土层，F_1 处理的含水率较 F_0 分别提高 4.72%～6.63%（2017 年）和 4.64%～6.43%（2018 年）；在 40～60cm 土层，F_1 和 F_0 处理间差异不明显，但也表现为 F_1 处理的含水率高于 F_0。由图 6.1 可知，生物炭对全生育期 0～60cm 土壤含水率的影响不显著，但 C_0、C_1 和 C_2 处理间 0～60cm 各土层土壤含水率均表现为 $C_2>C_1>C_0$，C_2 处理的含水率最大较 C_0 提高 4.71%。

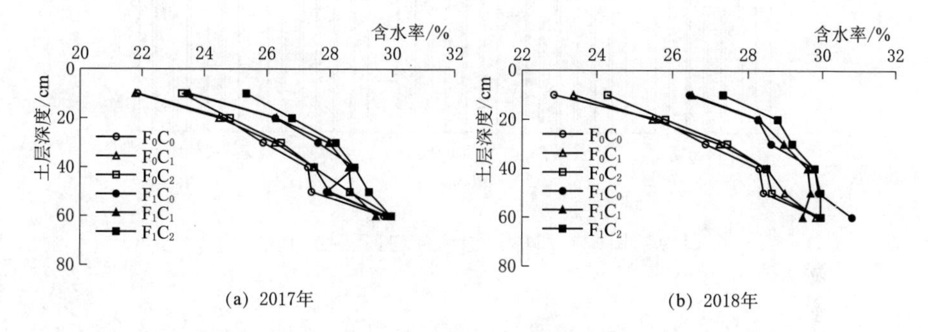

图 6.1 2017 年和 2018 年秸秆覆盖和生物炭对全生育期 0～60cm 土壤含水率的影响

6.2.1.2 秸秆覆盖和生物炭对各生育期 0～60cm 土壤平均含水率的影响

不同秸秆覆盖和生物炭处理对玉米各生育期 0～60cm 平均土壤含水率的影响如图 6.2 所示。由图可知，不同年份 0～60cm 土壤平均含水率的峰值出现在不同的生育期。

2017 年各处理 0～60cm 土壤平均含水率的峰值出现在玉米的生育前期，而 2018 年各处理 0～60cm 土壤平均含水率的峰值出现在玉米的生育后期，这是由于两年降雨分布时期不同造成的，且两年降雨量不同，2017 年比较干旱，2018 年降雨较充足。2017 年和 2018 年秸秆覆盖和生物炭处理对玉米各生育期 0～60cm 土壤平均含水率的影响趋势基本一致。其中秸秆覆盖对 0～60cm 土壤平均含水率有明显的提升作用，秸秆覆盖对玉米出苗期、拔节期和抽雄期 0～60cm 土壤平均含水率提升效果比较明显，而对玉米灌浆期和成熟期 0～60cm 平均土壤含水率提升效果不明显，各生育期 F_1 处理的 0～60cm 土壤平均含水率较 F_0 分别提高 3.59%～10.40%（2017 年）和 3.11%～9.09%（2018 年）。由图 6.2 可知，生物炭也能提高0～60cm土壤平均含水率，且0～60cm土层平均含水率随施炭量的增大而增大，在玉米生育前期C_2处理的0～60cm土壤平均含水率显著高于C_0和C_1，而C_1和C_0处理间含水率无显著性差异。C_1和C_2处理各生育期0～60cm土壤平均含水率较C_0分别提高0.72%～3.34%、3.10%～6.41%（2017年）和0.62%～3.81%、2.32%～6.40%（2018年）。总体而言，2017年和2018年F_1C_2处理的各生育期0～60cm土壤平均含水率均表现最高，且特别在玉米生育前期显著高于其他处理组合。

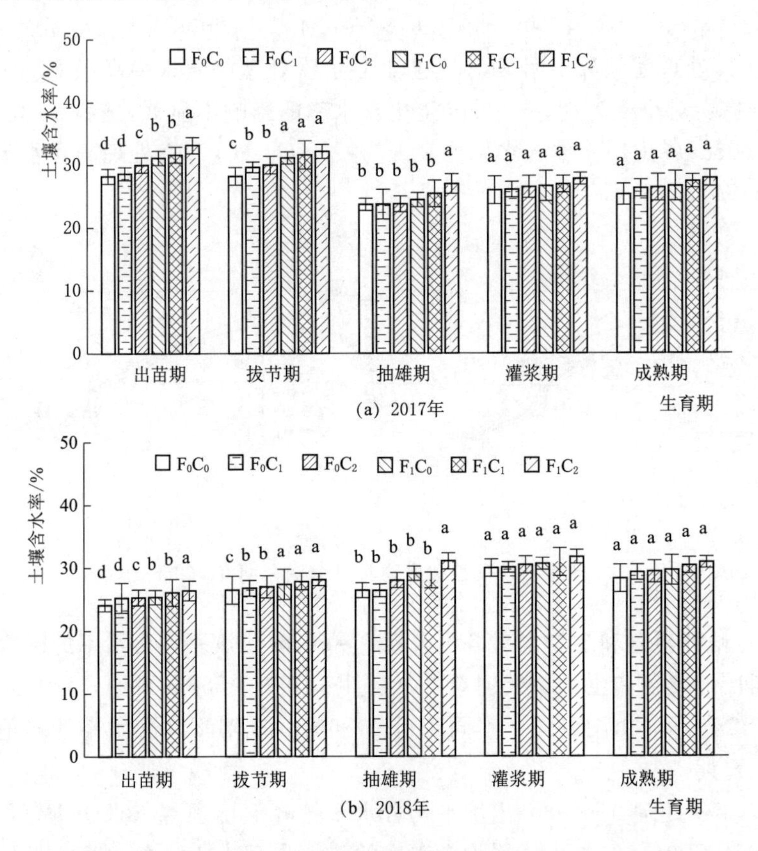

图6.2 秸秆覆盖和生物炭对玉米各生育期0～60cm土壤平均含水率的影响

注 在同一个生育期内不同小写字母表示在0.05水平上差异显著，下同。

6.2.2 秸秆覆盖和生物炭对土壤温度的影响

6.2.2.1 秸秆覆盖和生物炭对0～25cm不同土层深度地温的影响

秸秆覆盖和生物炭对全生育期0～25cm各土层地温的影响如图6.3所示。由图可知，各处理的地温整体变化趋势一致，均随着土层深度的增加而减小。

2017年和2018年秸秆覆盖和生物炭处理对0～25cm土层全生育期平均地温的影响趋势一致。2017年和2018年秸秆覆盖、秸秆覆盖和生物炭的交互作用对不同土层地温影响显著，生物炭对不同土层地温无显著影响。由图6.3可知，秸秆覆盖处理较不覆盖能极显著降低0～25cm各土层地温，尤其对表层5cm、10cm土层地温降温效应更明显，F_1处理的0～25cm各土层地温较F_0降低6.03%～13.41%（2017年）和4.33%～7.52%（2018年）。在不同覆盖条件下，生物炭处理对0～25cm各土层地温影响表现不同，在F_0水平下，生物炭处理对0～25cm土层均有增温效应，且地温随生物炭施用量的增大而增大，较C_0最大增温3.12%（2017年）和4.34%（2018年）；在F_1水平下，生物炭处理对表层5cm、10cm土层有降温效应，较C_0最大降温2.33%（2017年）和3.21%（2018年）；而对15～25cm土层则有增温效应，较C_0最大增温0.63%（2017年）和0.84%（2018年）。

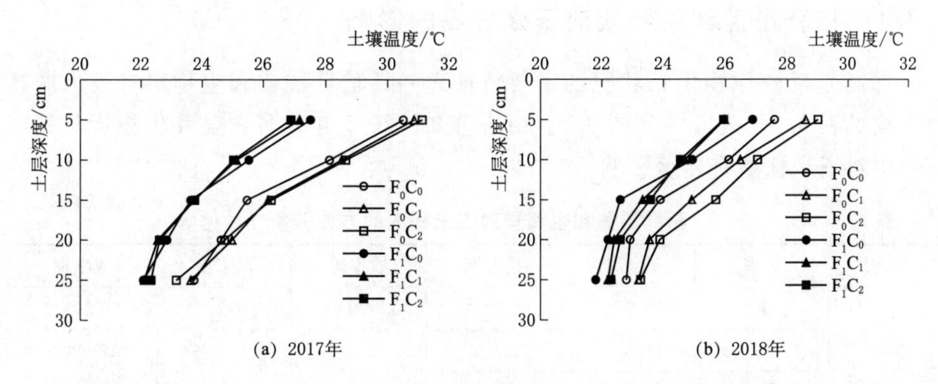

图6.3 2017年和2018年秸秆覆盖和生物炭对0～25cm土层全生育期平均地温的垂直变化

6.2.2.2 秸秆覆盖和生物炭对不同生育期0～25cm日平均地温的影响

秸秆覆盖和生物炭处理对0～25cm不同生育阶段平均地温的影响如图6.4所示。由图可知，2017年和2018年秸秆覆盖和生物炭对地温的影响趋势一致，对地温的调节效应均表现为前期大、后期小的变化趋势。秸秆覆盖处理对玉米各生育期0～25cm土层平均地温影响显著，而生物炭处理及秸秆覆盖和生物炭的交互作用对全生育期地温均无显著影响。秸秆覆盖处理较无覆盖能明显降低各生育期地温，F_1处理较F_0各生育期地温分别显著降低4.12%～14.11%（2017年）和5.33%～10.12%（2018年）。由图6.4可知，生物炭处理有增温效应，地温随施用量的增大而增大，C_1和C_2处理0～25cm土层平均温度较C_0最高分别增大1.33%、2.93%（2017年）和1.12%、3.51%（2018年），但全生育期C_0、C_1和C_2处理间地温均无显著性差异。

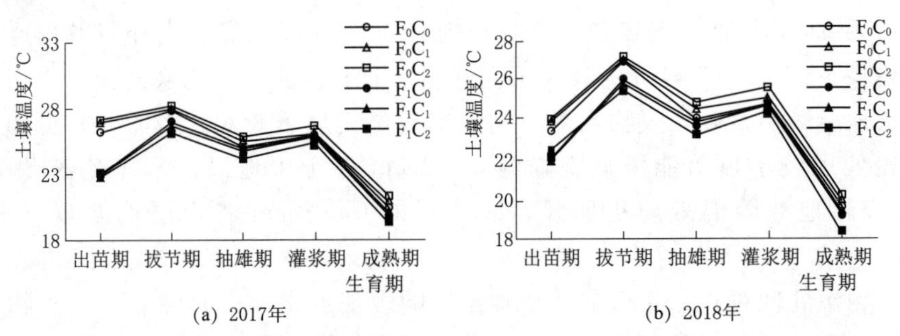

图 6.4 2017 年和 2018 年秸秆覆盖和生物炭对 0～25cm 不同生育阶段平均地温的影响

6.3 秸秆覆盖和生物炭对玉米生长发育的影响

6.3.1 秸秆覆盖和生物炭对玉米株高的影响

株高是反映作物生长状况的重要特征之一，秸秆覆盖和生物炭对玉米株高的影响见表 6.2、表 6.3 和图 6.5。由表可知，2017 年秸秆覆盖和生物炭及其交互作用对玉米株高有显著影响。

表 6.2 秸秆覆盖和生物炭对玉米株高的方差分析

年份	处理	出苗期	拔节期	抽雄期	灌浆期	成熟期
2017	F	12.98**	0.14ns	227.1**	104.77**	170.03**
	C	13.98**	88.83**	18.63**	10.75**	15.78**
	F*C	14.98**	123.21**	85.24**	29.72**	29.65**
2018	F	15.23**	0.03ns	3.8*	0.41ns	0.57ns
	C	12.67**	14.06**	13.03**	21.21**	6.72*
	F*C	1.35ns	2.36ns	5.13*	10.96**	23.23**

注 表中数值表示各主因子和交互因子方差分析的 F 值，ns 表示不显著；* 和 ** 分别表示在 $P<0.05$ 和 $P<0.01$ 水平上显著相关；F 为秸秆覆盖主因子，C 为生物炭主因子，F*C 为变量交互因子，下同。

表 6.3 秸秆覆盖和生物炭的交互作用对玉米株高的影响

年份	处理	出苗期	拔节期	抽雄期	灌浆期	成熟期
2017	F_0C_0	33.53c	107.6d	218.2d	225.67d	220.67d
	F_0C_1	29.96e	111.33d	232.67c	234.56c	231.67c
	F_0C_2	39.01a	141a	243.22b	246b	241b
	F_1C_0	36.61b	133.6b	254.73a	256.44a	252.83a
	F_1C_1	30.48e	108.33d	243.94b	245.67b	243.83b
	F_1C_2	32.27d	119.39c	245.56b	249.67b	249.5a

续表

年份	处理	出苗期	拔节期	抽雄期	灌浆期	成熟期
2018	F_0C_0	36.42b	175.49c	228.13b	243.33d	239.62c
	F_0C_1	41.28a	195.00ab	251.67a	263.67abc	259.72b
	F_0C_2	42.31a	199.88a	260.00a	272.67a	270.23a
	F_1C_0	30.25c	184.24bc	250.00a	260.33bc	258.36b
	F_1C_1	36.21b	187.00bc	249.11a	255.33c	253.17b
	F_1C_2	37.26b	200.67a	260.50a	268.56ab	264.38ab

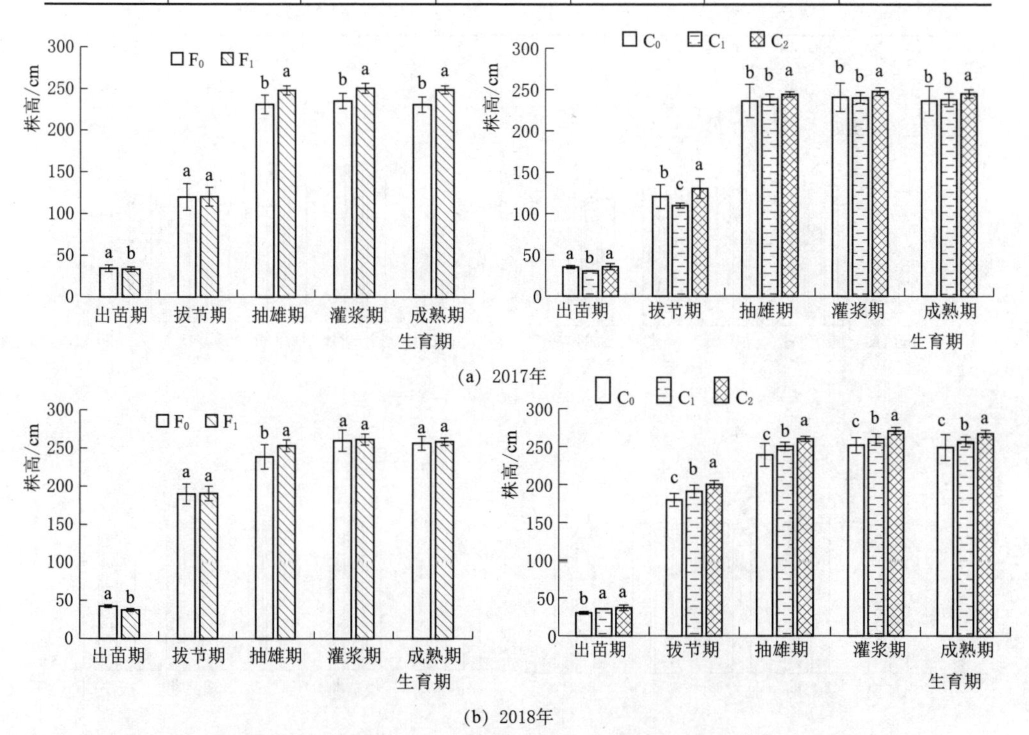

图 6.5 2017 年和 2018 年秸秆覆盖和生物炭对玉米株高的影响

6.3.2 秸秆覆盖和生物炭对玉米茎粗的影响

玉米茎粗直接关系到植株营养物质的供给，并与倒伏情况有关，研究表明玉米茎秆越粗，其抗倒伏能力就越强。秸秆覆盖和生物炭对玉米茎粗的方差分析见表 6.4，由表可知，秸秆覆盖和生物炭及其交互作用对玉米茎粗影响显著。

不同秸秆覆盖和生物炭处理对玉米茎粗的影响如图 6.6 所示。由图可知，在玉米整个生育期内，不同处理的玉米茎粗在生育期内整体变化趋势基本一致，茎粗随时间的递进呈单峰变化趋势，在拔节期达到最大，之后会有平缓的降低

表 6.4　　秸秆覆盖和生物炭对玉米茎粗的方差分析

年份	处理	出苗期	拔节期	抽雄期	灌浆期	成熟期
2017	F	27.26**	67.55**	82.82**	59.80**	135.99**
	C	25.42**	26.6**	9.36**	3.13^{ns}	1.97^{ns}
	F*C	51.86**	13.68**	1.83^{ns}	6.96*	31.89**
2018	F	16.72**	5.82*	14.29**	29.80**	57.25**
	C	21.23**	7.31*	17.23**	25.75**	2.34**
	F*C	45.63**	5.10*	3.12^{ns}	17.61**	23.56**

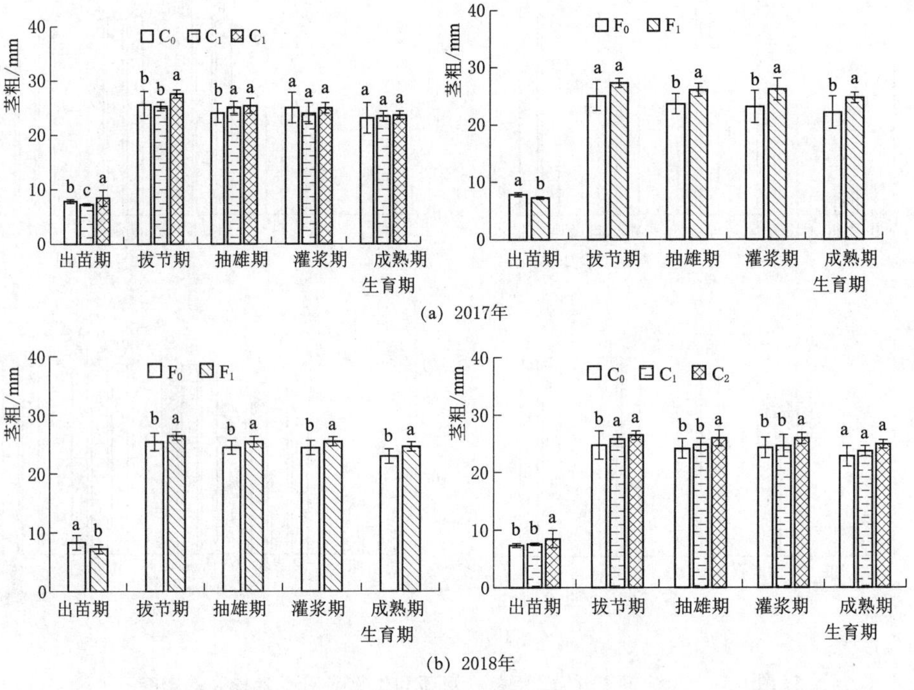

(a) 2017年

(b) 2018年

图 6.6　2017 年和 2018 年秸秆覆盖和生物炭对玉米茎粗的影响

趋势。由图 6.6 可知，2017 年和 2018 年秸秆覆盖和生物炭处理对全生育期株高均有显著影响，其交互作用对株高影响也显著。2017 年和 2018 年秸秆覆盖对全生育期茎粗的影响趋势一致，在出苗期，F_1处理的茎粗显著低于 F_0，较 F_0降低 8.7%（2017 年）和 13.1%（2018 年）；拔节期及以后，F_1处理的茎粗反而高于 F_0，且 2017 年抽雄期、灌浆期和成熟期 F_1处理的茎粗显著高于 F_0，2018 年拔节期、抽雄期、灌浆期和成熟期 F_1处理的茎粗均显著高于 F_0，拔节期及以后，F_1处理的茎粗较 F_0分别提高 9.2%～13.1%（2017 年）和 3.9%～7.4%（2018

年)。由图 6.6 可知，2017 年和 2018 年生物炭对全生育期茎粗的影响趋势基本一致，在出苗期 C_2 处理的玉米茎粗明显高于 C_0 和 C_1，较 C_0 和 C_1 分别提高 7.8%（2017 年）、15.2%（2018 年）和 16.8%（2017 年）、11.9%（2018 年），且 2017 年 C_0 处理的茎粗显著高于 C_1，而 2018 年 C_0 和 C_1 处理间茎粗无显著性差异；在拔节期，2017 年 C_2 处理的茎粗显著高于 C_0 和 C_1，较 C_0 和 C_1 分别提高 8.0%和 9.0%，而 C_0 和 C_1 处理间茎粗无显著性差异，2018 年 C_1 和 C_2 处理的茎粗均显著高于 C_0，较 C_0 分别提高 4.2%和 6.9%；拔节期及以后，2017 年和 2018 年各处理茎粗大体表现为 $C_0 < C_1 < C_2$。

秸秆覆盖与生物炭的交互作用对玉米茎粗的影响见表 6.5。在 F_0 水平下，2017 年和 2018 年生物炭处理对玉米茎粗的影响趋势基本一致，在玉米生育期内茎粗均随着施炭量的增大而增大，表现为 $C_0 < C_1 < C_2$。在 F_1 水平下，2017 年和 2018 年生物炭处理变对玉米茎粗的影响趋势大体一致，差异主要表现在玉米生育前期不同，在 2017 年出苗期，C_0 处理的茎粗显著高于 C_1 和 C_2；而在 2018 年出苗期，C_0 处理的茎粗反而显著低于 C_1 和 C_2，原因是生物炭对作物生长的促进作用还随时间的延长而表现出一定的累加效应，两年的生物炭处理能缓冲秸秆覆盖对玉米出苗期的抑制作用，反而促进茎粗的增长。

表 6.5　　秸秆覆盖与生物炭的交互作用对玉米茎粗的影响

年份	处理	出苗期	拔节期	抽雄期	灌浆期	成熟期
2017	F_0C_0	7.53c	23.42e	22.51c	22.63c	20.61d
	F_0C_1	7.3c	24.69d	24.15b	22.48c	22.79c
	F_0C_2	9.76a	26.94bc	24.32b	24.38b	23.05c
	F_1C_0	8.14b	27.77ab	25.63a	27.47a	25.65a
	F_1C_1	7.18c	25.92c	26.1a	25.5b	24.23b
	F_1C_2	7.12c	28.23a	26.49a	25.63b	24.25b
2018	F_0C_0	7.75b	23.97c	23.83b	24.02bc	21.96d
	F_0C_1	7.96b	24.90bc	23.88b	23.30c	22.31cd
	F_0C_2	9.23a	26.87a	25.80b	26.00a	24.63b
	F_1C_0	6.9c	25.58ab	24.48b	24.67b	23.65c
	F_1C_1	7.12c	26.72a	25.78a	26.02a	25.12a
	F_1C_2	7.65b	26.10ab	26.22a	25.95a	25.22a

6.3.3　秸秆覆盖和生物炭对玉米叶面积指数的影响

作物叶片是作物光合作用的主要场所，是植物生态系统中重要的物质生产和能量转换的基础，叶面积指数（*LAI*）的大小直接影响作物的产量。不同秸秆覆盖和生物炭处理对玉米 LAI 的影响如图 6.7 所示。由图可知，玉米生育期内 LAI 随着时间的推进表现为单峰变化趋势，在灌浆期达到最大，之后会有所降低，这与株高变化趋势一致。2017 年和 2018 年秸秆覆盖对全生育期内 LAI 的影响趋势一致，且表现为对生育前期 LAI 有抑制作用，而随着生育进程的推进，抑制作用逐渐减弱；在出苗期，F_1 处理的 LAI 显著低于 F_0，较 F_0 降低 16.1%（2017 年）和 12.3%（2018 年）；在拔节期，2017 年和 2018 年的 F_1 和 F_0 处理间 LAI 无显著性差异，但均表现为 F_1 处理的 LAI 略高于 F_0；在抽雄期、灌浆期和成熟期，F_1 处理的 LAI 均显著高于 F_0，较 F_0 提高 6.0%～23.0%（2017 年）和 8.4%～16.4%（2018 年）。由图 6.7 可知，2017 年和 2018 年生物炭对全生育期 LAI 的影响趋势不尽相同，且差异主要表现在玉米生育前期，2017 年出苗期 C_0 和 C_2 处理间的 LAI 无显著性差异，但均显著高于 C_1，较 C_1 分别提高 25.4%和 36.7%；拔节期及以后，C_2 处理的 LAI 均显著高于 C_0 和 C_1，较 C_0 和 C_1 分别提高 5.2%～13.4%和 2.3%～23.3%；而在拔节期，C_1 处理的 LAI 显著低于 C_0，较 C_0 降低 8.1%，但随着生育进程的推进，C_0 和 C_1 处理间 LAI 无显著性差异，且到了生育后期 C_1 处理的 LAI 反而高于 C_0。2018 年全生育内期 C_2 处理的 LAI 显著高于 C_0 和 C_1（抽雄期 C_1 和 C_2 处理间 LAI 差异不显著），较 C_0 和 C_1 分别提高 5.1%～23.5%和 0.2%～20.2%，C_1 处理的 LAI 也

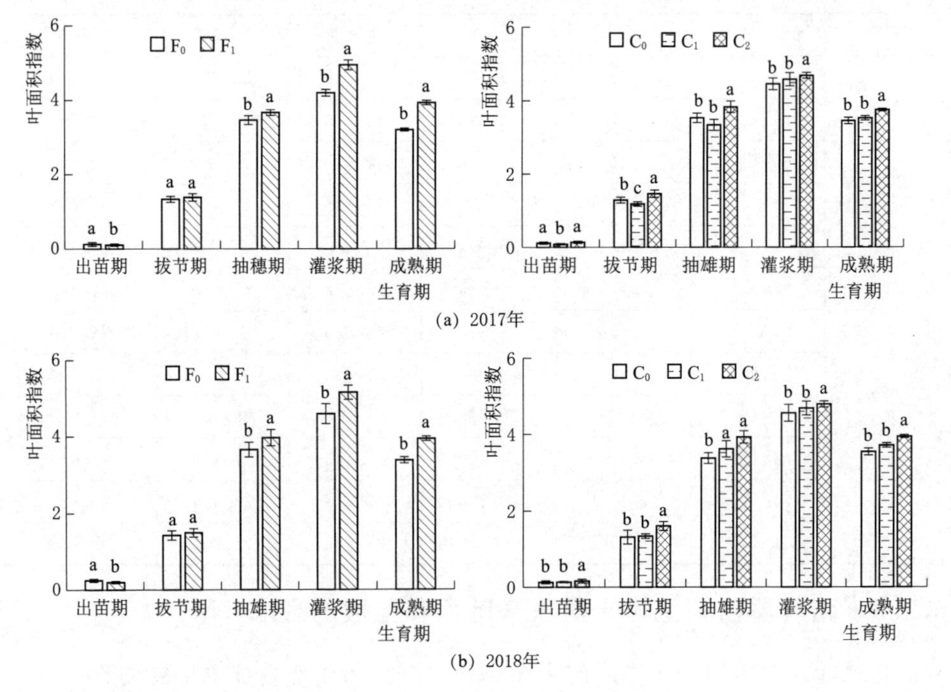

图 6.7 2017 年和 2018 年秸秆覆盖和生物炭对玉米叶面积指数的影响

均高于 C_0，但差异仅在抽雄期达到显著。

6.3.4 秸秆覆盖和生物炭对玉米干物质积累和分配的影响

2017 年和 2018 年秸秆覆盖和生物炭对玉米各生育期干物质积累量的方差分析见表 6.6。由表可知，2017 年 F（秸秆覆盖）对拔节期干物质无显著影响，而对抽雄期、灌浆期和成熟期干物质均有显著影响，且对抽雄期干物质影响达到极显著；C（生物炭）对玉米各生育期干物质均有极显著影响。从交互作用来看，2017 年秸秆覆盖和生物炭交互效应对玉米各生育期干物质均有极显著影响。由 F 值（F 检验）可知，生物炭的主效应对玉米干物质量的影响较秸秆覆盖的主效应和秸秆覆盖与生物炭的交互效应存在更大的变异度，即生物炭起主要作用。2018 年秸秆覆盖和生物炭对玉米各生育期干物质积累的方差分析结果跟 2017 年基本一致，差异主要体现在灌浆期和成熟期生物炭和秸秆覆盖的交互效应不显著，原因是生物炭促进植株生长具有长效性，一年低量生物炭对玉米干物质促进作用较小。

表 6.6 2017 年和 2018 年秸秆覆盖和生物炭对玉米各生育期干物质积累量的方差分析

年份	处理	拔节期	抽雄期	灌浆期	成熟期
2017	F	11.68^{ns}	114.87^{**}	63.56^{*}	19.84^{*}
	C	187.84^{**}	876.82^{**}	319.80^{**}	10.62^{**}
	F*C	187.85^{**}	290.92^{**}	95.06^{**}	12.55^{**}
2018	F	2.31^{ns}s	23.80^{*}	33.80^{*}	41.07^{*}
	C	99.21^{**}	45.75^{**}	42.74^{**}	19.43^{**}
	F*C	28.90^{**}	8.47^{*}	0.27^{ns}	0.41^{ns}

干物质积累是作物籽粒产量的基础。秸秆覆盖和生物炭对玉米各生育期干物质积累和分配的影响如图 6.8 所示。由图可知，各处理的干物质量整体变化趋势一致。在拔节期，秸秆覆盖对干物质有抑制作用，F_1 处理的干物质积累量较 F_0 降低 6.38%，表明在玉米生育前期秸秆覆盖对玉米生长发育有抑制作用；分析生物炭的主效应可知，C_2 处理的干物质积累量明显高于 C_0 和 C_1，分别较 C_0 和 C_1 提高 33.43% 和 41.98%，C_0 和 C_1 处理间干物质积累量无明显差异。分析秸秆覆盖和生物炭交互效应可知，在 F_0 水平下，各生物炭处理干物质积累量表现为 $C_2>C_0>C_1$；而在 F_1 水平下，各生物炭处理干物质积累量表现为 $C_2>C_1>C_0$。总体而言，F_0C_2 和 F_1C_2 处理干物质积累量明显高于其他处理。玉米各器官干物质均表现为叶＞茎＞根，根、茎、叶分别占玉米干物质总量的 18.22%、33.20% 和 48.58%（全部处理平均值）。从各器官占总体干物质的比例来看，说明叶是玉米拔节期的生长中心。

由图 6.8 可知，在抽雄期分析秸秆覆盖的主效应可知，F_1 处理的干物质积

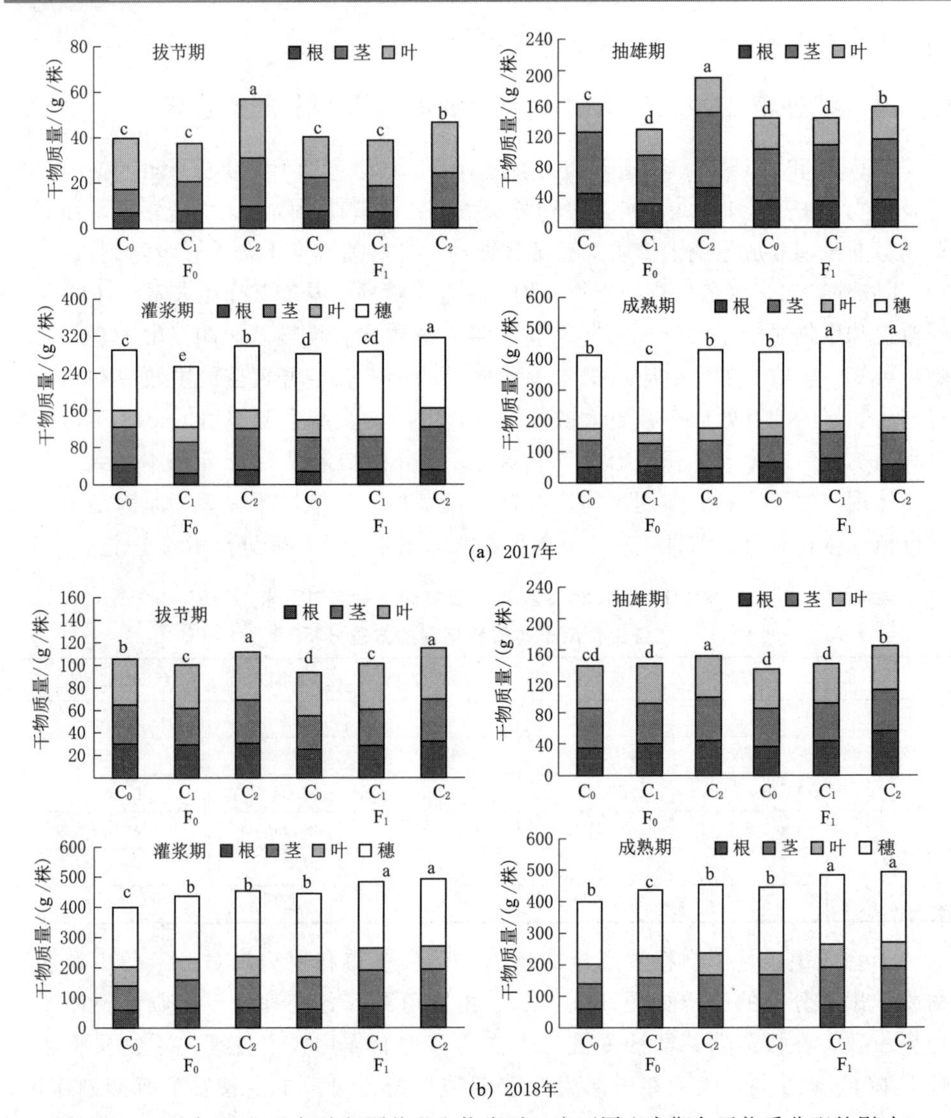

图 6.8 2017 年和 2018 年秸秆覆盖和生物炭对玉米不同生育期各干物质分配的影响

累量明显高于 F_0，较 F_0 显著提高 11.11%；对于生物炭的主效应，C_0、C_1 和 C_0 处理间干物质积累量均有显著性差异，具体表现为 $C_2>C_0>C_1$，C_2 处理的干物质积累量较 C_0 和 C_1 分别提高 23.79%和 37.43%。从秸秆覆盖和生物炭交互效应来看，在不同覆盖条件下，各生物炭处理的干物质量表现为 $C_2>C_0>C_1$，在 F_0 水平下，C_0、C_1 和 C_2 处理间均有显著性差异；在 F_1 水平下，C_2 处理的干物质积累量明显高于 C_0 和 C_1，但 C_0 和 C_1 处理间的干物质无显著性差异。总体而言，F_0C_2 和 F_1C_2 处理的干物质积累量明显高于其他处理。玉米各器官干物质总体表现为茎＞叶＞根，根、茎、叶分别占玉米干物质总量的 22.68%、51.60%和 25.72%（全部处理平均值），从各器官占总体干物质的比例来看，说明茎是玉米抽雄期的生长中心。

由图 6.8 可知，秸秆覆盖和生物炭对玉米灌浆期干物质积累量的影响趋势与抽雄期基本一致。分析秸秆覆盖的主效应可知，F_1处理的干物质积累量高于 F_0，较 F_0提高 4.78%；分析生物炭的主效应可知，C_0、C_1和 C_2处理间的干物质量均有显著性差异，具体表现为 C_2＞C_0＞C_1，C_2处理的干物质积累量较 C_0和 C_1分别提高 7.46%和 13.75%。从秸秆覆盖和生物炭交互效应来看，F_0C_2和 F_1C_2处理的干物质积累量明显高于其他处理。玉米各器官干物质量总体表现为穗＞茎＞叶＞根，根、茎、叶和穗分别占玉米干物质总量的 11.03%、27.50%、12.99%和 48.48%（全部处理平均值）。从各器官占总体干物质的比例来看，说明穗是玉米灌浆期的生长中心。

由图 6.8 可知，在成熟期分析秸秆覆盖的主效应可知，F_1处理的干物质积累量明显高于 F_0，较 F_0显著提高 8.32%；分析生物炭的主效应可知，C_2处理的干物质积累量明显高于 C_0和 C_1，而 C_0和 C_1处理间差异不显著。各生物炭处理的干物质积累量表现为 C_2＞C_1＞C_0，C_2处理的干物质积累量较 C_0和 C_1分别提高 4.56%和 6.13%。从秸秆覆盖和生物炭交互效应来看，F_1C_1和 F_1C_2处理的干物质积累量明显高于其他处理。玉米各器官干物质量总体表现为穗＞茎＞根＞叶，根、茎、叶和穗分别占玉米干物质总量的 13.43%、20.51%、9.37%和 56.69%（全部处理平均值）。

2018 年秸秆覆盖和生物炭对玉米干物质积累分析结果与 2017 年大体一致，但也存在差异。差异总体表现为 2018 年生物炭对玉米干物质积累量的促进作用优于 2017 年，原因可能是生物炭对玉米生长发育的促进作用会随着时间的增加有一定的累加效应。

6.3.5 秸秆覆盖和生物炭对玉米叶绿素含量的影响

叶绿素是判断作物生长情况的重要指标之一，其含量的高低能够反映作物的生长情况，且叶绿素值越高，表明作物进行光合作用的能力越强，更利于作物干物质的累积，为最终产量提供保障。秸秆覆盖和生物炭对玉米叶片叶绿素的影响如图 6.9 所示。由图 6.9 可知，叶片的叶绿素值在整个生育期内表现为先增大而后减小的单峰曲线变化趋势，在抽雄期达到最大。由表 6.7 可知，2017 年和 2018 年秸秆覆盖对玉米各生育期叶绿素影响趋势基本一致。在出苗期，F_1处理的叶绿素显著低于 F_0，较 F_0分别降低 5.49%（2017 年）和 8.82%（2018 年）；在拔节期，F_0和 F_1处理间叶绿素无显著性差异，但表现为 F_1处理的叶绿素高于 F_0；在抽雄期，F_1处理的叶绿素显著高于 F_0，较 F_0分别提高 7.61%

(2017年)和7.24%(2018年);在灌浆期和成熟期,F_0和F_1处理间叶绿素无显著性差异,但均表现为F_1处理的叶绿素高于F_0。由表6.7可知,2017年和2018年生物炭对玉米各生育期叶绿素均有显著影响,但两年的变化趋势不尽一致,差异主要体现在玉米前期C_1处理对叶绿素有不同影响。在出苗期,2017年C_0、C_1和C_2处理间叶绿素均有显著性差异,且各处理叶绿素值具体表现为$C_2>C_0>C_1$,而2018年C_2处理的叶绿素显著高于C_0和C_1,C_0和C_1间叶绿素无显著性差异,各处理叶绿素值具体表现为$C_2>C_1>C_0$;拔节期及以后,2017年和2018年各处理叶绿素值均表现为$C_2>C_1>C_0$,在抽雄期和灌浆期,C_2处理的叶绿素含量明显高于C_0和C_1,较C_0和C_1分别提高5.88%~7.93%和3.55%~5.43%(2017年)、6.91%~7.43%和4.65%~5.56%(2018年)。在成熟期,2017年和2018年各生物炭处理间均无显著性差异。

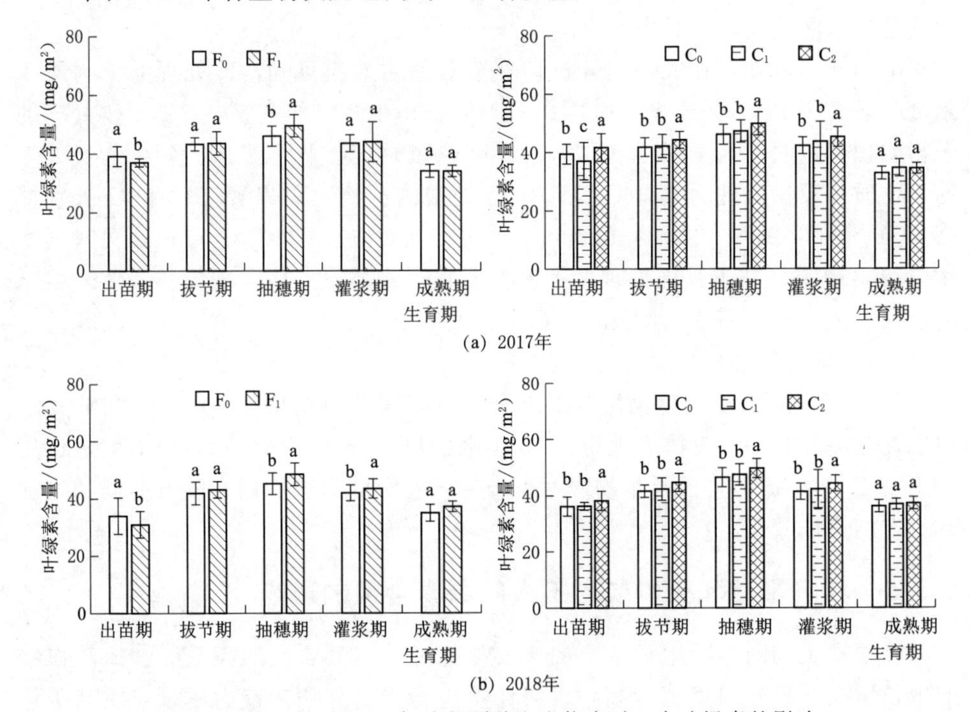

图6.9 2017年和2018年秸秆覆盖和生物炭对玉米叶绿素的影响

表6.7 2017年和2018年秸秆覆盖和生物炭对玉米各生育期叶绿素的方差分析

年份	处理	出苗期	拔节期	抽雄期	灌浆期	成熟期
2017	F	5.24^{*}	0.51^{ns}	76.29^{**}	1.44^{ns}	0.22^{ns}
	C	8.10^{*}	6.1^{*}	10.14^{**}	10.19^{*}	10.40^{**}
	F*C	0.56^{ns}	0.78^{ns}	5.65^{*}	0.09^{ns}	0.97^{ns}

续表

年份	处理	出苗期	拔节期	抽雄期	灌浆期	成熟期
2018	F	6.94*	3.34ns	5.61*	2.18ns	1.27ns
	C	8.97*	12.61**	24.86**	9.28*	16.29**
	F*C	1.29*	0.24ns	4.09ns	0.98ns	2.69ns

6.4 秸秆覆盖和生物炭对产量和水分利用效率的影响

6.4.1 秸秆覆盖和生物炭对玉米产量、产量构成及经济系数的影响

6.4.1.1 秸秆覆盖和生物炭对玉米产量的影响

秸秆覆盖和生物炭对玉米产量的影响见表6.8。由表可知，2017年和2018年秸秆覆盖和生物炭对玉米产量均有极显著的影响。在覆盖方式上，F_1处理的产量较F_0显著提高9.11%（2017年）和14.8%（2018年）；生物炭也能显著提高玉米产量，且随着生物炭施用量的增大而增大，C_1和C_2处理的产量较C_0分别提高2.36%、11.82%（2017年）和17.92%、12.48%（2018年），可以看出2018年生物炭处理的增产幅度明显高于2017年。从交互效应来看，2017年在F_0水平下，C_1和C_2处理的产量显著高于C_0，但C_1和C_2处理间无显著性差异，表现为C_2处理的产量高于C_1；在F_1水平下，C_0、C_1和C_2处理间的产量均有显著性差异，C_2处理的产量显著高于C_0和C_1。2018年在不同覆盖条件下，C_0、C_1和C_2处理间的产量均有显著性差异，表明2018年生物炭的增产能力高于2017年。总体而言，2017年和2018年F_1C_2处理的产量均是最高，显著高于其他处理。

表6.8　秸秆覆盖和生物炭对玉米产量及产量构成的影响

年份	处理	穗长/cm	穗粗/cm	穗行数	行粒数	百粒重/g	产量/(kg/hm²)	经济系数
2017	F_0C_0	17.36c	4.52c	17.0d	37.5c	29.7c	9363.89d	0.47d
	F_0C_1	18.87b	4.78b	17.7bad	39.2bc	30.6bc	9584.08d	0.56a
	F_0C_2	19.08b	4.87ab	17.2cd	39.6bc	32.8a	10050.15c	0.48d
	F_1C_0	20.47a	4.86ab	18.2ab	41.6ab	31.7ab	9971.34c	0.53bc
	F_1C_1	20.12a	5.05a	19.0a	40.7ab	33.0a	10474.54b	0.52c
	F_1C_2	20.09a	4.97ab	18.1bc	42.3a	33.0a	11629.22a	0.54b
	显著性							
	F	288.8**	24.3**	25.93**	18.9**	14.31**	283.4**	8.71*
	C	16.1**	9.89*	4.95*	1.68ns	10.1**	180.12**	16.29**
	F*C	39.5**	2.24*	0.36ns	1.39ns	3.12*	160.29**	5.26*

续表

年份	处理	穗长/cm	穗粗/cm	穗行数	行粒数	百粒重/g	产量/(kg/hm²)	经济系数
2018	F_0C_0	19.5d	47.27c	16.7d	42.0c	21.8c	9201.29e	0.47c
	F_0C_1	20.0c	50.0b	18.0c	42.3c	26.82b	10886.12cd	0.53b
	F_0C_2	20.8ab	51.2ab	18.0c	44.3b	27.11b	11336.02c	0.52b
	F_1C_0	20.4bc	50.8ab	19.3b	46.0a	28.8a	10497.87d	0.47c
	F_1C_1	21.2a	51.2ab	19.3b	46.0a	29.28a	12332.89b	0.48c
	F_1C_2	21.5a	52.2a	20.0a	47.0a	29.85a	13240.50a	0.61a
	显著性							
	F	13.12**	30.48**	36.82**	77.50**	24.26**	196.23**	2.28ns
	C	8.42**	19.95**	3.18*	7.34*	5.75*	245.29**	26.73**
	F*C	0.32ns	5.76*	1.36ns	1.05ns	3.19*	0.22ns	6.59*

6.4.1.2 秸秆覆盖和生物炭对玉米产量构成的影响

秸秆覆盖和生物炭对玉米产量构成的影响见表6.8。由表可知，2017年和2018年秸秆覆盖和生物炭对玉米产量构成和产量的影响趋势基本一致，秸秆覆盖和生物炭处理对产量构成影响显著。F_1处理的穗长、穗粗、穗行数、行粒数和百粒重较F_0分别显著提高4.92%～9.74%（2017年）和4.43%～16.21%（2018年）。2017年C_1和C_2处理的穗长、穗粗、穗行数和百粒重较C_0分别显著提高3.12%、4.93%、4.45%、1.13%和3.62%、4.94%、2.22%、7.24%，C_1和C_2处理间差异不显著。C_0、C_1和C_2处理间的行粒数差异不显著，但C_1和C_2处理的行粒数均高于C_0，较C_0分别提高了1.12%和3.54%。2018年C_2处理的穗长、穗粗、穗行数、行粒数和百粒重较C_0分别显著提高6.72%、5.41%、3.84%、5.62%和12.54%；C_1处理的穗粗和百粒重显著高于C_0，较C_0分别提高3.21%和10.84%，C_1和C_0处理间的穗长、穗行数和行粒数差异不显著，但均表现为$C_1>C_0$。整体来看，2017年和2018年F_1C_2处理的各产量构成较大，显著高于F_0C_0处理。

6.4.1.3 产量构成和产量间的相关分析

将穗长、穗粗等产量构成因素作为自变量，产量为因变量，先进行逐步回归分析，再进行通径分析。由表6.9可知，回归方程$Y=-17397.49+1400.07X_1+3922.11X_2+889.65X_3$，其中相关系数$R=0.989$，决定系数$R^2=0.978$，$P=0.033$。$R^2=0.978$，说明产量97.8%是由穗长、穗粗和行粒数决定的，因此可以用该回归方程来预测。可以看出穗行数和百粒重对产量影响较小，被逐步回归模型剔除。由表6.9可知，相关分析中穗长、穗粗和行粒数与产量均呈正相关，其中行粒数与产量达到显著正相关（$r=0.81^*$）。在进行偏相关分析中，其他因素一定时，穗长与产量呈显著负相关，偏相关系数为-0.97^*，而穗粗和行粒数与产量呈显著正相关，偏相关系数则分别为0.95^*和0.98^{**}。由表6.10可知，穗长对产量的直接作用为负，穗粗和行粒数对产量的直接作用为正。各因素对产量的直接作用的大小依次为穗长（X_1）>行粒数（X_3）>穗粗（X_2），其中穗长和行粒数是影响玉米产量的主要因子，表明可以通过降低穗长和增大行粒数来提高玉米产量。

表6.9　　产量构成因素和产量的逐步回归分析结果

产量构成	偏相关系数	相关系数			
	产量	穗长	穗粗	行粒数	产量
穗长（X_1）	-0.97^*	1	0.89	0.94	0.64
穗粗（X_2）	0.95^*	0.89	1	0.82	0.73
行粒数（X_3）	0.98^{**}	0.94	0.82	1	0.81^*
回归方程	$Y=-17397.49+1400.07X_1+3922.11X_2+889.65X_3$				

表6.10　　产量构成因素对产量的通径分析结果

产量构成	直接作用	间接作用		
		$X_1 \to Y$	$X_2 \to Y$	$X_3 \to Y$
穗长（X_1）	−2.11		0.83	1.92
穗粗（X_2）	0.94	−1.87		1.66
行粒数（X_3）	2.03	−1.99	0.77	

6.4.1.4　秸秆覆盖和生物炭对玉米经济系数的影响

2017年和2018年秸秆覆盖和生物炭对玉米经济系数的影响见表6.8。由表可知，2017年和2018年秸秆覆盖和生物炭对经济系数的影响存在较大差异。从主效应来看，2017年和2018年秸秆覆盖均能提高玉米经济系数，F_0和F_1处理的经济系数仅在2017年有显著性差异，F_1处理的经济系数较F_0分别提高5.24%（2017年）和2.63%（2018年）。2017年和2018年生物炭处理均能显著提高玉米经济系数，2017年生物炭各处理经济系数表现为$C_1>C_2>C_0$，C_1和C_2处理的经济系数较C_0提高8.0%和1.79%；2018年生物炭各处理经济系数表现为$C_2>C_1>C_0$，C_1和C_2处理的经济系数较C_0提高7.45%和20.21%，2018年生物炭处理对经济系数的提升效果较大，且经济系数表现为随生物炭施用量的增大而增大的变化趋势。从交互效应来看，在F_0水平下，2017年和2018年生物炭各处理的经济系数均表现为$C_1>C_2>C_0$，C_1处理的经济系数较C_0显著提高19.15%（2017年）和12.77%（2018年）；在F_1水平下，2017年各生物炭处理的经济系数表现为$C_2>C_0>C_1$，C_2处理的经济系数较C_0和C_1显著提高1.89%

和3.85%，而2018年各生物炭处理的经济系数表现为$C_2>C_1>C_0$。

6.4.2 秸秆覆盖和生物炭对玉米水分利用效率的影响

秸秆覆盖和生物炭对玉米水分利用效率的交互分析及主效应分析见表6.11。由表可知，2017年和2018年秸秆覆盖和生物炭对水分利用效率的影响整体趋势较一致，但两年数值差异较大，这是两年气温和降雨等因素引起的，2018年的降雨量是2017年的近两倍，致使2018年水分利用效率低于2017年。秸秆覆盖能明显提高水分利用效率，F_1处理的水分利用效率较F_0分别提高12.35%（2017年）和10.96%（2018年）。生物炭也能显著提高水分利用效率，水分利用效率表现为随施炭量的增大而增大，C_1和C_2处理的水分利用效率2年较C_0分别提高7.38%、18.46%（2017年）和6.78%、16.61%（2018年）。总体而言，2017年和2018年均表现F_1C_2处理的水分利用效率最高，显著高于别的处理组合，较其他处理提高15.43%～34.73%（2017年）和9.88%～27.87%（2018年）。

表6.11 秸秆覆盖和生物炭对玉米水分利用效率的交互分析及主效应分析

单位：kg/m^3

年份	秸秆覆盖	生物炭			秸秆覆盖主效应
		C_0	C_1	C_2	
2017	F_0	3.11d	3.35c	3.51b	3.32a
	F_1	3.38c	3.63b	4.19a	3.73b
	生物炭主效应	3.25c	3.49b	3.85a	
2018	F_0	2.87e	2.96d	3.21c	3.01b
	F_1	3.02d	3.34b	3.67a	3.34a
	生物炭主效应	2.95c	3.15b	3.44a	

6.5 结　论

本研究以东北地区雨养条件下的玉米为研究对象，采用田间裂区试验设计，通过研究秸秆覆盖和生物炭及其交互作用对土壤水热、玉米全生育期株高、茎粗、叶面积指数、干物质积累及分配、叶绿素、产量及产量构成、水分利用效率的影响，推荐适宜东北地区雨养条件下玉米增产的最佳组合处理，为东北雨养条件下秸秆覆盖和生物炭在农业粮食生产上的综合应用提供理论依据。主要研究结论如下：

（1）秸秆覆盖能提高0～60cm土层含水率，且在生育前期提升效果较好，较不覆盖最高提高13.91%；生物炭也能提高土壤含水率，但提升效果不明显，土壤含水率表现为随生物炭施用量的增大而增大。秸秆覆盖能显著降低土壤温度，尤其对表层 5cm、10cm 土层降温效应较大，降温效应在玉米全生育期内表现为前期大、后期小的变化趋势，较不覆盖最大降低 13.41%。生物炭对土壤温度无显著性影响，在不同覆盖条件下表现不同，在不覆盖时有增温效应；在秸秆覆盖时对 0～10cm 土层有降温效应，而对 15～25cm 土层则有增温效应。

（2）秸秆覆盖和生物炭对玉米株高、茎粗、干物质等生长指标均有显著影响，秸秆覆盖对玉米生育前期生长有一定抑制作用，随着生育进程的推进其抑制作用逐渐减弱最终反而促进玉米生长，秸秆覆盖处理的株高、茎粗、叶面积指数、干物质累积量和叶绿素含量较不覆盖最大分别提高 7.6%、13.1%、16.4%、4.78%和 7.24%。整体而言，生物炭对玉米生长有明显的促进作用，各生长指标表现为随施炭量的增大而增大，生物炭处理的株高、茎粗、叶面积指数、干物质累积量和叶绿素含量较不施炭最大分别提高 22.15%、16.83%、36.67%、41.98%和 7.93%。

（3）秸秆覆盖和生物炭均能显著提高玉米产量、产量构成和经济系数，秸秆覆盖处理的产量、产量构成和经济系数 2 年平均较不覆盖分别提高 11.96%、4.68%～12.98%和 3.94%。生物炭处理的产量、产量构成和经济系数 2 年平均较不施炭分别提高 12.15%、4.48%～9.89%和 11.12%。秸秆覆盖和生物炭均能显著提高玉米水分利用效率，秸秆覆盖处理的水分利用效率 2 年平均较不覆盖提高 11.67%；水分利用效率表现为随施炭量的增大而增大，12t/hm^2 生物炭处理的水分利用效率 2 年平均较不施炭提高 17.54%。

参 考 文 献

蔡太义，2011. 渭北旱原不同量秸秆覆盖对农田环境及春玉米生理生态的影响 [D]. 杨凌：西北农林科技大学.

蔡太义，陈志超，黄会娟，等，2013. 不同秸秆覆盖模式下农田土壤水温效应研究 [J]. 农业环境科学学报，(7)：1396 - 1404.

蔡太义，贾志宽，黄耀威，等，2011. 中国旱作农区不同量秸秆覆盖综合效应研究进展 [J]. 干旱区农业研究，29 (5)：63 - 68.

蔡太义，张合兵，黄会娟，等，2012. 不同量秸秆覆盖对春玉米光合生理的影响 [J]. 农业环境科学学报，(11)：2128 - 2135.

陈乐梅，2006. 免耕全覆盖对春小麦生理和产量及品质的影响研究 [D]. 乌鲁木齐：新疆农业大学.

陈素英，张喜英，裴冬，等，2005. 玉米秸秆覆盖对麦田土壤温度和土壤蒸发的影响 [J]. 农业工程学报，21 (10)：171 - 173.

陈智，麻硕士，赵永来，等，2010. 保护性耕作农田地表风沙流特性 [J]. 农业工程学报，26 (1)：118 - 122.

杜新艳，杨路华，脱云飞，等，2005. 秸秆覆盖对夏玉米农田水分状况、土壤温度及生长发育的影响 [A] //农业工程科技创新与建设现代农业——中国农业工程学会 2005 年学术年会论文集第二分册 [C].

方文松，朱玺，刘荣花，等，2009. 秸秆覆盖农田的小气候特征和增产机理研究 [J]. 干旱地区农业研究，27 (6)：123 - 128.

高焕文，2006. 我国保护性耕作的发展形式与问题探讨 [J]. 山东农机化，(10)：9 - 10.

高焕文，李问盈，李洪文，2003. 中国特色保护性耕作技术 [J]. 农业工程学报，19 (3)：2 - 4.

高利华，屈忠义，2017. 膜下滴灌条件下生物质炭对土壤水热肥效应的影响 [J]. 土壤，49 (3)：614 - 620.

高亚军，郑险峰，李世清，等，2008. 农田秸秆覆盖条件下冬小麦增产的水氮条件 [J]. 农业工程学报，(1)：55 - 59.

顾绍军，王兆民，孙皓，等，1999. 试论秸秆还田对改善土壤微生态环境的作用 [J]. 江苏农业科学 (6)：56 - 58.

韩凡香，常磊，柴守玺，等，2016. 半干旱雨养区秸秆带状覆盖种植对土壤水分及马铃薯产量的影响 [J]. 中国生态农业学报，24 (7)：874 - 882.

郝辉林，2001. 玉米秸秆机械粉碎还田前景分析 [J]. 中国农机化，(2)：30 - 31.

洪晓强，赵二龙，2005. 秸秆覆盖对农田土壤水分及玉米生长的影响 [J]. 中国农学通报，21 (8)：177 - 179.

侯贤清，李荣，韩清芳，等，2012. 夏闲期不同耕作模式对土壤蓄水保墒效果及作物水分利用效率的影响 [J]. 农业工程学报，28 (3)：94 - 100.

胡敏，苗庆丰，史海滨，等，2018. 施用生物炭对膜下滴灌玉米土壤水肥热状况及产量的影

响 [J]. 节水灌溉，(8)：9-13.
胡霞，刘连友，严平，等，2006. 不同地表状况对土壤风蚀的影响——以内蒙古太仆寺旗为例 [J]. 水土保持研究，(4)：116-119.
籍增顺，张乃生，刘杰，1995. 旱地玉米免耕整秸秆半覆盖技术体系及其评价 [J]. 干旱地区农业研究，(2)：14-19.
姜佰文，潘俊波，王春宏，等 . 2005. 秸秆常温快速腐熟生物技术的研究 [J]. 东北农业大学学报，36 (4)：439-441.
康绍忠，刘晓明，熊运章，等，1992. 冬小麦根系吸水模式的研究 [J]. 西北农业大学学报，20 (2)：5-12.
匡恩俊，宿庆瑞，迟凤琴，等，2017. 不同材料覆盖对玉米生长及水分利用效率影响 [J]. 土壤与作物，6 (2)：96-103.
雷志栋，胡和平，杨诗秀，1999. 土壤水研究进展与评述 [J]. 水科学进展，10 (3)：311-318.
雷志栋，杨诗秀，谢森传，1988. 土壤水动力学 [M]. 北京：清华大学出版社，25-57，220-304.
李成军，吴宏亮，康建宏，等，2010. 玉米保护性耕作措施水温效应及其产量效果分析 [J]. 玉米科学，18 (3).
李洪文，高焕文，1996. 保护性耕作土壤水分模型 [J]. 中国农业大学学报，1 (2)：25-30.
李琳，王俊英，刘永霞，等，2009. 保护性耕作下农田土壤风蚀量及其影响因子的研究初报 [J]. 中国农学通报，25 (15)：211-214.
李玲玲，黄高宝，2005. 不同保护性耕作措施对旱作农田土壤水分的影响 [J]. 生态学报，25 (9)：2326-2333.
李玲玲，黄高宝，2005. 免耕秸秆覆盖对旱作农田土壤水分的影响 [J]. 水土保持学报，19 (5)：94-96.
李庆康，王振中，顾志权，等，2001. 秸秆腐解剂在秸秆还田中的效果研究初报 [J]. 土壤与环境，10 (2)：124-12.
李全起，2004. 秸秆覆盖节水效应研究 [D]. 泰安：山东农业大学.
李荣，侯贤清，2016. 不同覆盖材料下土壤水温效应对玉米前期生长的影响 [J]. 干旱地区农业研究，34 (6)：20-26.
李素娟，李琳，陈阜，等，2007. 保护性耕作对华北平原冬小麦水分利用的影响 [J]. 华北农学报，22 (S1)：115-120.
李月兴，张宝丽，魏永霞，2011. 秸秆覆盖的土壤温度效应及其对玉米生长的影响 [J]. 灌溉排水学报，30 (2)：82-85.
廖允成，温晓霞，2003. 黄土台原旱地小麦覆盖保水技术效果研究 [J]. 中国农业科学，36 (5)：548-552.
刘丽香，吴承祯，洪伟，等，2006. 农作物秸秆综合利用的进展 [J]. 亚热带农业研究，2 (1)：75-80.
刘目兴，刘连友，王静爱，等，2007. 农田休闲期不同保护性耕作措施的防风效应研究 [J]. 中国沙漠，(1)：46-51.
刘文乾，杨富位，2004. 半干旱山区冬小麦秸秆覆盖栽培条件下土壤水分及增产效果研究 [J]. 甘肃农业，(2)：30-31.

刘武仁，郑金玉，罗洋，等，2008. 东北黑土区发展保护性耕作可行性分析［J］. 吉林农业科学，33（3）：3-4.

裴步祥，邹耀芳，1989. 利用小型蒸发器观测水面蒸发的几个问题［J］. 气象，15（6）：48-51，45.

彭耀林，朱俊英，唐建军，等，2004. 有机无机肥长期配施对水稻产量及干物质生产特性的影响［J］. 江西农业大学学报（自然科学版），(4)：465-490.

邵明安，杨文治，李玉山，等，1987. 植物根系吸收土壤水分的数学模型［J］. 土壤学报，24（4）：295-305.

申胜龙，2018. 不同覆盖方式与覆盖量对土壤水热氮利用及夏玉米生长发育的影响［D］. 杨凌：西北农林科技大学.

申胜龙，李援农，银敏华，等，2018. 秸秆量对垄沟二元覆盖夏玉米农田耗水及产量的影响［J］. 干旱地区农业研究，36（4）：60-66.

宋亚丽，杨长刚，李博文，等，2016. 秸秆带状覆盖对旱地冬小麦产量及土壤水分的影响［J］. 麦类作物学报，36（6）：765-772.

孙悦超，麻硕士，陈智，等，2010. 被盖度和残茬高度对保护性耕作农田防风蚀效果的影响［J］. 农业工程学报，26（3）：156-159.

唐涛，郝明德，单凤霞，2008. 人工降雨条件下秸秆覆盖减少水土流失的效应研究［J］. 水土保持研究，(1)：9-11，40.

脱云飞，费良军，2007. 秸秆覆盖对夏玉米农田土壤水分与热量影响的模拟研究［J］. 农业工程学报，23（6）：27-33.

脱云飞，费良军，杨路华，等，2007. 秸秆覆盖对夏玉米农田土壤水分与热量影响的模拟研究［J］. 农业工程学报，(6)：27-32.

汪可欣，付强，姜辛，等，2014. 秸秆覆盖模式对玉米生理指标及水分利用效率的影响［J］. 农业机械学报，45（12）：181-186.

汪可欣，付强，张中昊，等，2016. 秸秆覆盖与表土耕作对东北黑土根区土壤环境的影响［J］. 农业机械学报，47（3）：131-137.

王丽丽，余海龙，马凯博，黄菊莹，2017. 不同地表覆盖措施对土壤水热特性及玉米生长发育的影响［J］. 中国农业大学学报，22（01）：12-18.

王丽学，2003. 秸秆覆盖条件下耕层土壤水分运动规律的研究［D］. 沈阳：沈阳农业大学.

王丽学，张玉龙，刘洪禄，等，2004. 秸秆覆盖对玉米播种临界含水率影响的试验研究［J］. 灌溉排水学报，23（5）：50-52

王敏，王海霞，韩清芳，等，2011. 不同材料覆盖的土壤水温效应及对玉米生长的影响［J］. 作物学报，37（7）：1249-1258.

王琪，马树庆，2006. 地膜覆盖下玉米田土壤水热生态效应试验研究［J］. 中国农业气象，27（3）：249-251.

王生鑫，王立，黄高宝，等，2010. 粮草豆隔带种植保护性耕作对坡耕地土壤水蚀的影响［J］. 水土保持学报，24（4）：40-43.

王晓燕，高焕文，杜兵，等，2000. 用人工模拟降雨研究保护性耕作下的地表径流与水分入渗［J］. 水土保持通报，20（3）：23-25.

王晓燕，高焕文，杜兵，等，2001. 保护性耕作的不同因素对降雨入渗的影响［J］. 中国农业大学学报，6（6）：42-47.

王昕，贾志宽，韩清芳，2009. 半干旱区秸秆覆盖量对土壤水分保蓄及作物水分利用效率的影响［J］. 干旱地区农业研究，27（4）：196－202.

薛志伟，2014. 耕作方式与秸秆还田对冬小麦-夏玉米耗水特性的影响［D］. 郑州：河南农业大学.

闫小丽，薛少平，朱瑞祥，等，2014. 冬小麦秸秆还田对夏玉米生长发育及产量的影响［J］. 西北农林科技大学学报（自然科学版），42（7）：41－46.

姚建文，1989. 作物生长条件下土壤含水量预测的数学模型［J］. 水利学报，（9）：32－38.

姚宇卿，王育红，吕军杰，2002. 保持耕作麦田水分动态及水土流失的研究［J］. 土壤肥料（2）：8－10.

殷文，冯福学，赵财，等，2016. 小麦秸秆还田方式对轮作玉米干物质累积分配及产量的影响［J］. 作物学报，42（5）：751－757.

于庆峰，苗庆丰，史海滨，等，2018. 秸秆覆盖量对土壤温度和春玉米耗水规律及产量的影响［J］. 水土保持研究，25（3）：111－116.

员学锋，吴普特，汪有科，等，2005. 秸秆覆盖保墒的农田生态效应及"保墒灌溉"技术［A］//农业工程科技创新与建设现代农业——中国农业工程学会 2005 年学术年会论文集第二分册.

臧英，高焕文，2005. 保护性耕作风蚀预测模型的初步研究［A］//中国农业工程学会. 农业工程科技创新与建设现代农业——2005 年中国农业工程学会学术年会论文集第一分册［C］. 中国农业工程学会：中国农业工程学会.

张伟，王福林，汪春，等，2005. 残茬覆盖对土壤风蚀影响的试验研究［J］. 黑龙江八一农垦大学学报，（2）：45－48.

张亚丽，李怀恩，张兴昌，等，2007. 水蚀条件下土壤初始含水量对黄土坡地溶质迁移的影响［J］. 水土保持学报，（4）：1－6，20.

赵宏亮，侯立白，张雯，等，2006. 彰武县保护性耕作防治土壤风蚀效果监测［J］. 西北农业学报，（2）：159－163.

赵君，张立峰，刘景辉，等，2010. 几种保护性耕作对土壤含水量和风蚀量的影响［J］. 安徽农业科学，38（9）：4720，4728.

赵君范，黄高宝，辛平，等，2007. 保护性耕作对地表径流及土壤侵蚀的影响［J］. 水土保持通报，（6）：16－19.

中华人民国和国国家统计局，2013. 2013 中国统计年鉴［M］. 北京：中国统计出版社.

周昌明，2013. 不同覆盖处理对夏玉米生长生理及产量的影响研究［D］. 杨凌：西北农林科技大学.

周建忠，路明，2004. 保护性耕作残茬覆盖防治农田土壤风蚀的试验研究［J］. 吉林农业大学学报，（2）：170－173；178.

A Roldán，J R Salinas－García，M M Alguacil，et al.，2005. Changes in soil enzyme activity，fertility，aggregation and C sequestration mediated by conservation tillage practices and water regime in a maize field［J］. Applied Soil Ecology，Volume 30，Issue 1，11－20.

Accardi－Dey A M，Gschwend P M，2002. Assessing the combined roles of natural organic matter and black carbon as sorbents in sediments［J］. Environmental Science & Technology，36（1）：21－29.

Adamsen F J，1992. Irrigation method and water quality effect on corn yield in the Mid－

Atlantic Coastal Plain [J]. Agronomy Journal, 41 (5): 837 - 843.

Akhtar K, Wang W Y, Ren G X, et al., 2018. Changes in soil enzymes, soil properties, and maize crop productivity under wheat straw mulching in Guanzhong, China [J]. Soil & Tillage Research, 182: 94 - 102.

Allen R G, Rase D, Smith M, 1998. Corp evapotranspiration guideline foe computing corp water requirements [M]. FAO Irrigation and Drainage, 56.

Antonio Jordán, Zavala L M, Gil J, 2010. Effects of mulching on soil physical properties and runoff under semi - arid conditions in southern Spain [J]. CATENA, 81 (1): 0 - 85.

Aon M A, Sarena D E, Burgos J L, et al., 2001. (Miero) biologieal, ehemical and physical properties of soils subjected to conventional or no - till management: an assessment of their quality status [J]. Soil & Tillage Researeh (60): 173 - 186.

Arshad M A, Gill K S, Izaurralde R C, 1998. Wheat production, weed production and properties subsequent to 20 years of sod as affected by crop rotation and tillage [J]. Journal of Sustainable Agriculture, 12 (2 - 3): 131 - 154.

Ball P, MacKenzie M, DeLuca T, 2010. Wildfire and charcoal enhance nitrification and ammonium - oxidizing bacterial in dry montane forest soils [J]. Journal of Environmental Quality, 39 (4): 1243 - 1253.

Basch G, 2005. Conservation agriculture experiences in the European Union [C]. Cordoba: Proceedings of Congreso Internacional sobre Agricultura de Conservacion, 9 - 11.

Ben - Asher J, Charach C, Zemel A, 1986. Infiltration and water extraction from trickle irrigation sources: The effective hemisphere model [J]. Soil Science of Society of America Journal, (50): 882 - 887.

Bosch D J, Powell N L, Wright F S, 1992. An economic comparison of subsurface micro irrigation with center pivot sprinkler irrigation [J]. Journal of Production Agriculture, 5 (4): 431 - 437.

Brandt A, Bresler E, DinerN, et al., 1971. Infiltration from a trickle source: I. Mathematical models [J]. Soil Science of Society of America Proc, (35): 675 - 682.

Bresler E, 1972. Two - dimensional transport of solutes during non - steady infiltration from a trickle source [J]. Soil Science of Society of America Proc, (39): 604 - 613.

Buah S S J, Polito T A, Killom R, 2000. No - tillage soybean response to banded and broadcast and direct and residual fertilizer phosphorus and potassium application [J]. Agronomy Journal, 92: 657 - 662.

Bucks D A, et al., 1981. Subsurface trickle irrigation management with multiple cropping [J]. Trans of ASAE, 24 (6): 1482 - 1489.

Caldwell D S, Spurgeon W E, Manges H L, 1994. Frequency of irrigation for subsurface drip irrigated corn [J]. Trans of the ASAE, 37 (6): 1099 - 1103.

Campbell I, Thomas A G, Biederbeck V O, et al., 1998. Converting from no - tillage to Pre - seeding tillage: Influence on weeds, spring wheat grain yields and soil quality [J]. Soil & Tillage Research, (46): 175 - 185.

Cashion J, Lakshmi V, Bosch D, et al., 2005. Microwave remote sensing of soil moisture: evaluation of the TRMM microwave imager (TMI) satellite for the Little River Watershed

Tifton, Georgia [J]. Journal of Hydrology, (307): 242 - 253.

Chen Y, Shinogi Y, Taira M, 2010. Influence of biochar use on sugarcane growth, soil parameters, and groundwater quality [J]. Australian Journal of Soil Research, 48 (7): 526 -530.

Conservation Technology Information Center (CTIC), 2006. Conservation tillage and other tillage types in the United States—1990 - 2004 [EB/OL]. http: //www2. ctic. purdue. edu/ctic/CRM2004/1990 - 2004data. pdf.

DeTar W R, et al., 1996. Real - time irrigation scheduling of potatoes with sprinkler and subsurface drip systems [C]. Proc Int Conf on Evapotran - spiration and Irrigation Scheduling, 812 - 894.

Dirksen C, 1978. Transient and steady flow from subsurface line sources at constant hydraulic head in anisotropic soil [J]. Trans of the ASAE, 21 (5): 913 - 919.

Dong Q, Dang T H, Guo S L, 2019. Effects of mulching measures on soil moisture and N leaching potential in a spring maize planting system in the southern Loess Plateau [J]. Agricultural Water Management, 213: 803 - 808.

Eagle A J, Bird J A, Horwath W R, et al., 2000. Rice yield and nitrogen utilization efficiency under alternative straw management practices [J]. Agronomy Journal, 92 (6): 1096 -1103.

El - Gindy A M, El - Araby A M, 1996. Vegetable crop responses to surface and subsurface drip under calcareous soil [C]. Proc Int Conf on Evapotran - spiration and Irrigation Scheduling, 1021 - 1028.

Emma M, 2006. Black is the new green [J]. Nature, 442: 624 - 626.

Fangmeier D D, et al., 1989. Cotton water stress under trickle irrigation [J]. Trans of the ASAE, 1989, 32 (6): 1955 - 1959.

Gao H W, Li W Y, 2003. Chinese conservation tillage [J]. 1STROC Australia, 465 - 470.

Glaser, Balashov, Haumaie, 2000. Black carbon in density fractions of anthropogenic soils of the Brazilian Amazon region [J]. Organic Geochemistry, 31 (7): 669 - 678.

Griffith D R, Kladivko E J, Mannering J V, et al., 1988. Lon - term tillage and rotation effects on corn growth and yield on high and low organic matter, poorly drained soil [J]. Agronomy Journnl, 80: 599 - 605.

Gustafson A, Fleischer S, Joelsson A, 2000. A catchments - oriented and cost - effective policy for water protection [J]. Ecological Engineering, 14 (4): 419 - 427.

Henggeler J C, 1995. A history of drip irrigated cotton in Texas [C]. Proc. 5th Int'l Micro - irrigation Congress, 669 - 674.

Hinsinger P, Betencourt E, Bernard L, et al., 2011. P for two, sharing a scarce resource: Soil phosphorus acquisition in the rhizosphere of intercropped species [J]. Plant Physiology, 156 (3): 1078 - 1086.

Hirsave P P, Narayanan P M, 2001. Soil moisture estimation models using SIR - C SAR data: a case study in New Hampshire, USA [J]. Remote Sensing of Environment (75): 385 - 396.

Horton R, Bristow K L, Kluitenberg G J, et al., 1996. Crop residue effects on surface radiation and energy balance — review [J]. Theoretical and Applied Climatology, 54 (1 - 2): 27 - 37.

Howell T A，1997. Subsurface and surface micro irrigation of corn - southern high plain [J]. Trans of ASAE，40 (3)：635 - 641.

Hussain I，Olson K R，Ebelhar S A，1999. Impacts of tillage and no - tillon production of maize and soybean on an eroded Illinois silt loam soil [J]. Soil & Tillage Research，52：37 - 49.

Insam H，Mitchell C C，Dormaar J F，1991. Relationship of soil microbial biomass and activity with fertilization and crop yield of three ultisols [J]. Soil Biology and Biochemistry，23 (5)：459 - 464.

Karunatilake U，van Es H M，Sehindelbeek R R，2003. Soil and maize response to plow and no - tillageafter alfalfa - to - maize conversion on a clay loam soil in New York [J]. Soil & Tillage Research，55：31 - 42.

Kell T C，Yao C L，Teasdial J，1996. Eeonomie - environment tradeoffs among alternative crops rotations [J]. Agriculture Ecosystems and Environment，60：17 - 28.

Kishimoto S，Sugiura G，1985. Charcoal as a soil conditioner [J]. Int Achieve Future，5：12 - 23.

Kludze H K，DeLaune R D，1995. Straw application effects on methane and oxygen exchange and growth in rice [J]. Soil Science of Society of America Journal，59：824 - 830.

Kuang C T，Jiang C Y，Li Z P，2012. Effects of biochar amendments on soil organic carbon mineralization and microbial biomass in red paddy soils [J]. Soils，44 (4)：570 - 575.

Lab R，2004. Soil carbon sequestration impacts to mitigate climate change [J]. Geoderma，123 (1)：1 - 22.

Lahmar R，2010. Adoption of conservation agriculture in Europe：Lessons of the KASSA project [J]. Land Use Policy，27 (1)：4 - 10.

Lal R，1997. Residue management conservation tillage and soil restoration for mitigating greenhouse effect by cot - enrichment [J]. Soil & Tillage Research，43：81 - 107.

Lal R，2005. World crop residues production and implications of its use as a biofuel [J]. Environment International，31 (4)：575 - 584.

Lamm F R，et al.，1995. Water requirement of subsurface drip - irrigated corn in northwest Kansas [J]. Trans of the ASAE，38 (2)：441 - 448.

Lampurlanes J，Anga P，Cantero - Martine C，2001. Root gowth soil water content and yield of barley under different tillage systems on two soils in semiarid conditions [J]. Field Crops Research，69：27 - 40.

Li C Y，He X H，Zhu S S，et al.，2009. Crop diversity for yield increase [J]. PLoS One.

Li L，Li S M，Sun J H，et al.，2007. Diversity enhances agriculturalproductivity via rhizosphere phosphorus facilitation on phosphorus - deficient soils [J]. Proceedings of the National Academy of Sciences of the United States of America，104 (27)：11192 - 11196.

Liu Y，Li S Q，Chen F，et al.，2010. Soil water dynamics and water use efficiency in spring maize (zea maysl.) fields subjected to different water management practices on the loess plateau，China [J]. Agricultural Water Management，97 (5)：769 - 775.

Lockington D，parlange J，Surin A，1984. Optimal prediction of saturation and wetting fronts during trickle irrigation [J]. Soil Science of Society of America Journal (48)：488 - 494.

Majdoub R, Gallichand J, Caron J, 2000. Modeling of field drainage using the numerical method of lines [J]. Canadian Agricultural Engineering, 42 (2): 65 - 74.

Major J, Rondon M, Molina D, 2010. Maize yield and nutrition during 4 years after biochar application to a colombian savanna oxisol [J]. Plant Soil, 333 (1/2): 117 - 128.

Malézieux E, Crozat Y, Dupraz C, et al., 2009. Mixing plant species in cropping systems: Concepts, tools and models. A review [J]. Agronomy for Sustainable Development, 29 (1): 43 - 62.

Martin E C, Slack D C, Pegelow E J, 1996. Crop coefficients for vegetables in Central Arizona [C]. Int Conf on Evapotranspiration and Irrigation Scheduling, 381 - 386.

Mikkelsen R L, 1989. Phosphorous fertilization through drip irrigation [J]. Journal of Production Agriculture, 2 (3): 279 - 286.

Miller E, 1997. A low - head irrigation system for smallholdings [J]. Agricultural Water Management (17): 37 - 47.

Mitchell W H, 1981. Subsurface irrigation and fertilization of field corn [J]. Agronomy Journal, 73 (6): 913 - 916.

Moran M S, Hymer D C, Qi J, et al., 2002. Comparison of ERS - 2 SAR and Landsat TM imagery for monitoring agricultural crop and soil conditions [J]. Remote Sensing of Environment (79): 243 - 252.

Nancy F G, James R C, 2003. The use of geostatistics in relating soil moisture to RADARSAT -1 SAR data obtained over the Great Basin, Nevada, USA [J]. Computers & Geosciences (29): 577 - 586.

Novak J M, Busscher W J, Laird D L, 2009. Impact of biochar amendment on fertility of a southeastern coastal plain soil [J]. Soil Science, 174 (2): 105 - 112.

Phene C J, Beale O W, 1976. High - frequency irrigation for water nutrient management in humid regions [J]. Soil Science of Society of America Journal, 40 (3): 430 - 436.

Plaut Z, Rom M, Meiri A, 1985. Cotton response to subsurface trickle irrigation [C]. Proc 3rd Int Drip/Trickle Irrigation Congress, 916 - 920.

Powell N L, Wright F S, 1993. Grain yield of subsurface micro irrigated corn as affected by irrigation line spacing [J]. Agronomy Journal, 86 (6): 1164 - 1169.

Ram H, 2013. Grain yield and water use efficiency of wheat (Triticum aestivum L.) in relation to irrigation levels and rice straw mulching in North West India [J]. Agricultural Water Management, 128 (10): 92 - 101.

Rolf Derpsch, Theodor Friedrich, Amir Kassam, et al., 2010. Current status of adoption of no - till farming in the world and some of its main benefits [J]. International Journal of Agriculture and Biology (3): 1.

Rubeiz I G, Oebker N F, Stroehlein J L, 1989. Subsurface drip irrigation and urea phosphate fertigation for vegetables on cavernous soils [J]. Journal of Plant Nutrition, 12 (12): 1457 - 1465.

Rubeiz I G, Stroehlein J L, Oebker N F, 1991. Effect of irrigation methods on urea phosphate reactions in calcareous soils [J]. Common Soil Science Plantanal, 22 (5, 6): 431 - 435.

Sharma P, Abrol V, Sharma R K, 2011. Impact of tillage and mulch management on economics, energy requirement and crop performance in maize - wheat rotation in rainfed subhumid inceptisols, India [J]. European Journal of Agronomy, 34 (1): 46 - 51.

Sijtsma C H, Camphell A J, Melaughlin N B, et al., 1998. Comparative Tillage costs for crop rotation utilizing minimum tillage on a farm scale [J]. Soil & Tillage Research, 49: 223 -231.

Simunek J, Van Genuchten M T, 1997. Estimating unsaturated soil hydraulic properties from multiple tension disc infiltrometer data [J]. Soil Science, 162 (6): 383 - 398.

Sohi S, Krull E, Lopez - Capel E, 2010. A review of biochar and its use and function in soil [J]. Advances in Agronomy, 105: 47 - 82.

Solomon K H, 1992. Subsurface drip irrigation [J]. Grounds Maintenance, 27 (10): 24 - 26.

Tebrfigge F, B6hmsen A, 1999. Farmers'and experts'opinion oil no - tillage in Western Europe and Nebraska (USA) [Z]. Madrid, Spain.

Thomas F D ring, Michael Brandt, Jurgen He, et al., 2005. Effects of straw mulch on soil nitrate dynamics, weeds, yield and soil erosion in organically grown potatoes [J]. Field Crops Research, 94 (2 - 3): 238 - 249.

Unger P W, Mcalla T M, 1980. Conservation tillage systems [J]. Advances in Agronomy, 33 (3): 51 - 58.

Uri N D, 1999. Fcctors affecting the use of conservation tillage in the United States [J]. Water, Air, and Soil Pollution, 116 (3): 621 - 638.

Urso G D, Minacapilli M, 2006. A semi - empirical approach for surface soil water content estimation from radar data without a - priori information on surface roughness [J]. Journal of Hydrology, 321: 297 - 310.

Uzoma K C, Inoue M, Andry H, 2011. Effect of cow manure biochar on maize productivity under sandy soil condition [J]. Soil Use & Management, 27 (2): 205 - 212.

Van Zwieten L, Kimber S, Morris S, 2010. Effects of biochar from slow pyrolysis of papermill waste on agronomic performance and soil fertility [J]. Plant and Soil, 327 (2): 235 -246.

Wagger M G, 1993. Corn yiled and water use efficiency as affected by tilliage and irrigation [J]. Soil Science of Society of Americe Journal, 57 (1): 229 - 234.

Wang X, Yang L, Steinberger Y, 2013. Field crop residue estimate and availability for biofuel production in China [J]. Renewable & Sustainable Energy Reviews, 27 (6): 864 - 875.

Wang Y, Xie Z, Malhi S S, et al., 2009. Effects of rainfall harvesting and mulching technologies on water use efficiency and crop yield in the semi - arid loess plateau, China [J]. Agricultural Water Management, 96 (3): 374 - 382.

Wang Z Y, He K L, Fan Z, 2014. Mass rearing and release of trichogramma for biological control of insect pests of maize in China [J]. Biological Control, 68 (1): 136 - 144.

Ward, Robinson, 1990. Principles of hydrlogy [M]. London: McGraw - HillBook Company (UK) Limited, 356.

Wit C, Cassman K Q, Olk D C, 2000. Crop rotation and residue management effects on carbon sequestration, nitrogen cycling and productivity of irrigated rice systems [J]. Plant and Soil, 225 (1): 263 - 278.

Xu G, Lü Y, Sun J, 2012. Recent advances in biochar applications in agricultural soils benefits and environmental implications [J]. Clean: Soil, Air, Water, 40 (10): 1093 - 1098.

Yue Yuan Y, Turner N C, Yan - Hong G, 2018. Benefits and limitations to straw - and plastic -film mulch on maize yield and water use efficiency: A meta - analysis across hydrothermal gradients [J]. European Journal of Agronomy, 99: 138 - 147.